AU LECTEUR.

parler icy de l'échantillon des recherches que je donne au Public. Je croy bien que les Maîtres les plus éclairez y pourront découvrir des défauts : mais j'espere qu'il me les pardonneront volontiers, si je leur dis que je n'ay pû trouver d'Auteur que j'aye pû suivre dans mon entreprise, pour me tirer des difficultez qui s'y sont rencontrées : D'ailleurs, le principal sujet de mon dessein n'a esté que de réduire en Art le plus methodiquement qu'il m'a esté possible, une Science si necessaire & si utile à l'Estat ; de le rendre familier ; d'inciter ces sçavans Mathematiciens & ces illustres Ingenieurs de l'Academie Royale, à chercher des moyens infaillibles pour rendre les Vaisseaux plus legers à la voile, & pour trouver le juste poids des tonneaux & la veritable symetrie, afin de porter l'*Architecture Navale* au plus haut point de sa perfection. Voicy l'ordre que j'ay tenu.

Dans le premier Livre j'explique les Termes de Geometrie, avec la Pratique des trais du Compas, qui sont necessaires pour representer le plan & la proportion d'un Navire, les termes de la Marine qui sont en usage, les définitions de plusieurs sortes de Vaisseaux. Je distingue toutes les proportions & mesures de toutes les parties d'un Vaisseau, representées par les Figures ; la description generale de tous les Aggrests, les Manœuvres, les Equipages, & les Inventaires de tout ce qui est necessaire pour l'équiper, & le mettre en estat de naviger ; avec un dénombrement des Officiers de Mer qu'il faut pour le conduire & deffendre dans les occasions. J'y ay joint aussi l'estat de dépense pour la construction d'un Navire de cent quinze pieds de quille.

Dans le second Livre, je donne l'explication des Termes pour la construction de la Galere & de la Chaloupe, la distribution de leurs parties representées par leurs Figures, la description generale de tous les Aggrests, Equipages, Victuailles, dépenses ordinaires & extraordinaires, & de ses autres dépendances ; avec les fonctions des Officiers necessaires pour la conduire & deffendre ; le Reglement du Roy pour les honneurs & saluts qui doivent estre observez, soit en Mer, soit des Places Maritines : & l'Ordonnance pour la subsistance des

AU LECTEUR.

Officiers Mariniers, & Soldats eſtropiez.

Dans le troiſiéme Livre vous trouverez les Tables des Longitudes, Latitudes, & Marées ; leurs courſes avec les routes, cours & diſtances des principaux Ports des quatre Parties du Monde : & un Avertiſſement des dangers & des écueils de la Mediterranée.

Comme l'uſage de ces Baſtimens ſert principalement au Commerce, j'y ay ajoûté, en faveur des Negocians, *Le Routier des Indes Orientales & Occidentales*, qui ne traite pas ſeulement des Termes les plus uſitez de la Marine, & des Saiſons propres à faire voyage ; mais qui fait encore une deſcription des Anchrages & profondeurs de pluſieurs Havres & Ports de Mer ; avec plus de trente differentes Navigations, pour ſervir de modéle dans les entrepriſes de cette nature. Voilà (CHER LECTEUR) les fruits de mes peines & de mon eſtude que je te preſente, & que je te prie d'agréer.

EXTRAIT DU PRIVILEGE DU ROY.

PAr Grace & Privilége du Roy. Signé, DENYS. Il est permis à JEAN DE LA CAILLE, Marchand Libraire à Paris, d'imprimer ou faire imprimer un Livre intitulé : *L'Architecture Navale*, &c. Avec deffenses à tous Imprimeurs, Libraires & autres, d'en imprimer, vendre ny débiter, sans le consentement de l'Exposant, ou de ses ayans cause, à peine d'amende, confiscation des Exemplaires, & de tous dépens, dommages & interests, comme il est plus amplement porté par lesdites Lettres.

Ledit Sieur a cedé son droit de Privilege à LAURENT D'HOURY, suivant l'accord entre-eux.

Registré sur le Livre de la Communauté des Marchands Imprimeurs-Libraires. Signé, *THIERRY*.

Les Exemplaires ont esté fournis.

L'ARCHI-

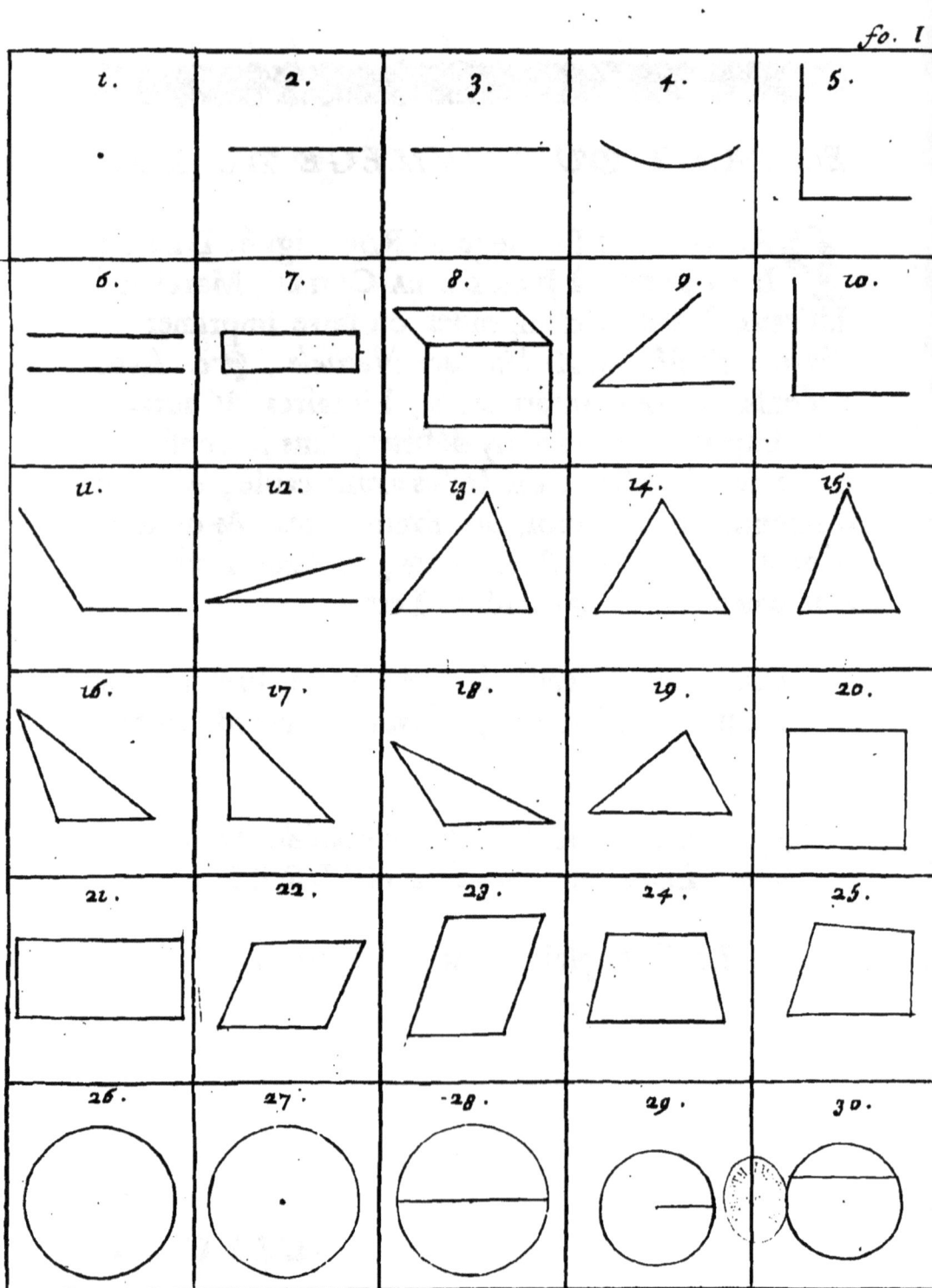

L'ARCHITECTURE NAVALE,

CONTENANT LA MANIERE DE CONSTRUIRE les Navires, Galeres, Chaloupes & autres especes de Vaisseaux ; l'Explication des Termes de la Marine; & les Définitions & proportions de toutes sortes de Bâtimens de Mer.

Avec une Description des Marées, des Dangers, Ecueils & Courans à éviter dans les Routes & Voyages ; & une Table des Longitudes & Latitudes des principaux Ports des quatre parties du Monde. Le tout enrichi de Figures, & accompagné du ROUTIER DES INDES ORIENTALES ET OCCIDENTALES.

Par le Sr. DASSIÉ, C. R.

A PARIS,
Chez LAURENT D'HOURY, ruë S. Jacques, devant la Fontaine S. Severin, au Saint Esprit.

M. DC. XCV.
AVEC PRIVILEGE DU ROY.

AU LECTEUR.

NOUs avons un grand nombre d'Auteurs qui ont amplement traité de toutes les parties des Mathematiques, & principalement de l'Architecture Civile & Militaire : Mais il semble que la plûpart ayent negligé de nous instruire à fonds de l'*Architecture Navale*. C'est par elle neanmoins qu'on a découvert le Nouveau Monde, qui seul passe pour avoir autant d'étenduë que toutes les autres parties de la Terre : C'est par elle qu'on a connu plusieurs Peuples qui vivoient sans Police & sans Religion, & qui sans le secours de cette admirable Science, n'auroient pas esté instruits des lumieres de l'Evangile : C'est par elle aussi que les Princes font connoistre leur gloire aux Nations les plus éloignées, & que par le mouvement qu'elle donne à leurs Armées Navales, elle fait la grandeur, la felicité, l'éclat & la puissance de leurs Estats.

Mais qu'est-il necessaire d'employer beaucoup de paroles pour faire l'éloge de cette belle Science, & pour faire connoître son importance & son utilité, aprés l'honneur que luy fait nostre Invincible Monarque de la mettre au nombre des grandes connoissances qu'il possede, & des soins sans relâche qu'il a toûjours pris pour rendre son Regne des plus augustes, des plus heureux, & des plus florissans ? Le prodigieux nombre de Vaisseaux qu'il fait bâtir incessamment, & qu'il entretient avec des frais immenses sur l'une & l'autre Mer, sont des témoignages irreprochables de son application & de ses desirs ardens pour l'accroissement de son Empire, & l'avantage de ses Sujets.

Des veritez si constantes sont trop connües pour nous y arrêter plus long-temps : Contentons-nous seulement de

L'ARCHITECTURE NAVALE.
LIVRE PREMIER.

ELEMENS DE GEOMETRIE,
servans à la Construction des Navires.

DEFINITIONS.
CHAPITRE I.

Voyez les Figures.

E *Point*, est ce qui n'a aucune partie.   1.
La *Ligne*, est une longueur sans largeur.   2.
Ligne droite, est celle qui est également comprise entre ses points.   3.
Ligne courbe, est celle qui est inégalement comprise entre ses points.   4.
Ligne perpendiculaire, est celle qui tombant sur un autre, fait un angle ou deux, chacun de 90 degrez.   5.
Lignes paralleles, sont celles lesquelles étant prolongées à l'infiny, ne se rencontrent jamais.   6.
Superficie, est ce qui a seulement longueur & largeur.   7.
Corps ou *Solide*, est ce qui a longueur, largeur & profondeur.   8.
Angle, est le rencontre de deux lignes, se rencontrant en un point indirectement.   9.
Angle droit, est l'ouverture de 90 degrez, comprenant un quart de cercle, ou bien l'angle qui fait une ligne, tombant à plomb ou à l'équaire sur un autre.   10.

A

11. *Angle obtus*, est celuy qui comprend plus de 90 degrez, ou bien qui est plus grand qu'un quart de cercle dans lequel il est enfermé par deux lignes qui se rencontrent en son centre.

12. *Angle aigu*, est l'inclination de deux lignes qui se rencõtrent en un point, faisant un angle moindre de 90 degrez.

13. *Triangle*, est une figure de 3. costez comprenant 3. angles.

14. *Triangle équilateral*, est la mesme figure, ayant les trois costez égaux.

15. *Triangle Ysocelle*, est celuy qui a seulement deux costez égaux.

16. *Triangle Scalene*, est celuy qui a les trois costez inégaux.

17. *Triangle Rectangle*, est celuy qui est composé de trois angles, dont l'un comprend 90 degrez.

18. *Triangle Ambligonne*, est celuy qui a un de ses angles obtus.

19. *Triangle Oxigone*, est celuy qui a les trois angles aigus.

20. *Quarré*, est une figure de quatre costez égaux, comprenant quatre angles droits.

21. *Quarré long*, est une figure qui a les quatre angles droits & égaux, mais seulement les costez opposez égaux.

22. *Rombe*, est une figure qui a les quatre costez égaux, mais seulement les angles opposez égaux.

23. *Romboide*, est une figure qui a seulement les costez & les angles opposez égaux entr'eux.

24. *Trapeze*, est une figure de quatre costez, qui a seulement deux costez paralelles.

25. *Trapesoide*, est une figure de quatre costez qui n'a nul costé paralelle.

26. *Cercle*, est une figure dont les lignes tirées du centre à sa circonference sont égales.

27. *Le centre d'un Cercle*, est le point qui est également distant de la circonference.

28. *Diametre*, est une ligne qui passe par le centre du cercle, jusques à la circonference de part & d'autre.

29. *Demy Diametre*, est la ligne qui part du centre, jusques à la circonference du cercle.

30. *Soubstendante* ou *Corde*, est une ligne hors du centre, enfermant une portion de cercle.

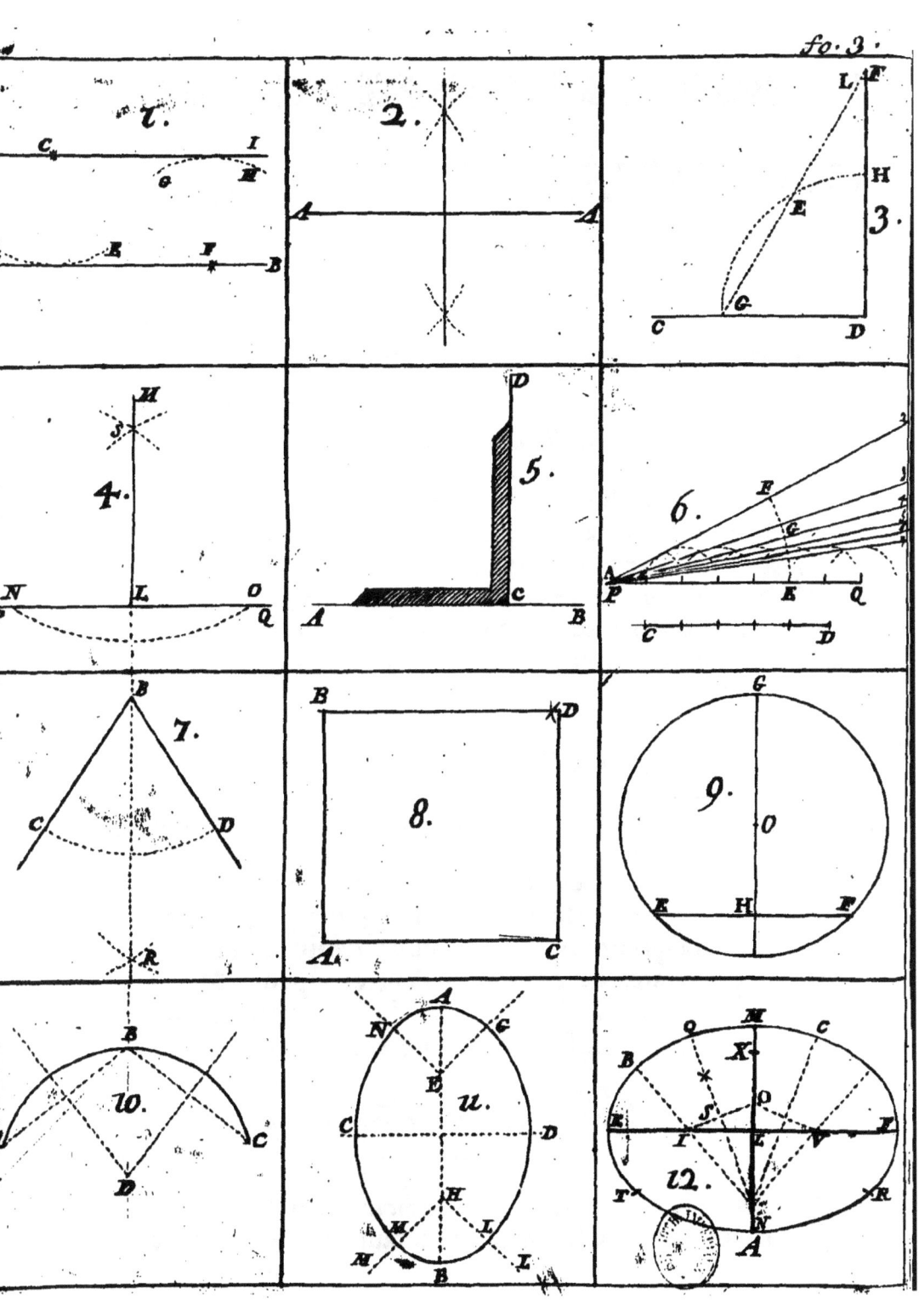

GEOMETRIE PRATIQUE.

CHAPITRE II.

TRACER SUR LE PAPIER VNE LIGNE paralelle à une autre. Voyez les Figures.

I.

OIT la ligne A,B, & du point C, qu'il faille tracer une autre ligne qui luy soit paralelle : Premierement du point C, tracez l'arc D,E, qui touche seulement la ligne A, B, & de cette mesme ouverture du compas du point F, tracez l'arc G, H, afin de tirer ensuite la ligne C,I, laquelle sera paralelle à A,B.

Tracer une ligne perpendiculaire.

II.

Ligne perpendiculaire, ligne tirée à plomb, ou à l'equaire, est la mesme chose : Pour couper la ligne A, A, perpendiculairement ou à l'equaire, on ouvre le compas d'avantage que la moitié de la ligne A, A, & des extremitez aux points A, A, on fait au dessus & au dessous des petits arcs de cercle qui s'entrecoupent, & posant à l'uny la regle à l'intersection de ses petits arcs de cercle, l'on coupera à l'equaire la ligne A, A.

Tracer une ligne perpendiculaire sur l'extremité d'une ligne.

III.

Pour tracer une ligne perpendiculaire sur l'une des extremitez de la ligne C, D : il faut ensuite du point

A ij

D, faire à volonté sur C, D, l'arc G, H : portez cette mesme ouverture sur l'arc du point G, iusques au point E, puis tirez à discretion la ligne G, L, passant au point E : portez ensuite cette intervalle de G, E, iusques au point F, & du point F, faites descendre la ligne F, D, qui tombera à l'équaire sur C, D.

D'un point donné, tracer une ligne perpendiculaire sur une autre.

IV.

SOit le point donné en M, & la ligne P, Q, sur laquelle il faut faire descendre la ligne perpendiculaire. Premierement du point M, faites l'arc N, O, qui coupe la ligne P, Q, ensuite des points où cét arc coupe la ligne P, Q, décrivez au dessous à discretion deux petits arcs comme au point R, ou bien au dessus, comme au point S, mettez ensuite la regle à l'uny au point M, & à l'intersection de ces deux arcs de cercle au point R, vous tirerez ensuite la ligne perpendiculaire M, L.

Tracer une ligne à l'équaire.

V.

VOus tracerez encore plus promptement une ligne perpendiculaire avec un équaire, si vous aiustez une branche de l'équaire à l'uny de la ligne A, B, pour tirer ensuite la ligne D, C.

Couper une ligne droite en tant de parties que l'on voudra.

VI.

SOit la ligne donnée P, Q, sur laquelle on porte de suite autant des parties égales qu'on veut diviser une ligne, & de chaque point de cette division, & d'un mesme intervalle & ouverture de compas, on forme dessus cette ligne des petits arcs de cercle, ensuite du point P, on fait passer des lignes qui ne font que toucher ces cercles, comme celles qui sont marquées 2, 3, 4, 5, 6, 7, la premiere de ces lignes restant toûjours perpendiculaire sur P : Aprés si vous avez une ligne donnée comme celle de C, D, que

LIVRE PREMIER.

vous vouliez diviser en cinq parties égales : ouvrez le compas de l'intervalle de cette ligne C, D, & sur la ligne A, B, portez une pointe de vostre compas sur A, d'où vous tracerez l'arc F, E, & sur cét arc prenez l'intervalle de E, G, où se coupe la ligne, & avec cette mesme ouverture, portez vostre compas sur la ligne C, D, que vous voulez diviser, laquelle il coupera en quatre parties égales, que si vous voulez la diviser en six ou en sept parties égales, prenez sur cét arc de cercle E, F, sçavoir depuis E, iusques à l'intersection de la ligne 6, ou de la ligne 7, & ainsi des autres.

Couper un Angle en deux parties égales.

SOit supposé l'angle B, portez vostre pointe du compas sur le sommet de l'angle, ouvrez-le à volonté pour tracer un arc comme C, D, & des points C, D, faites deux petits arcs de cercle au point R : si ensuite vous tirez une ligne du point B, la faisant passer au point R, vous couperez cét angle en deux parties égales.

VII.

Tracer un quarré.

SOit premierement élevée la perpendiculaire A, B, sur A, C, à son extremité A, & soit fait égale à A, C, puis des points B, & C, & de l'intervalle A, C, tracez deux petits arcs de cercle en D, & à leur intersection, tracez les lignes B, D, & C, D.

VIII.

Trouver le centre d'un Cercle.

SOit placée à volonté dans un cercle la ligne E, F, laquelle soit divisée en parties égales par la ligne perpendiculaire G, H, laquelle estant divisée en deux parties égales au point Q, ce sera le centre du cercle.

IX.

Ayant une portion du Cercle, trouver son centre.

ON divise cette portion de cercle en deux également, afin de faire le triangle A, B, C, divisez apres en

X.

A iij

deux également les deux coſtez A, B, & B, C, par deux lignes perpendiculaires, le point où elles ſe rencontreront, comme au point D, donnera le centre de cette portion de cercle A, B, C.

Tracer une Ovale ſur une ligne donnée.

XI. Soit ſuppoſé la ligne A, B, laquelle ſoit diviſée en quatre parties égales, enſuite ſoit tracée une ligne en blanc comme C, D, à diſcretion : mais moindre que A, B, la regle ſoit portée à l'uny au point C, & au point H, pour tracer la ligne H, L, puis portez voſtre regle à l'uny au point D, & H, pour tracer H, M, apres faites en autant des autres coſtez, afin de tracer C, G, & de D, en N, ce qu'eſtant fait des points H, & E, tracez les arcs de cercle M, B, L, & N, A, G, juſques à ce qu'ils coupent G, & L, & les autres : finalement des points D, C, tracez M, N, & L, G, qui acheveront de former l'ovale.

Ayant le grand Diamettre & le petit Diamettre d'un Ovale, tracer ſa figure.

XII. Les deux diamettres E, F, & M, N, eſtans donnez ſoient coupez l'un par l'autre au milieu à l'équaire, prenez ſur le demy diametre M, L, un point à diſcretion, comme en O, cét intervalle M, O, ſoit porté ſur le grand diametre de E, en I, & de F, en V, & des points I, & V, tirez deux lignes juſques en O, que vous diviſerez en deux également par des lignes perpendiculaires, qui iront ſe rencontrer en N, & du point N, vous en tirerez deux autres, qui iront couper E, F, aux points I, & V, que vous prolongerez tant que vous voudrez : puis apres du point I, tracez B, E, T, du point N, tracez B, Q, & du point A, tracez Q, M, C, ainſi ſemblablement vous tracerez le ſurplus de l'ovale.

TERMES VSITEZ DE LA MARINE.
CHAPITRE III.

A Greer un Navire, c'est voir si tous les cordages sont bien garnis, avec tout ce qui est propre au service du voyage.

Agreeur, est celuy qui frappe les poulies, & oriente les vergues, &c

Amarer, signifie attacher & lier.

Amener, c'est la mesme chose qu'abaisser.

Aplestrer les voiles, est les déployer & les estendre pour faire voile.

Arriser ou amener les vergues, est durant une tempeste, abatre les vergues sur le vibort.

Bouter de l'Of, est mettre les voiles en escharpe pour prendre le vent à costé.

Brayer ou *Spalmer*, est oindre un vaisseau de bray, de poix, de gouldron ou de suif.

Caler, signifie abaisser.

Calfatrer ou *Calfutrer*, est garnir les fentes & jointures d'un vaisseau, d'étoupes & de poix.

Déranger la Bonnette, c'est la déboutonner du corps de la voile.

Emblier, c'est occuper beaucoup de place.

Enverger les voiles, c'est les faire attacher aux vergues ou aux entennes.

Espicer une corde, est la défiler pour entrelasser & joindre avec une autre corde.

Faire Carenne, c'est tourner & faire voir la quille du vaisseau afin de le radouber.

Ferler, c'est à dire plier ou serrer.

Frez, signifie vent.

Bon Frez, c'est à dire bon vent.

Guinder, c'est élever en haut.

Hurer, c'est de temps en temps croiser les grandes vergues avec le maſt, en amenant l'un des bouts juſques au vibord.

Iſſer, eſt lever les vergues pour partir.

Lovier, c'eſt voguer quelque temps, puis virer le navire, & aller autant de l'autre.

Mettre le cap au vent, eſt dreſſer la proüe du vaiſſeau vers une partie de 32 rumbs de vent.

Moüiller, ſignifie jetter l'ancre en mer.

Pointer vne carte, eſt trouver dans la carte le lieu où arrive le navire.

Pouger, eſt de grand temps, avoir le vent derriere, ne portant que le bourcet ou un moindre bourcet.

Remorgner, ſignifie traîſner un vaiſſeau apres ſoy.

Talenguer les cables, c'eſt l'anneau de l'ancre eſtant bien garny, paſſer le cable par dedans, & le mettre ſur le bord.

Tenir la largue, c'eſt ſe ſervir de tous vents, qui ſont depuis le vent du coſté juſques au vent de derriere incluſivement.

Virer, c'eſt à dire tourner.

Voguer, ſignifie ramer.

DEFINITION DE PLVSIEVRS ESPECES de Vaiſſeaux.

CHAPITRE IV.

Vaiſſeau ſe prend generalement pour toute ſorte de baſtimens de mer, de quelle maniere qu'ils ſoient.

Il y a des Vaiſſeaux de haut bord & de bas bord.

Les Vaiſſeaux de haut bord ſont, le Galion, Pataches, nommez par les Anglois Ramberges, Flûtes, Flutbots, Pinaces, Fregates, Barque longue, Pontons, Bruſlots, Heuts, Gabarres, Caravelles, Caramouſſats en Turquie.

Vaiſſeaux de bas bord, ſont, la Galeaſſe, la Galere, la Galiotte, le Brigantin, Fregate, Fregaton, Felouque, Polaque, Hyac, Caïcs, Fuſte, Ourque, Chatte, Canot, Rat, Alliege, Chalouppe, Tartane, Barque, Barquatte, Barquerole.

querolo, une Gribanne, Quefche, Tronc, Polacres, Pefcadoux, &c.

Barque, Barquette, & *Barquerolle*, sont des mediocres vaisseaux de voiture.

Brigantin, est une certaine espece de vaisseau de dix à quinze bancs, & autant de rames à chacun, garny de perriers servant pour aller en course.

Bruslot, est un vaisseau construit du bois des vieux Navires, & fort leger pour aller bien à la voile.

Caïcs, sont appellez les barques des Cosaques.

Caramouffats, sont des vaisseaux dont usent les Turcs qui ont la poupe plus haute que les autres.

Caravelle, à ce qu'escrit Osorius liv. 2. de l'histoire de Portugal, est un vaisseau qui n'a point de hune, ny de bois traversant le mast en haut: mais il est attaché en travers un peu au dessous de la sommité du mast, les voiles sont faites en triangle, & leur bout d'en bas n'est gueres plus haut élevé que les autres fournitures du vaisseau: au plus bas il y a des grosses pieces de bois comme un mast, lesquelles sont vis-à-vis l'une de l'autre aux costez de la caravelle, & s'amenuisent peu à peu contre mont. Les Portugais se servent de ces vaisseaux en guerre, pour aller & venir en plus grande diligence: car ils font tourner plus aisément, & changent à leur aise ces pieces de bois qui leur servent de masts, ils lâchent, levent & serrent aussi facilement les voiles, recevant les vents comme il leur plaist.

Esquifs, sont petites barques, servant pour aborder les costes où autres vaisseaux.

Felouque, est un vaisseau de bas bord découvert, d'environ cinq à six bancs, respondant à l'antique d'un seul rang d'avirons.

Flutbot, est un vaisseau creux & large de ventre, n'ayant point de mast d'artimon n'y de perroquet.

Flûte, est un vaisseau long, à cul rond, du port de 300. tonneaux, & a tous ses masts.

Fregates, sont des Vaisseaux de haut bord & de bas bord.

Gabarres, sont des vaisseaux plats par dessous, & forts de

B

bord, qui servent à la pesche & resistent à la mer.

Galeasse, est une grosse galere & vaisseau long de bas bord à voiles & à rames.

Galere, est un vaisseau long de bas bord de 24. à 30 bancs ou rames à cinq hommes chacune.

Gallion, sont des vaisseaux de guerre qui passent 400 tonneaux.

Galiote, est une galere de 16 jusques à 25 bancs où rames à trois hommes sur chacune, elle n'a que l'arbre de mestre, & porte des petits canons.

Le Heu a un seul mast, il sert pour porter de l'eau, du canon, & autres fardeaux.

Hyac, est un vaisseau de plaisance.

Ionc, est un vaisseau Chinois fort leger, allant à la rame.

Pataches, sont des vaisseaux de 120 à 200 tonneaux, qui vont à voiles & à rames.

Pinasses, sont petits vaisseaux longs estroits & fort legers à la course.

Quesche & un *Tronc*, sont la mesme chose, ils different seulement en ce que le tronc a une voile quarrée, & la quesche est mastée en fourche.

DEFINITION DES PARTIES QUI servent à la construction d'un Vaisseau.

CHAPITRE V.

Aculement, est la proportion que chaque gabary s'eleve sur la quille plus que la maistresse coste ou premier gabary.

Alonge, est une courbe de bois que l'on ante au haut du genouïl pour parachever la coste ou membre du Vaisseau.

Antene ou *Vergue*, est un bois long attaché de travers à une poulie au haut du mast du vaisseau pour soustenir la voile, l'antenne qui se met de travers l'artimon se nomme la vergue latine.

Arrive, sur la mer Mediterranée, signifie la coste du vaisseau qui regarde la terre.

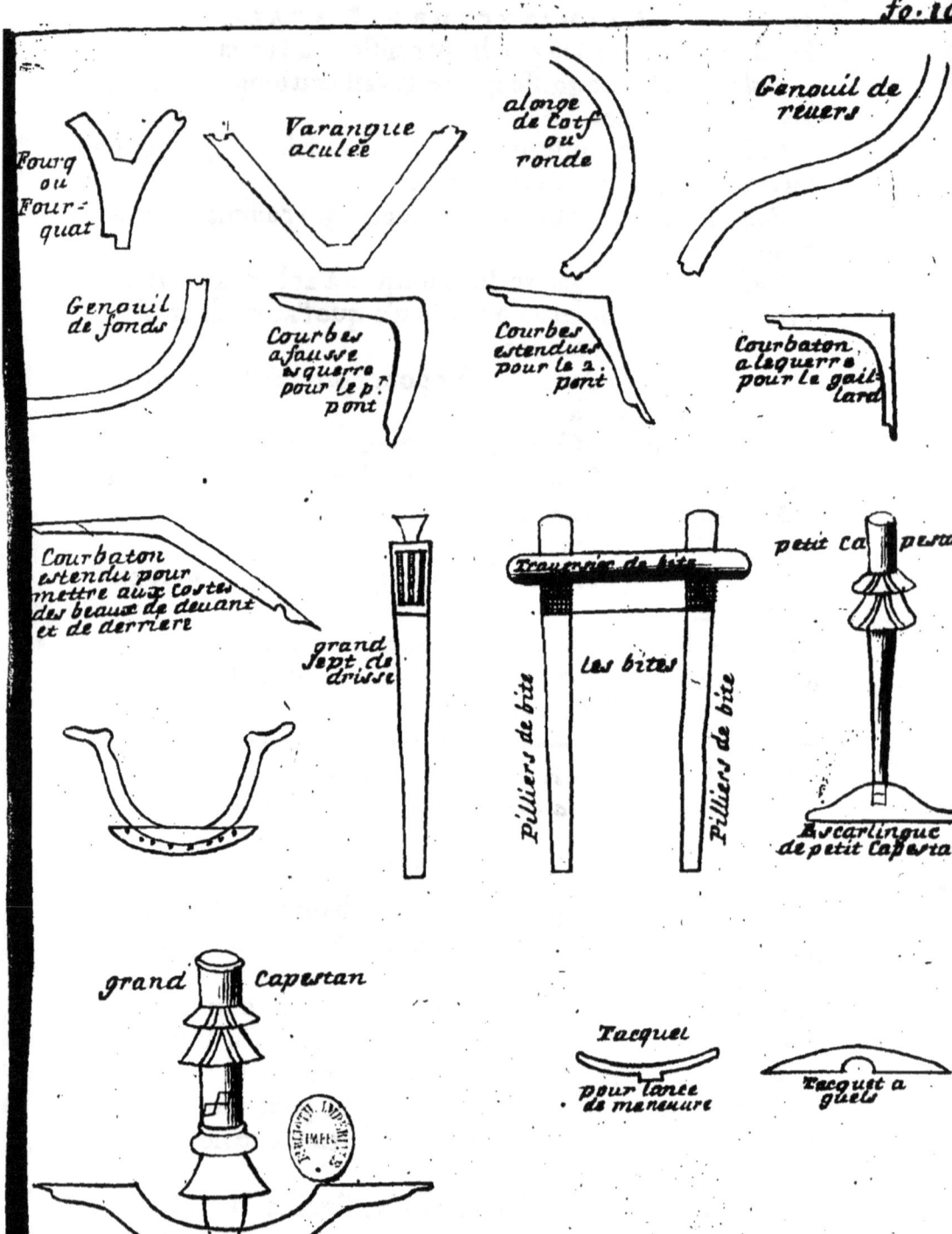

Artimon, est le mast qui se met en arriere.

Aubans, sont plusieurs cordes qui servent pour tenir ferme les masts.

Balancines, sont cordes qui servent pour balancer la vergue, haussant ou abaissant l'une de ses extremitez.

Bas bord, signifie le costé gauche du navire, & *Destribord*, signifie le costé droit.

Baux, sont poutres qui soûtiennent les Tillacs & Ponts, celuy qui ost à la plus grande largeur du vaisseau, & qui joint l'extremité superieure d'un genoüil à l'autre dans le principal membre du navire s'appelle maistre bau, celuy qui est posé sur l'extremité de la quille vers l'avant à la derniere varangue, se nomme bau de lof : celuy qui se pose le premier vers l'arriere, s'appelle bau de dalle : le derriere de la poupe qui se met à angles droits sur l'estambot, s'appelle lissé d'hourdy.

Bittes, sont deux pieces de bois qui soûtiennent une barre qui les traverse, à laquelle on tourne le cable pour l'amener lors que l'ancre est en mer, ce qui s'appelle biter le cable.

Bloc, ou bien *teste de More*, est une piece de bois, dans laquelle entre la teste ou extremité du grand mast, par laquelle passe le mast de hune, à ce mesme bloc on attache aussi les poulies de la maneuvre, qui sert pour dresser ou abbatre les masts de hune.

Bonnette, est une petite voile qui se boutonne au bas d'une grande, & descend jusques au vibord.

Bordages, sont planches de chêne qui couvrent les varagues.

Bouge, ou *Besson*, est la rondeur des baux & tillacs.

Boulines, sont cordes amarées à chaque bord d'un voile vers le milieu pour luy faire prendre le vent, dit de bouline, ou de costé, ils signifient aussi la voile qu'on met de biais du vaisseau pour recevoir le vent qui souffle de costé, & ainsi aller à la bouline.

Brevils, *Martinets* & *Garcettes*, sont petites cordes dont on se sert pour breuiller, ferler & serrer les voiles.

Cabestan, est une machine de bois, laquelle tournant auec des leviers, enfile les cables, leve les anchres & les autres fardeaux.

Cape, signifie la grande voile.

Caps de mouton, sont pieces de bois en ovale, les unes sont attachées au corps du navire, & les autres tiennent aux aubans.

Caliorne, est un gros funin amaré sous les hunes du grand mast de bourcet, sur lequel il y a une grande poulie, par laquelle passe un funin ou corde avec une poulie qui sert pour lever des grands fardeaux.

Cargues, sont cordes à ferler & deferler les voiles.

Carlingue, est une piece de bois ou poutre qui regne tout le long du vaisseau, planquée sur la quille : le pied du mast s'enchasse dans un trou quarré de la carlingue, qui luy sert comme de baze.

Civadiere, est le voile du mast de beaupré.

Contre-Estrave & *Contre-Estambot*, sont pieces de bois qui sont attachées le long de l'estrave & de l'estambot.

Contrequille, est une piece de bois égale, & opposée à la quille qui sert à tenir les varangues.

Cormieres ou *trespots*, ou bien *Alonges de Poupe*, sont les dernieres pieces de bois au plus haut, qui forment le bout de la poupe.

Coüets, sont cordes simples qui servent à tirer & amener les voiles vers le vent.

Coulée, est un adoucissement qui se fait au bas du vaisseau entre le genoüil & la quille, afin que le plat de la varangue ne paroisse, tant qu'il va en estressissant insensiblement.

Couples, sont costes ou membres d'un navire, ainsi dites, à cause que ceux qui s'éloignent également de la principale coste sont égaux, & croissent ou décroissent couple à couple également.

Dunette, est le lieu le plus haut de la poupe.

Encoqueure ou *Emboiture*, se fait aux extremitez de l'antenne pour y mettre le bras de la grande voile.

Escoute de Hune, est l'extremité de la grande vergue, à laquelle s'attache l'extremité de la voile de hune.

Escoutilles, sont grands panneaux par lesquels on ouvre les ponts & tillacs pour descendre ou tirer de grands fardeaux dans un vaisseau.

LIVRE PREMIER. 13

Esperon, est la derniere piece de bois la plus avancée au devant du vaisseau, sur laquelle s'appuye quelque figure, comme d'un Lyon, d'un Tigre, d'un Monstre marin ou d'un autre animal.

Estambot, est une piece de bois qui s'enchasse sur l'extremité de la quille en arriere, ou au talon de la quille, laquelle incline en dehors ce qu'on appelle queste ou élancement.

Estambres, sont deux grosses pieces de bois qui accolent le trou du tillac par où passe le mast, & le tiennent ferme & arresté.

Estrave, est une courbe de charpente, qui s'ante en avant au bout de la quille, & montant en haut forme la prouë du navire.

Estague, est une corde qui saisit la vergue par le milieu, & va passer par l'encornail pour guinder les voiles.

Estay, est la plus grosse corde de toutes les maneuvres, qui acolant le mast par en haut sous la hune, va se terminer au pied du mast opposé.

Fours ou *Sanglons*, sont pieces de bois triangulaires qui se posent sur la troisiéme partie de la quille vers l'arriere au lieu des varangues, l'une des extremitez posée sur la quille, & les deux d'en haut se joignent avec des genoüils qu'on appelle revers.

Funin ou *Cordes*, est la mesme chose.

Gabords, sont les planches du bordage les plus proches de la quille.

Genoüil, est un segment de cercle, courbé de part & d'autre, qui se joint en bas au costé de la scouë de la varangue, & en haut à son allonge & à son bau, & c'est la principale partie de la coste du vaisseau.

Ourdy ou *Lisse d'Ourdy*, est le dernier des baux de la poupe qui se met à l'équaire sur l'estambot.

L'Of, est la partie du vaisseau qui est depuis le mast jusques à l'un des bords.

Marticles, sont petites cordes qui embrassent les voiles quand on les veut ferler.

Mats, sont des arbres servants à porter les voiles, le mast de beaupré est couché sur l'éperon, le grand mast est au milieu, le mast d'artimon est celuy qui est vers la poupe, le mast de mizaine ou de bourcet est entre le grand mast & le mast de beaupré, chacun de ces masts se brise en deux ou en trois, la premiere briseure s'appelle mast de hune, & la seconde mast de perroquet, les petits masts qui se posent sur le beaupré & sur l'artimon, ne s'appellent masts de hune, mais masts de perroquet, d'artimon ou de beaupré.

Manœuvre est un mot general qui signifie toutes les cordes qui servent à un navire, excepté le cable & hansieres.

Pacfis, signifie la grande voile du grand mast ou du mast de bourcet, l'un s'appelle le grand pacfis, & l'autre pacfis de bourcet.

Palans, sont cordes attachées à l'estay ou au tiers de la grande vergue.

Palanguines, sont cordes qui soûtiennent les vergues par les deux quartiers.

Pantocheres, sont cordes qui traversent les aubans d'un bord à l'autre.

Porques, sont grosses pieces de bois qu'on met sur le plat & sur les genoüils des vaisseaux de guerre pour les fortifier.

Persintes, sont certaines bandes de bois épaisses, qui environnent tout le vaisseau pour affermir les tillacs, & facilitent les matelots à entrer dans le vaisseau.

Poitrine de Gabord, est le remplacement de bois retiré des aculemens & égorgemens des varangues & genoüils.

La Poupe, est le derriere du vaisseau, ou est posé le gouvernail.

La Prouë, est le devant du vaisseau composé de deux aiguilles, qui portent les figures des lions ou autres animaux.

La Quille, est la premiere piece de bois qui entre en la construction du vaisseau, qui regne tout en bas, & qui est le fondement des autres parties qui en tirent leurs proportions.

Rabans, sont petites cordes destinées à ferler les voiles.

Racquemens ou *Racage*, sont boules de bois enfilées en forme de chapelets & de grosses patenostres, qui acolent

fol. 25.

A G. est la quille
A B C. marquent les trois
pieces de bois qui composent
l'estrave.
D E F. marquent les trois
pieces de bois dont les Gabaris
ou Costes des Navires sont
composées

R. alonge de revers
Y et genouil de fonds
H I. est la Lisse
K L. premiere preinte
M N. Seconde preinte
O O O. Les Sabors
P Q. 3. preinte
R R. marquent le plat bord

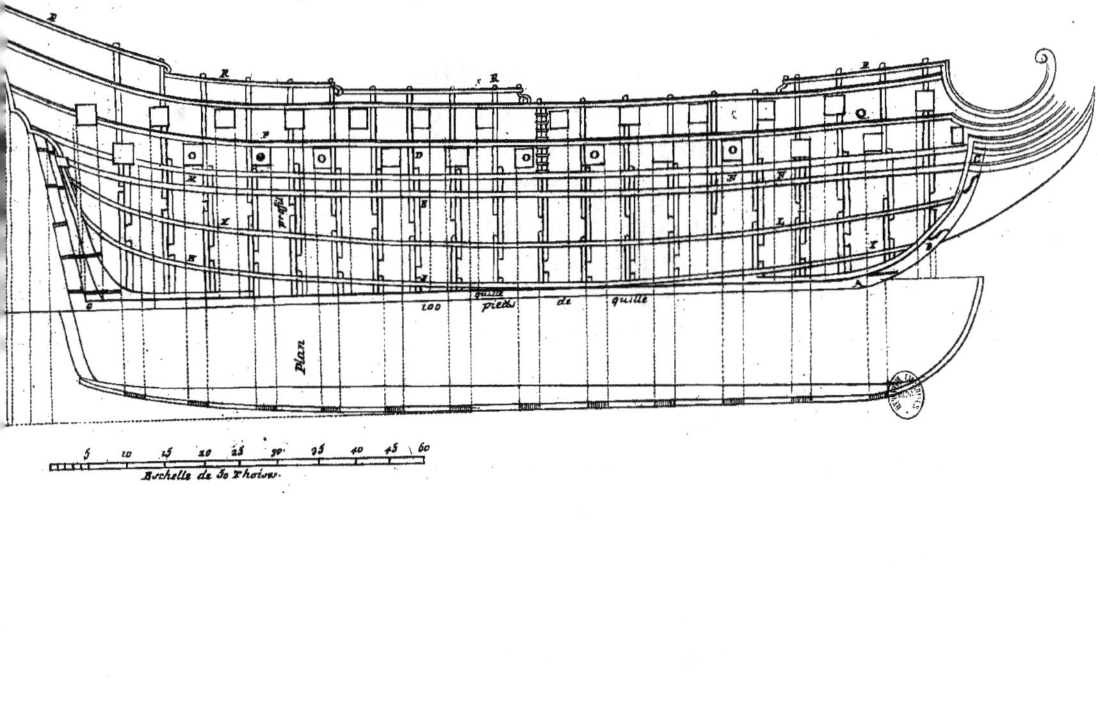

100 pieds de quille

5 10 15 20 25 30 35 40 45 60
Eschelle de 60 thoises.

LIVRE PREMIER.

le maft & la vergue, & fervent pour hauffer la vergue.

Rides, font cordes mediocres paffant par diverfes poulies, fervants à arrondir les plus groffes cordes.

Sabords, font les embraffures, par lefquels fort la bouche des canons.

Scouë, eft l'extremité de la varangue qui fe courbe doucement pour s'anter avec le genoüil.

Sept de Driffe, eft une piece de bois au pied d'un grand maft, dans laquelle font deux roüets de poulie, par lefquels paffe la driffe ou corde, fur laquelle on hale la grande vergue.

Soute, eft le lieu où fe garde le bifcuit & la poudre.

Talon, eft l'extremité de la quille, fur laquelle eft pofé l'eftambot.

Taquet, eft une cheville de bois à deux branches, cloüée par le milieu fur le bord d'un vaiffeau pour y amarer quelque maneuvre.

Tillacs, font les planchers & divers eftages d'un navite.

Varangues ou *Madiers*, font des chevrons de bois, antez & rangez par intervalles de travers, & à angles droits entre la quille & la carlingue, de mefme que les coftez de l'efpine du dos, lefquelles felon qu'elles font longues ou courtes, font que le vaiffeau a beaucoup ou peu de plat. La varangue du premier gabari eft appellée *Varangue platte*: mais les autres font appellées *Varangues aculées*.

Vibord, eft la derniere liffe ou ceinture de bois qui fe met fur l'extremité des alonges.

PROPORTION QV'ON DOIT OBSERVER
pour la conftruction des Vaiffeaux, depuis 60 pieds de quille de longueur jufques à 140 pieds.

CHAPITRE VI.

Longueur de Quille.

LA quille fe termine à volonté, elle eft la bafe & le fondement d'où les autres parties du Vaiffeau prennent leurs proportions. ART. I.

On aura l'épaisseur ou la grosseur de la quille, si on divise sa longueur en six parties égales, le nombre des pieds qui en proviendra, sera compté pour pouces au lieu de pieds.

Exemple.

Si la quille avoit cent deux pieds de longueur, la sixiéme partie qui est 17 pieds trois pouces, ne sera comptée que pour 17 pouces trois lignes, ainsi des autres: Vous remarquerez que cette proportion sert seulement depuis 60 pieds de quille, jusques à 125 pieds: mais pour 130, 135, ou 140 pieds de quille, on luy donnera 18 pouce en quarré, à cause que le bois ne le permet pas autrement.

Hauteur de l'Estrave Perpendiculaire sous la Quille.

Art. 2.

L'Estrave doit avoir de hauteur le quart de la longueur de la quille, par exemple, si la quille avoit cent pieds de longueur, l'estrave auroit vingt-cinq pieds à prendre sous la quille: Elle doit avoir de largeur un pouce moins que la quille, & d'épaisseur le double de sa largeur par le haut, & par le bas une fois & demy.

Queste de l'Estrave.

Art. 3.

Queste est un mot de marine, qui est la mesme chose qu'une ligne inclinée sur un autre.

La queste de l'Estrave doit estre une cinquiéme partie de la longueur de la quille, c'est à dire l'extremité du sommet de l'estrave, doit avoir de sortie hors la quille cette cinquiéme partie, ou bien si on prolonge par une ligne occulte, la quille de cinq pieds, & que sur cette cinquiéme partie on esleve une ligne perpendiculaire, qui ait le quart de la longueur de la quille, le bout de l'estrave ira se terminer au bout de cette ligne, le pied de l'estrave restant toûjours enchassé à l'extremité de ladite quille.

Hauteur de l'Eſtambot Perpendiculaire ſur la Quille.

ART. 4.

ON aura la hauteur de l'eſtambot ſi on oſte la cinquiéme partie du quart de la longueur de la quille, la moitié de ce qui reſtera doit eſtre adjoûté avec la cinquiéme partie de la quille.

EXEMPLE.

La quille a cent pieds de long, la cinquiéme partie qui eſt vingt eſtant oſtée de la quatriéme partie qui eſt vingt-cinq, reſtera encore cinq pieds, dont la moitié eſt deux pieds ſix pouces, leſquels eſtans adjouſtez avec vingt pieds, la ſomme donnera vingt-deux pieds & demy pour la hauteur de l'eſtambot ſur la quille.

La largeur & l'épaiſſeur eſt la meſme que celle de l'eſtrave, avec cette difference, que la largeur de l'eſtrave qui eſt en bas, doit eſtre appliquée au haut de l'eſtambot, & la largeur du ſommet de l'eſtrave doit eſtre appliquée au pied de l'Eſtambot.

Queſte de l'Eſtambot.

ART. 5.

LA queſte de l'eſtambot doit avoir la vingtiéme partie de la quille, par exemple, ſi la quille avoit cent pieds de longueur, la vingtiéme partie qui eſt cinq pieds, ſera la queſte de l'Eſtambot : c'eſt à dire, que ſi le talon de la quille eſt prolongé de cinq pieds par une ligne oculte, & qu'à l'extremité de cette ligne, ſoit élevée une ligne perpendiculaire, de la hauteur que doit avoir l'eſtambot : ſon extremité ſe terminera au bout de cette ligne, le pied de l'eſtambot reſtant toûjours enchaſſé au talon de la quille.

Longueur de l'Eſtrave à l'Eſtambot.

ART. 6.

SI on adiouſte la ſomme de deux queſtes de l'eſtrave & de l'eſtambot à la longueur de la quille, l'on aura la longueur de l'eſtrave à l'eſtambot, ou de tout le corps du navire.

EXEMPLE.

Si la quille a cent pieds de longueur, la queſte de l'estrave vingt, & la queste de l'estambot cinq, le tout adjousté ensemble, donnera 125 pieds pour la longueur de l'estrave à l'estambot.

Largeur du premier Gabary.

ART. 7. LA largeur du premier gabary se trouvera si l'on oste le quart de la longueur de l'estrave à l'estambot du tiers de la quille, & si du restant on prend les trois quarts, pour les adjouster avec le quart de l'estrave à l'estambot, entendu de dehors, en dehors les membres.

EXEMPLE.

Si la quille a cent pieds, le quart de l'estrave à l'estambot sera trente-un pieds trois pouces, & le tiers de la quille, trente-trois pieds quatre pouces : si ensuite on oste la moindre somme de la plus grande, restera deux pieds un pouce, desquels il faut prendre les trois quarts, qui sont dix-huit pouces neuf lignes, lesquels il faut adiouster à trente-un pieds trois pouces, & la somme qui en proviendra, donnera trente-deux pieds neuf pouces neuf lignes pour la plus grande largeur du gabary.

Rétrecissement du premier Gabary.

ART. 8. SI on divise le grand baux en quatre parties égales, une de ces parties sera le retrecissement : par exemple, si le baux avoit trente-six pieds, le quart seroit neuf pieds pour le rétrecissement du premier gabary.

Hauteur du gros du premier Gabary.

ART. 9. ON aura la hauteur du gros du premier gabary, si on divise la longueur de l'estrave à l'estambot en neuf parties égales : une de ces parties donnera la hauteur du gros.

EXEMPLE.

Si la quille avoit 105 pieds, & la longueur de l'estrave à l'estambot 131 pieds 6 pouces, la neuviéme partie qui est 14 pieds 7 pouces, sera la hauteur du gros du Navire, ou bien la hauteur de la premiere persinte au milieu.

Platte Varangue.

LA platte varangue sera la huitième partie de la longueur de l'estrave à l'estambot, & pour les fregattes, seulement la septième partie de la quille.

ART. 10.

EXEMPLE.

Si la quille avoit 100 pieds, & la longueur de l'estrave à l'estambot 125, la platte varangue sera de 15 pieds 7 pouces, & pour une fregatte, si la quille a 70 pieds, la platte varangue aura dix pieds, & ainsi des autres.

Hauteur du premier Gabary de dessus la quille, au niveau du plat bord.

ON aura la hauteur du premier gabary de dessus la quille au niveau du plat bord: si on oste le quart du tiers de la quille, & de ce qui restera, on prendra le quart pour l'adjoûter ensuite avec le quart de la quille.

ART. 11.

EXEMPLE.

Si la quille a 100 pieds de long, le tiers aura 33 pieds 4 pouces, & le quart 25 pieds, ostant l'un de l'autre, ce qui restera sera 8 pieds 4 pouces, dont le quart est deux pieds un pouce, qu'on adjoûtera avec le quart de la quille qui est 25 pieds, & le tout fera 27 pieds un pouce.

Cette proportion servira depuis 100 pieds de quille jusques à 135, mais pour les fregattes depuis 60 pieds de quille jusques à 95 : apres avoir osté le quart de la longueur de la quille du tiers, on ne prendra que la sixième partie du produit, que l'on adjoûtera au quart de la quille.

EXEMPLE.

Pour une fregatte qui aura 80 pieds de quille, le tiers est 26 pieds 8 pouces, & le quart est 20 pieds : si l'on oste l'un de l'autre, viendra six pieds huit pouces, dont la sixième partie est un pied un pouce, negligeant les lignes; laquelle adjoûtée avec le quart de la longueur de la quille, le tout donnera 21 pieds un pouce pour la hauteur du milieu.

L'ARCHITECTURE NAVALE.

Hauteur de deſſus la quille au Franc Tillac, ou creux du Navire.

ART. 12. ON aura le creux du navire, ſi on oſte la ſeptiéme partie de la quille de la huitiéme partie de la longueur de l'eſtrave à l'eſtambot, & de ce qui reſtera, on prendra la moitié qu'on adjoûtera avec la ſeptiéme partie de la quille.

EXEMPLE.

Si la quille avoit 100 pieds de longueur, la ſeptiéme partie ſeroit 14 pieds 3 pouces negligeant les lignes, leſquels il faut oſter de 15 pieds 6 pouces & demy, & reſtera un pied trois pouces & demy, dont la moitié eſt ſept pouces neuf lignes, leſquels adjoûtez avec 14 pieds trois pouces donneront 14 pieds, & environ 11 pouces pour le creux du navire.

Cette proportion ne ſert que depuis 100 pieds de quille juſques à 140, car depuis 60 juſques à 95 pieds de quille, il faut que le creux ſoit la huitiéme partie de la longueur de l'eſtrave à l'eſtambot.

Largeur de Liſſe d'Ourdy.

ART. 13. SA largeur eſt d'ordinaire la longueur ou la hauteur perpendiculaire de l'eſtambot, c'eſt à dire, ſi l'eſtambot a de hauteur 22 pieds & demy, la liſſe d'Ourdy en aura autant : il y a des Maiſtres Charpentiers qui obſervent une autre proportion, depuis 90 pieds de quille, juſques à 135, car ils oſtent la cinquiéme partie de la quille du quart, & les deux tiers de ce qui reſte ils les adjoûtent à la cinquiéme partie de la quille.

EXEMPLE.

Si un navire a 120 pieds de longueur de quille, ſi on oſte la cinquiéme partie qui eſt 24 pieds de 30 pieds, qui eſt le quart, reſtera ſix pieds, dont les deux tiers donnent 4 pieds, leſquels ils adjoûtent en ſuite à 24 pieds, le tout enſemble, donne 28 pieds pour la longueur de la liſſe d'ourdy.

LIVRE PREMIER.

Hauteur de derriere perpendiculaire sur la quille, & sur la Lisse du Couronnement, ou du plat bord.

ON aura la hauteur de derriere, si on oste le tiers de la quille de sa moitié, & la moitié de ce qui restera estant adjoûté au tiers de la quille, le tout ensemble, donnera la hauteur de derriere sur la quille, mais pour les fregattes, on ne prendra que le tiers.

ART. 14.

EXEMPLE.

Si la quille avoit 120 pieds, la moitié seroit 60, & le tiers 40, lesquels estant ostez l'un de l'autre, ce qui reste donne 20, dont la moitié est 10, lesquels adjoûtez avec 40, leur somme donne 50 pieds pour la hauteur de derriere.

Cette proportion sert seulement depuis 80 pieds de quille jusques à 135 pieds, mais depuis 60 pieds de quille jusques à 80: on ostera le quart de la longueur de l'estrave à l'estambot du tiers, & de ce qui restera, on prendra la huitiéme partie que l'on ostera du tiers de l'estrave à l'estambot: & ce qui restera, sera la hauteur de derriere prise en ligne perpendiculaire.

Le rétrecissement du Couronnement.

LE rétrecissement du Couronnement doit avoir moins que la lisse d'ourdy, le quart de sa largeur.

ART. 15.

Hauteur du premier Pont au second Pont.

ON n'y peut donner aucune proportion au juste, mais l'on peut donner à un navire de 135 pieds de quille, sept pieds deux pouces: à un navire de cent pieds de quille, six pieds trois pouces: à celuy de 60 pieds de quille, seulement quatre pieds dix pouces: ainsi en augmentant ou diminuant à proportion d'un pouce, ou deux de cinq en cinq pieds de quille.

ART. 16.

Hauteur du second Pont au troisiéme Pont.

POUR 135 pieds de quille, sa hauteur doit estre de six pieds huit pouces, & celuy de cent pieds de quille doit

ART. 17.

C iij

avoir six pieds, & celuy de soixante pieds, doit avoir quatre pieds dix pouces : ainsi à proportion, comme il a esté dit du premier pont au second.

Hauteur de Chambres, Gaillard, & Dunette.

ART. 18. VN navire de 135 pieds de quille, doit avoir de hauteur du gaillard ou chambre, six pieds un pouce, & un de cent pieds de quille, doit avoir cinq pieds six pouces, celuy de 75 pieds de quille, sa dunette doit avoir quatre pieds, ainsi des autres à proportion. Vous remarquerez que depuis 75 pieds de quille, au dessous, il n'y a point de dunette.

Hauteur des façons de l'Estambot.

ART. 19. Les façons de l'Estambot doivent avoir la moitié de sa hauteur sur la quille.

Hauteur des façons de l'Estrave.

ART. 20. Les façons de l'estrave doivent avoir le quart de la hauteur de l'estambot sur la quille, ou bien la moitié des façons de l'estambot, pour les grands navires : mais pour les fregattes, le quart de la hauteur de l'estrave.

Tirant d'eau à sa charge.

ART. 21. LE tirant d'eau se trouvera, si l'on adjoûte le gros & le creux ensemble, & la moitié de leur somme adjoûtée avec l'épaisseur de la quille, & encore dix pouces, qui tire d'eau de derriere plus que devant aux navires depuis cent pieds de quille jusques à 140 pieds, mais seulemen huit pouces aux navires depuis cent pieds de quille au dessous.

EXEMPLE.

Un navire de 135 pieds de quille, le creux est vingt pieds deux pouces, & le gros du premier gabary 18 pieds neuf pouces, lesquels adjoûtez ensemble, font 38 pieds onze pouces, dont la moitié est 19 pieds cinq pouces & six lignes, lesquels doivent estre adjoûtez avec 19 pouces que doit avoir l'épaisseur de la quille, & la somme donne

21 pieds, lesquels adjoûtez encore à 10 pouces, la somme totale donne 21 pieds 10 pouces pour le tirant d'eau à sa charge

Port des Tonneaux.

POur avoir le port des tonneaux, l'on adjoûte la longueur de la quille avec la longueur de l'estrave à l'estambot, & de leur somme l'on prend la moitié, de rechef, l'on prend la plus grande largeur du gabary, ou bien la longueur du maistre baux, avec celle de la lisse d'ourdy qu'on adjoûte ensemble, & de leur somme on prend la moitié: ensuite on multiplie ces deux moitiées l'une par l'autre, & le produit de cette multiplication est mis à part; apres on prend la hauteur du creux avec la hauteur du premier pont au second, qu'on adjoûte ensemble, & avec leur somme on multiplie le produit provenu de la multiplication de deux moitiées, & ce qui vient de cette seconde multiplication est divisé par quatre-vingt, & le quotient donne le nombre des tonneaux.

ART. 22.

EXEMPLE.

On desire sçavoir le nombre des tonneaux de 135 pieds de quille, la longueur de l'estrave à l'estambot est 168 pieds 9 pouces, lesquels adjoûtez avec 135 pieds de quille, font 303 pieds 9 pouces, dont la moitié est 151 pied dix pouces, negligeant les lignes: ensuite la largeur du premier gabary est 44 pieds 3 pouces, & la lisse d'ourdy est 30 pieds 4 pouces que j'adjoûte ensemble, pour avoir 74 pieds 7 pouces, dont la moitié est 37 pieds 3 pouces: avec lesquels on doit multiplier 151 pieds dix pouces, & vient au quotient 5655 pieds 7 pouces que l'on garde à part: ensuite, on trouve pour la hauteur du creux 20 pieds 2 pouces, & pour la hauteur du premier pont au second, 7 pieds 2 pouces que j'adjoûte ensemble, & leur somme donne 27 pieds 4 pouces, par lesquels je multiplie 5655 pieds 7 pouces, & vient au produit 154583, lesquels estans divisez par 80, donnent 1932 tonneaux & un quart de tonneau, ou une barrique.

Il faut observer que cette pratique est seulement pour les vaisseaux qui ont trois ponts, à cause que l'espace qui est entre le fecond & le troifiéme pont, eft compté pour l'équipage, mais aux vaiffeaux qui n'ont pas de troifiéme pont : il faut multiplier la longueur de l'eftrave à l'eftambot par la largeur du premier gabary, & le produit de cette multiplication, doit eftre encore multipliée par la hauteur du gros du premier gabary, & ce produit eftant divifé par 80, le quotient donnera le nombre des tonneaux.

PROPORTION DV LOGEMENT DV CORPS du Vaiffeau.

CHAPITRE VII.

LE membre qui eft le plus bas eft appellé fonds de cale. Le fonds de cale eft divifé en fix parties égales, depuis l'eftrave, jufques à l'eftambot.

On prend deux de ces parties au derriere, dans lefquelles font les chambres aux foutes, de la poudre, & du pain.

Les foutes aux poudres ont pour longueur une fixiéme partie de la longueur de l'eftrave à l'eftambot, du cofté de l'eftambot : celles du pain ont auffi une fixiéme partie, où font deux chambres feparées par un courrier de communication, d'environ deux pieds & demy de largeur, lefquelles foutes font lambriffées de fapin : auparavant qu'on y mette le pain & la poudre, on les échauffe pour en ofter l'humidité.

Au devant du vaiffeau, au fonds de cale en la fixiéme partie de fa longueur, eft faite une feparation qui fe nomme Fronteau ou Cliffon, en laquelle partie font les deux chambres deftinées pour les voiles du vaiffeau, & pour les cables.

Les autres parties compofent le veritable fonds de cale, où font placez les tonneaux.

La chambre du Chirurgien major eft placée au fonds de cale, joignant la chambre aux voiles & aux cables.

Les planchers ou divers eftages, font appellez Ponts ou Tillacs.

Premier Pont.

AU premier pont eſt la *Sainte Barbe*, ſur le derriere du vaiſſeau, laquelle a la ſixiéme partie de la longueur du vaiſſeau; au coſté droit eſt la loge de l'aumoſnier, & à coſté gauche, celle du maiſtre canonier.

Au fronteau de ſeparation de la chambre de ſainte Barbe, ſont les rateliers en dedans où ſont les porte-cartouches des differentes charges ſelon les calibres de l'artillerie.

La trape nommée *écoutille* pour deſcendre aux poudres eſt proche l'eſtambot joignant la ſainte Barbe, l'entrée en dedans, eſt garnie de peaux de bœuf.

Au devant du vaiſſeau ſur le premier pont, ſont placez les *Bites* qui ſont deux pieces de bois portant juſques au fonds de cale, & élevées ſur le premier pont, de trois pieds & demy: elles ſont ſoûtenuës d'une autre piece, poſée de travers, d'environ dix-huit à vingt pouces en quarré ſur neuf pieds de longueur : elle ſert pour arreſter les vaiſſeaux étans en rade, par le moyen des cables qui ſont entortillez autour.

Au milieu du pont, ſe place le gros *ſep de dris*, qui eſt une piece debout d'environ vingt pouces en quarré au plus gros bout, & par le moindre, ſept ou huit pouces, eſtant élevé au deſſus du pont, dont ſon uſage ſert pour lever la grande vergue du grand maſt par le moyen des poulies doubles à rouë de fonte.

Second Pont.

AU ſecond Pont ſont les chambres du Conſeil, le corps de garde, les cabanes de Maiſtre d'équipage, le ſep de dris du grand maſt de hune, offices & cuiſines du vaiſſeau.

La chambre du Conſeil eſt au derriere du vaiſſeau, & le corps de garde au devant.

Le ſep de dris du grand hunier ſe place au milieu du pont, qui ſert à lever la vergue du grand hunier.

La place des eſcaliers de communication du premier au ſecond, & du ſecond au troiſiéme, ſe fait à 6 pieds en arriere du grand maſt à rampe double, afin de deſcendre par 2 degrez.

D

Il y a un autre escalier au devant du mast de misene pour descendre & monter du second & troisiéme pont.

Troisiéme Pont.

AU troisiéme pont vers la poupe est la chambre du Capitaine, avec cabinets & garderobes : la longueur de la chambre est d'environ douze à quinze pieds : les cabinets & garderobes ont six pieds de longueur ou environ, separez par un terroir de communication de trois pieds de largeur.

A costé des cabinets sont le gaillard ou chasteau de derriere, les cabanes des officiers, mariniers, comme du maistre de l'équipage, son contre maistre, & du quartier maistre, &c.

Au tiers de la longueur en venant en avant, est posé le fronteau de separation en balustrade d'environ trois pieds de hauteur d'appuy.

Au tiers de la longueur au devant est le gaillard ou chasteau, qui est moins en hauteur de six pouces que le second & troisiéme pont.

Au devant du chasteau est le fronteau d'esperon en balustrade, ornée de ses harpes ou autres ornemens.

Au dessus le gaillard d'artimon de derriere est la dunette en laquelle on fait quatre petites chambres d'environ six pieds de longueur, chacune pour les quatre Officiers Majors, comme du second Capitaine, du premier & second Lieutenant & Enseignes.

Au costé de la dunette sur la superficie du gaillard d'artimon, sont les cabanes des Maistres Pilotes, d'environ six pieds de longueur, deux pieds & demy de largeur & trois pieds de hauteur.

Les Navires considerables ont deux Chasteaux, l'un à la prouë & l'autre à la poupe, qui sont nommez Chasteau devant & Chasteau derriere, ou bien Gaillard.

Au devant de la chambre du Capitaine, au milieu de la largeur du prémier tillac, est le Bitacle, fait comme une armoire; C'est-là où se met celuy qui conduit le gouvernail.

On place le grand mast deux pieds plus en arriere que le milieu du franc tillac, qui n'est pas mis en angles droits, mais on le fait pencher de trois jusques à sept ou huit pieds suivant la proportion de sa hauteur.

Le second mast est enchassé dans la fourche de la carlingue sur l'estrave, lequel est appellé mast de mizaine.

Le troisiéme mast, dit de *Beaupré*, est couché au devant sur l'esperon, le pied est enchassé sur le premier pont au dessous du chasteau de devant avec une grande boucle de fer, & deux chevilles aussi de fer qui sortent entre deux ponts.

Le quatriéme mast s'appelle d'*Artimon*, il est vers la poupe, son pied est enchassé à la chambre du canonier.

Les *Antennes* ou *Vergues* qui portent les voiles, sont amarées à leurs masts, ayant leurs noms propres selon leurs masts.

L'Artimon a deux sortes de vergue, l'une latine fort grande, & de travers comme les vergues de Galere, laquelle porte la voile d'Artimon: Outre celle-là, il y a la voile du Perroquet, & au dessous la hune, il y a une autre vergue, laquelle ne porte pas de voile, mais elle sert seulement pour border la voile du Perroquet, afin de la tenir étenduë par le bas.

Les voiles superieures sont bordées par le bas aux vergues inferieures, c'est pourquoy ces voiles sont plus larges par le bas que par le haut.

La grande voile est nommée le *grand Pacfis*, à laquelle on adjoûte dans les occasions, une autre grande piece de voile, avec des éguillettes, laquelle est nommée *Bonnette*, au dessus est la voile du grand Hunier ou grand Bourset, & plus haut, est le grand Perroquet.

La grande voile de Mizaine est nommée *Trinquet*, elle porte aussi Bonnette, & au dessus est le Bourset de Mizaine, & Perroquet de Mizaine.

La voile du Beaupré est appellée *Sivadiere*, sur laquelle

est le Perroquet de Beaupré ou de Sivadiere.

La voile d'Artimon est ample & large d'un costé & étroite de l'autre, elle porte aussi Bonnette & Perroquet d'Artimon.

Bonnettes, sont les voiles qui se posent à costé de la grande voile, & au bout de la grande vergue, quand on est chassé de l'ennemy : ou quand on le veut chasser, l'une se met bas bord, & l'autre d'estribord.

Cordages.

L'ESTAY du grand mast de hune, descend depuis la hune du grand Perroquet jusques à la hune du mast de mizaine avec une poulie courante au dessous de la hune dudit mast de mizaine, & de là descend en bas.

L'estay du grand Perroquet descend du mast de hune, devant l'estay du baston du grand pavillon, & répond au grand perroquet de mizaine.

L'estay de mizaine répond d'ordinaire & finit en marticles, sur les deux tiers du beaupré.

L'estay du hunier ou bourcet de mizaine, répond au bout du beaupré.

L'estay du Perroquet de beaupré, se rend sur l'estay de mizaine en marticles.

Le grand artimon a un estay, qui vient descendre au pied du grand mast sur le tillac, & un autre estay de Perroquet qui se fourche, & va se terminer en marticles aux aubans du grand mast.

L'estay du petit artimon finit au pied du grand artimon.

Les aubans sont attachez au bord du Vaisseau avec double rang, caps de mouton qui sont affichées au corps du vaisseau, les autres se tiennent aux aubans.

Les masts de hune & de perroquet ont aussi des aubans, lesquels sont amarez aux hunes, sçavoir, au grand hunier quatre par bande, au hunier de mizaine trois, au perroquet de mizaine deux, selon la grandeur du vaisseau.

Il y a deux calambans de hune qui descendent depuis le

haut bout du grand maſt de hune juſques au bas ſur le tillac, l'un arreſté par le bas bord, l'autre d'eſtribord au grand
perroquet.

Il y a encore deux calambans qui commencent au bout
d'en haut, & deſcendent bas ſur le tillac du grand maſt,
près la Chambre du Capitaine, pareillement au maſt de
mizaine.

Le grand artimon n'a ordinairement que trois ou quatre
aubans de chaque bord, & le petit artimon deux par bande,
ſuivant la grandeur du baſtiment.

Les balancines prennent au bout des vergues avec des
petites poulies, & vont répondre au deſſous de hunes, ou
au bout du maſt, repreſentant avec la vergue des triangles
rectilignes.

Les balancines ſont toutes doubles, & ſe rendent bas
bord & deſtribord derriere le maſt, & de là viennent finir
en bas ſur le tillac.

La grande vergue d'artimon n'a pas des balancines, mais
le bout d'en bas eſt amaré aux aubans par deux bras, & le
bout d'en haut eſt amaré par des marticles, qui ſont des
cordages qui coulent d'une corde du haut bout du grand
hunier, & à l'endroit de la vergue d'artimon ſe fourchent
en pluſieurs branches.

Les balancines de la Sivadiere ſont amarées au bout du
beaupré, & ſervent auſſi pour border le perroquet, il y a
deux poulies courantes, dont les cordes viennent ſe terminer au Chaſteau de devant, & outre ce, aux deux tiers de
la vergue de la Sivadiere, il y a deux poulies doubles, l'une
bas bord, & l'autre d'eſtribord, & des grands cordages
pour tenir ferme la vergue, le tout ſe rendant au Chaſteau
de-devant.

Les bras de voile du haut de mizaine répondent aux étais
qui ſe rencontrent derriere, & par des petites poulies deſcendent en bas : ſçavoir le bras de mizaine répondant au
grand eſtay, & de là deſcendent en bas ſur le tillac.

Le bras de bourcet de mizaine répond à l'étay du grand
maſt.

Le bras du perroquet répond à l'étay du perroquet.

Les bras du grand bourset répondent par des petites poulies à l'artimon, l'un est attaché au bout de l'artimon, & l'autre vient demy brasse plus bas avec deux poulies courantes, & viennent à deux autres attachées aux grands aubans, & de là sur le tillac.

Les bras du grand perroquet répondent au bout du perroquet de l'artimon par des petites poulies.

Les bras de sivadiere répondent à l'étay du mast de mizaine, par des poulies, & viennent finir dans le chasteau de devant.

Les boulines répondent avec des petites poulies aux étais.

Les boulines du grand perroquet, répondent à l'étay du grand perroquet par des petites poulies, tirant au mast de hune, de mizaine, & de là en bas.

Les boulines du perroquet, le long de l'étay, & viennent finir dans le chasteau.

Les boulines de mizaine répondent aussi au beaupré, devant les boulines du grand bourset, & viennent toucher par de petites poulies à l'étay du mast de hune, & de là, vont aux aubans de mizaine, & répondent en bas.

Les boulines de la grande voile, vont répondre contre le pied du mast de mizaine, amaré à une poulie.

Les boulines du perroquet d'artimon, finissent dans les grands aubans.

Les Cargues, sont cordes qui se tiennent par le dedans de la voile à la vergue prés du milieu à certaines poulies, & de là, tirent droit à l'angle & au bout de la voile, où elle est bordée avec la voile de dessus.

Celles des grands voiles descendent sur le tillac.

Celles des perroquets s'attachent dans les hunes.

Les cargues du grand bourset répondent en bas dans les aubans sur le tillac, l'une bas bord, & l'autre d'estribord.

Les Escoutes & Coüets tiennent aux bas angles des voiles de chaque bord.

Elles servent pour tirer le bout de la voile arriere vers la poupe.

Les Escoutes, sont cordes doubles, mais les coüets, sont cordes simples, mais plus grosses que les escoutes.

Elles servent à tirer la voile devant aux amures.

Amure, c'est l'attache de devant contre le Chasteau.

La Sivadiere a deux coüets, & ses escoutes viennent se rendre environ deux ou trois pieds des escoutes de mizaine, & toutes les autres maneuvres de beaupré, sauf ces deux, répondent au chasteau devant, les grands coüets de mizaine descendent à l'esperon du navire ou au boutelof, & sont amarées à deux poulies, l'une bas bord, & l'autre destribord.

Les escoutes de bourses, nommées escoutes de hune, servent à border le bourset, & répondent au pied du mast, le bourset & perroquet n'ont point de coüets.

L'escoute du grand artimon finit au derriere du Navire.

Haussiere, est une corde pour toüer le vaisseau, ou pour jetter aux chaloupes qui abordent, ou pour amarer l'esquif.

Les drisses servent pour trier l'estague, pour hinsser ou amener les voiles.

L'estague se tient aux drisses, & passe sur des roüaux qui sont à costé du mast, l'un bas bord, & l'autre destribord, attachée sous la hune : elle empoigne le mast, & par le bout du bas, s'amare au mormot nommé *Sep de Drisse*.

PROPORTION QV'ON DOIT OBSERVER pour la nature des Vaisseaux de Guerre, depuis le port de quatre cent, jusques à deux mille tonneaux.

CHAPITRE VIII.

POur le grand mast, il faut prendre deux fois & demy la longueur du baux à son plus large, & cinq pieds de plus, pour trouver & avoir la longueur dudit mast : par exemple, si un navire duquel on voudroit donner la masture, estoit de trente pieds de baux, il faudroit que la masture eust quatre-vingt pieds de longueur, qui seroit deux fois

& demy la longueur du baux & les cinq pieds de plus : lors que les vaisseaux sont au dessous de quatre cent tonneaux, il faut que les grands masts ayent deux fois & demy la longueur de leurs baux seulement.

Pour la grosseur du grand mast du navire qu'on voudra master, il faut qu'elle ait autant de pouces en diamettre, comme le mast a de pieds au tiers de sa longueur, c'est à dire lors que le mast est de diuerses pieces : par exemple, s'il avoit 85 pieds de long, il faudroit prendre le tiers de 85 qui donneroit 28 pieds un tiers, & par ainsi il faudroit que ledit mast eût vingt-huit pouces un tiers en diamettre à son plus gros, & les deux tiers de ce diamettre de sa plus grande grosseur, la prendre pour la grosseur du bout d'en haut en dessous du trinquet, qui est le bout du tenon ou toun.

Cette proportion de grosseur est prise pour les masts de diverses pieces, car aux masts qui sont d'une piece, il leur faut oster deux pouces en diamettre, sur le pied du tiers de la longueur des masts.

Masts d'avant sont plus courts de la longueur du tenon du grand mast, de deux pouces moins en diamettre pour leur grosseur : & leur plus gros, les deux tiers par le bout, qui est entendu au bout du tenon.

Masts de beaupré doivent estre quinze pieds plus courts que les masts d'avant, & la mesme grosseur du mast d'avant, la moitié par le bout, ou un pouce moins.

Masts de hune doivent avoir les deux tiers de la longueur de leur grand mast, comme si le grand mast avoit 90 pieds, le mast de hune en devroit avoir 60, & pour la grosseur dudit mast de hune, il doit avoir un pouce moins que la grosseur du tenon du grand mast, qui est entendu en diamettre, à son plus gros, la moitié par le bout.

Les masts de hune d'avant, doivent avoir les mesmes proportions sur leur mast de mizaine, comme le grand mast de hune en a sur son grand mast.

Masts d'artimon doivent avoir huit pieds plus long que le grand mast de hune, & la mesme grandeur & grosseur du grand mast de hune.

Mafts de perroquet du grand maft, doivent eftre de 3 pieds plus courts que la moitié de fon grand maft de hune : par exemple, fi le grand maft de hune eftoit de 60 pieds de long, fon grand maft de perroquet devroit avoir 27 pieds de long, la moitié du maft de hune pour fa groffeur.

Mafts de perroquet d'avant doivent eftre plus courts de 4 pieds que le grand perroquet, & la moitié du maft de hune en groffeur, prife au plus gros dudit maft, le tout par diamettre pour les groffeurs.

Mafts du perroquet du beaupré, appellé le maft de *Tormentin*, doit avoir le quart du maft de beaupré pour fa longueur, & la mefme groffeur que le maft de perroquet d'avant.

Mafts de perroquet d'artimon doivent avoir la moitié du grand maft de hune en longueur, & la moitié de la groffeur dudit maft de hune : par exemple, fi le maft de hune eftoit de 60 pieds de long, le maft de perroquet devroit avoir 30 pieds : fi le maft de hune avoit 30 pouces de diamettre en groffeur, le maft de perroquet en auroit 10.

PROPORTION DES VERGVES.

CHAPITRE IX.

La vergue de mizaine eft la premiere où on doit entendre, & proportionner les autres vergues : elle doit avoir deux fois la longueur du baux du Navire, tel qui fera requis, & à fon plus large : par exemple, fi le Vaiffeau eftoit de trente pieds de baux à fon plus large, la vergue de mizaine eftant prife fur deux fois de largeur, feroit de foixante pieds de longueur, pour la groffeur, il faut prendre le quart de la longueur de la vergue, & voir combien de pieds il y aura dans ledit quart, donner autant de pouces pour fa groffeur : par exemple, fi la vergue eftoit de foixante pieds, le quart de foixante, eft quinze pouces en diamettre en fon milieu, qui eft le plus gros, & le tiers par le bout.

La grande vergue doit avoir huit pieds plus en longueur que la vergue de mizaine, & le quart de sa longueur prise en pouces pour sa grosseur : par exemple, si la vergue avoit 80 pieds de long, le quart de 80, seroit 20 pouces en diametre, & partant il faudroit que la vergue eust le tiers par le bout.

La vergue d'artimon doit estre de la mesme longueur que la vergue de mizaine, & la mesme grosseur que la grande vergue de hune, la moitié par le bout d'en haut.

La grande vergue de hune doit estre quatre pieds plus longue que la moitié de la grande vergue, & un pouce plus gros que la moitié de la grosseur de la grande vergue, à cause des quatre pieds d'augmentation.

La vergue de hune d'avant doit avoir la moitié de la vergue de mizaine, & quatre en longueur : pour sa grosseur, elle doit estre la moitié de la grosseur de la vergue de mizaine, & un pouce plus, à cause de l'augmentation.

La vergue de beaupré doit estre quatre pieds plus longue que la grande vergue de hune.

La vergue du perroquet de tormentin doit avoir la moitié de la vergue de beaupré, tant en longueur qu'en grosseur.

La vergue de foule ou fougue doit avoir la mesme longueur que la grande vergue de hune, & la mesme grosseur de la vergue de son perroquet.

Toutes les vergues de perroquet doivent avoir la moitié de leurs vergues de hune, tant en longueur qu'en grosseur.

Bouts de Vergues.

IL faut que les bouts de vergue qui servent aux maneuvres, soit pour les huniers ou pour les estrops des poulies soient aussi par proportion : par exemple, si le bout de la grande vergue a trois pieds hors des encocures, sa vergue de hune en doit avoir la moitié, le bout de la vergue de son perroquet, la moitié de sa vergue de hune, & ainsi des autres.

Hunes.

La grandeur de la grande hune se prend sur la longueur du baux, au plus large : par exemple, si le Navire avoit à son plus large trente-huit pieds de baux, la hune devroit avoir 38 pieds de tour, sans comprendre les tours des cercles appellez *Garittes*.

La grandeur de la hune de mizaine se prend sur la grande hune, & doit estre de six pieds plus petite en tour que la grande hune, ou bien deux pieds en diamettre, sans y comprendre les tours des cercles appellez *Garittes*, & la hune doit estre entenduë, tout ce qui est porté sur les barres.

Les deux hunes du mast d'artimon & du beaupré, doivent avoir en rondeur la moitié de la grande hune : par exemple, si la grande hune a 38 pieds de tour, les hunes d'artimon & de beaupré doivent avoir dix-neuf pieds, qui est la moitié.

Les hunes pour les perroquets, doivent avoir trois pieds moins que les hunes d'artimon & de beaupré : par exemple, si la hune d'artimon avoit dix-neuf pieds de tour, la hune du grand perroquet auroit seize pieds, qui seroit trois pieds moins que la hune d'artimon, ou un pied plus en diamettre : Ces hunes des perroquets ne se mettent qu'aux grands Navires, depuis mille tonneaux en haut.

Pour poser les Dogues d'Amure au lieu necessaire.

Lors que l'on voudra placer les dogues d'amure de grand voile, au lieu & endroit qu'il doit estre : Il faudra prendre la longueur du baux au plus large du Navire, & ce avec une ligne, puis la mesure prise, il faudra poser un des points de la ligne au milieu du grand mast ou estambray d'iceluy, & porter l'autre bout de la ligne sur le bord du Navire, le tout en avant du grand mast, & l'endroit où ledit point se terminera, sera l'endroit où la dogue d'amure doit estre posée, où doit passer l'amure des grandes voiles.

POVR FVNER ET GARDER VN NAVIRE
de Guerre de tous ces agrets.

CHAPITRE X.

LE grand maft eftant garny de fes barres pour la hune, il le faudra funer & garnir en cette forte.

Premierement il faudra paffer au deffus du tenon les deux eftrops des pandours des balancines, pour la grande vergue un de chaque cofté qui doivent jetter pourtant fur les barres.

Secondement faudra paffer les deux eftrops des pandours des petites caliornes, un à chaque cofté.

Troifiémement les deux eftrops dépendent des pallans

Quatriémement, les aubans fe placent en cette façon, fçavoir deux premiers fe doivent placer en avant, & eftre placez les premiers par le tenon dudit mafts, & les autres enfuite.

Cinquiémement, les aubans eftans tous placez, il faudra placer l'étay, & le paffer par le tenon & au deffus de tous les aubans, les embraffant & couvrant tous, & paffant entre les deux barres de hune de devant.

Le maft de mizaine eftant garny de fes barres pour la hune, il faudra la garnir en cette forte.

Premierement, il faudra paffer par le tenon les eftrops des pendours des balancines de la vergue de mizaine, qui font deux, un pour chaque cofté.

Secondement, les deux pendours & eftrops pour les candelletes, un pour chaque cofté.

Troifiémement, les eftrops de deux pendours des petites caliornes ou pallans, un pour chaque cofté.

Quatriémement, les eftrops avec fa poulie pour le grand étay de hune.

Cinquiémement, les aubans fe placent enfuite, à commencer par ceux de devant les premiers, & les autres enfuitte.

Finalement, les colliers d'étay se placent au dessus de tous les aubans, le dernier embrassant tous les aubans, & passent entre les deux barres de hune d'avant.

Le mast d'artimon estant garny de ces barres pour la hune, il faudra la garnir en cette sorte.

Premierement, il faut passer par le tenon les deux estrops des pendours & des balancines pour la vergue de foule, un à chaque costé.

Secondement, les deux estrops des pendours des palanquins, un de chaque costé.

Troisiémement, les aubans se placent ensuite, à commencer par ceux de deuant les premiers.

Quatriémement, l'étay se place comme cy-devant.

Le grand mast de hune estant garny de ses barres, il faudra le funer en cette sorte.

Premierement, il faudra passer par le tenon les deux estrops des pendours des balancines de la vergue du grand hunier, un de chaque costé.

Secondement, les deux estrops des pendours des balanquins, un de chaque costé.

Troisiémement, les aubans, en commençant par ceux de devant les premiers.

Quatriémement, l'étay se place comme cy-devant au grand étay.

Le mast de hune d'avant estant garny de ses barres, il faudra le funer en cette sorte.

Premierement, il faut passer les deux estrops des pendours des deux balancines de la vergue du perroquet.

Secondement, l'estrop avec sa poulie pour passer l'étay du grand perroquet.

Troisiémement, les aubans, à commencer par ceux de devant les premiers.

Quatriémement, l'étay comme cy-devant au grand étay.

Le grand mast de perroquet estant garny de ses barres au dessus du tenon, il faudra garnir en cette sorte.

Premierement, les deux pendours des balancines de la vergue du grand perroquet.

E iij

Secondement, les aubans, à commencer par ceux de devant, & les autres enfuite.

Troifiémement, l'étay, le collier embraffant tous les aubans.

Le maft de perroquet d'avant eftant garny de fes barres, il faudra garnir & funer en cette forte.

Premierement, les deux pendours des balancines.

Secondement, l'étay avec fes poulies pour y paffer l'étay du grand perroquet.

Troifiémement, les aubans comme au grand perroquet.

Quatriémement, l'étay comme cy-devant au grand étay.

Aux mafts des perroquets, font premierement les deux pendours des balancines,

Secondement, un eftrop avec fa poulie, pour l'étay du maft de perroquet d'avant.

Troifiémement, les aubans comme aux autres mafts, puis l'étay qui eft double.

Au mafts de perroquet de foule, les pendours des balancines de la vergue du perroquet.

Secondement, l'eftrop avec fa poulie, pour le martinet de la vergue d'artimon.

Troifiémement, les aubans, puis l'étay qui eft double.

Hunes & Chouquets.

LEs mafts eftans garnis comme il a efté dit cy-devant, il faut placer leurs hunes fur leurs barres comme au grand maft, au maft de mizaine, & au maft d'artimon: car pour la hune du maft de beaupré, elle fe place lors que l'on veut, parce qu'il n'y paffe ny ne fe place nuls agrets dormans fur les barres de ladite hune; lors que les hunes feront auffi placées, il les faudra cheviller fur lefdites barres, & lors que l'on garnit les mafts de hune, pour des hunes, pour les perroquets il en faudra faire de mefme.

Lors que les hunes feront placées, comme il eft dit cy-deffus, il faudra placer les chouquets defdits mafts, qui eft tout ce que l'on doit obferver, felon ce qui a efté dit cy-devant.

Il faut obferver que lors que l'on voudra funer un Navire par les mafts, il faut premierement que tous lefdits mafts foient garnis de leurs barres de hune, ce qu'eftant fait, on pourra placer le funin, comme il a efté dit cy-devant.

Pour garnir les Vergues.

PRemierement, la grande vergue eftant traverfée fur le Navire à l'endroit du grand maft : il faudra prendre bien juftement fon milieu, puis la pofer au milieu de la groffeur de fon grand maft, puis y frapper les itagues qui font doubles, & prendre, tant d'un cofté que d'autre, le milieu de la vergue, comme s'enfuit.

Pour frapper l'eftague fur la grande verge, laquelle eft double, il faudra prendre fur le chouquet, où lefdites itagues paffent, la diftance qu'il y a entre lefdites itagues, & la partager en deux, & rapporter une moitié fur chaque cofté de la vergue pofé fur fon milieu, & là, frapper lefdites itagues, laquelle diftance correfpondra également à celle du grand chouquet: ou bien, s'il fe peut, ferrer tant foit peu lefdites itagues vers le milieu de la vergue.

Il faut remarquer que lors que l'on voudra frapper lefdites itagues fur la vergue, il faudra premierement paffer la grande poulie pour la drifle, qui doit eftre au double de l'itague en arriere, & ce, par le trou de ladite poulie.

Racages.

LEs itagues eftant frappées fur la vergue, il faudra y frapper les cordages qui paffent par les verfaux ou vigot, & par les pommes de racage, eft appellé baftard; & lors que lefdits baftards feront faifis & frappez fur ladite vergue, autant de fois qu'il fera neceffaire, & ferrez bien les uns contre les autres, & contre lefdits itagues, tant d'un cofté que d'autre: Il faudra mettre des tacquets contre lefdits baftards, pour empefcher qu'ils ne s'écoulent le long de la vergue : & qu'ils ne quittent leurs places.

Poulies pour les Escoutes de Hune proche le Racage.

LOrs que le grand racage sera fait & arresté par ses bastards sur ladite vergue, il faudra placer les estrops des poulies sur ladite vergue, & ce, pour les grandes escoutes de hune : & il faudra faire joindre lesdits estrops contre les bastards du racage le plus qu'il se pourra, puis y mettre des tacquets bien cloüez contre, pour empescher que lesdits itagues, bastards & estrops ne se glissent hors de leurs places, & lors que les poulies des escoutes de hune seront ainsi placez, tant d'un costé que d'autre, & une pour chaque costé : il faudra faire une bride pour ce qui saisira les deux estrops, & ce, de bouts de cordages, & d'autant de tours qu'il sera necessaire, pour tenir ferme lesdits estrops & poulies lors qu'on bordera le grand hunier, qui sans ladite bride, ne seroit pas assuré que les estrops ne demeurassent en leurs places, & le cordage de ladite bride doit estre menu, & ce, à discretion.

Pour les Cargues points de grande Voile.

LEs poulies pour les cargues points de la grande voile estans garnis de bons estrops pour placer à l'endroit necessaire, il faudra prendre la distance qu'il y aura du milieu de la grosseur du grand mast, jusques sur la lisse du bord, laquelle distance estant rapportée depuis le milieu de la grande vergue, vers l'un & l'autre bout de ladite vergue, tant d'un costé que d'autre où ladite distance est terminée sur la vergue, il y faudra placer les estrops de poulies, de cargue points de la voile.

Autre maniere.

LA vergue estant saisie par son racage, & amenée sur les lisses des bords, il faudra placer lesdits estrops & cargues points, à l'endroit où les lisses toucheront à la vergue.

Dermans

Dormans de Cargues points de grande voile.

LEs Dormans de Cargues points de grande voile, se frappent proche les Eſtrops de Cargues points de ladite voile, frappez ſur la Vergue, & ce, en dehors dudit Eſtrop, & vers le bout de la Vergue.

Cargue Boullines de grande voile.

POur placer les poulies des Cargues Boullines de grande voile, il faudra prendre la moitié de la longueur de la grande Vergue, & partager ladite longueur en trois, & prendre deux parts de ce partage, & poſer audit endroit la poulie de la Cargue Boulline de grande voile: laquelle poulie doit tomber contre la Vergue, & eſt appellée *Poulie de Bloc*, qui doit toûjours eſtre placée aux deux tiers de la moitié de la grande Vergue, à prendre du milieu vers les bouts, tant d'un coſté que d'autre.

Sauve Rabans.

DEpuis les deux tiers de la Vergue vers les bouts, tant d'un coſté que d'autre, faudra garnir d'Eſtrops, qui ſont appellez *Sauue Rabans*: parce qu'ils empeſchent que l'Eſcoute du grand Hunier ne coupent les Rabans de la grande voile deſdits Eſtrops: il s'y en met à diſcretion le long de la Vergue, autant comme on le jugera neceſſaire.

Fer de Boutehors.

LE fer de Boutehors, le plus vers le milieu de la Vergue, doit eſtre placé à un quart de diſtance du milieu de la Vergue, & ce, vers le bout: comme ſi la moitié de la Vergue eſtoit de 40 pieds, le fer ſera placé à 10 du bout, ou 15 tout au plus.

Bouts des Vergues.

CHaque bout de la grande Vergue doit eſtre garny en cette ſorte.

E

L'Architecture Navale.

Premierement, se doit passer l'Estrop de la Bosse, pour saisir les points du grand hunier lors du combat, en cas que les Escoutes fussent coupées.

Secondement, l'encocure de la bosse estant passée dans le bout de la Vergue, faudra passer ou encoquer l'Estrop de la poulie pour les bonnettes en estuy.

Troisiémement, encoquer l'Estrop des Pendours de grand bras.

Quatriémement, encoquer l'Estrop de la poulie d'Escoute de Hune de Balancine.

Cinquiémement, encoquer le fer de boutehors.

Marchepied.

AU dessous de la grande Vergue, se placent deux marchepieds, un de chaque costé, & a de longueur à discretion, le bout du marchepied qui est vers le bout de la Vergue saisi par un Estrop, de l'autre bout au cap de mouton, & proche l'Estrop de la poulie d'Escoute de Hune, qui est joignant les Bastards du Racage, est un estrop avec un cap de mouton, servant à redir lesdits marchepieds : lesdits marchepieds servent pour supporter les Matelots pour freler la grande voile.

Franc Funin de grande Vergue.

AU milieu de la grande Vergue, entre les Itagues, se placent un Estrop avec une Poulie double, pour aider à guinder la Vergue, & cecy ne s'observe qu'aux grands Navires de mille tonneaux en haut.

Vergue de Mizaine.

LA Vergue de Mizaine a mesme garniture, prise sur les proportions telle qu'il a esté observé à la grande Vergue.

Vergue de grand Hunier.

LA Vergue de grand Hunier estant bien separée en deux, il faudra sur son milieu frapper l'Estague qui est double, & le faire le plus serré qu'il se pourra l'un contre l'autre.

Raçage.

L'Estague estant frappée à la Vergue, & saisi les Bâtards qui passent par les bigots ou versau & pommes de Racages, & ce, pour autant de tours qu'il sera necessaire, doivent estre le plus serré qu'il se pourra contre les Itagues: puis y poser deux tacquets, un à chaque costé, pour tenir lesdites Itagues & Racage en leurs places.

Pour les Drisses des Bonnettes en Etay.

A Deux pieds de Bastards du Racage vers le bout de la Vergue, il faut un Estrop avec sa poulie à chaque costé, un pour les drisses des voiles en étay.

Cargues Points.

POur placer les Cargues Points de Hunier, il faudra prendre le milieu de la largeur de la Hune, & cette distance, la rapporter du milieu de la Vergue vers les bouts, & là où elle se terminera, poser ou placer l'Estrop avec la poulie, pour Cargues Points du grand Hunier, tant d'un costé que d'autre.

Dormans de Cargues Points.

LEs Dormans de Cargues Points, se placent ou frapent en dehors de l'Estrop de la poulie de Cargues Points, qui est dudit Estrop vers le bout de la Vergue.

Bouts des Vergues.

A Chaque bout de Vergue, faut garnir comme s'ensuit.

Premierement, un Estrop à chaque poulie pour la drisse de bonnette en étay de grand hunier.

Secondement, encoquer l'Estrop des Pendours des bras de Hunes.

Troisiémement, encoquer l'Estrop de la poulie de la balancine de ladite Vergue de grand Hunier, ou l'Escoute de grand Perroquet.

Vergue de Hunier d'auant.

LA Vergue de Hunier d'avant, est garnie en observant sa Hune: la distance qui en a esté observée en la grande Hune pour la Vergue & grand Hunier, & de mesme qu'il a esté observé à la Vergue des grands Huniers, soit pour Itagues, Racages & autres.

Vergue de grand Perroquet.

LA Vergue du grand Perroquet doit estre garnie en cette sorte.

Premierement l'Estague qui est simple est frappée sur le milieu de la Vergue.

Secondement, les bastards du Racage doivent estre saisis contre ladite Estague.

Cargues Points.

FAUT placer les Estrops de poulies de Cargues Points au tiers de la Vergue, à prendre du milieu vers le bout, tant d'un costé que d'autre.

Bouts des Vergues.

LEs bouts des Vergues sont garnies en cette sorte.
Premierement, est encoqué l'Estrop des Pendours de bras.

Secondement, est encoqué l'Estrop des poulies de balancine.

Dormant de Cargue Point.

LE Dormant de Cargue Point est frappé en dehors de l'Estrop de Cargue Point frappé sur la Vergue.

Perroquet d'Auant.

LA Vergue de Perroquet d'avant est garnie de la mesme maniere que la Vergue de grand Perroquet.

Livre Premier.

Vergue de Foule.

LA Vergue de Foule eſt ſaiſie par un Eſtrop en ſon milieu, lequel Eſtrop va paſſer le tenon du maſt d'Artimon, & doit eſtre ladite Vergue ſaiſie, & arreſtée au deſſus ou au deſſous de l'étay, ſelon qu'il eſt neceſſaire.

A chaque bout de Vergue eſt encoqué l'Eſtrop des bras de ladite Vergue, leſquels bras ſont ſimples ſans Pendours.

Apres l'Eſtrop du bras, s'encoque l'Eſtrop de la poulie pour la balancine de ladite Vergue, & pour l'Eſcoute du Perroquet de foule, ayant ladite poulie deux roüets.

Vergue de Perroquet de Foule.

AU milieu de la Vergue, eſt frappé l'Eſtague qui eſt ſimple, à chaque coſté de l'Eſtague eſt ſaiſi le bâtard du Racage, avec des tacquets de chaque coſté.

Au tiers de la Vergue, à prendre du milieu vers les bouts : tant d'un coſté que d'autre, ſont deux Eſtrops avec les poulies, qui ſont encoquez à la Vergue, comme les Cargues Points des Perroquets.

A chaque bout de Vergue, eſt encoqué l'Eſtrop des pendours des bras, qui s'y place le premier.

Apres les Eſtrops des deux pendours de bras, eſt encoqué l'Eſtrop de la poulie pour la Balancine, avec un taquet de chaque bout de Vergue, qui eſt placé à l'endroit où l'on veut placer leſdits Eſtrops, afin d'empêcher que leſdits Eſtrops ne s'encoquent plus avant en la Vergue.

Vergue d'Artimon.

AU milieu de la Vergue eſt frappé l'Eſtague qui eſt ſimple, avec des taquets en haut, & eſt cloüée ſur la Vergue, pour empeſcher que l'Eſtague ne gliſſe contre la Vergue, & afin de la tenir ferme en ſon lieu.

Racage.

LE Racage est fait & lié par un bastard en double, qui est saisi à l'estague, & au bout du bastard qui est en dehors l'estague : il y a une poulie au bout, avec deux trous où passe ledit bastard appellé *Oeil de Bœuf*. A l'autre bout du Racage est une poulie avec un trou, & un estrop passant par le trou, garny de docillotes, servant à trousser & à serrer le Racage.

Cargues.

AU dessus du racage vers le bout de la vergue, sont 4 poulies, deux à chaque costé de ladite vergue, & les autres deux au droit des premieres, pour passer les Cargues fonds de la voile.

Les deux premieres, à prendre du racage vers le bout d'en haut, sont environ six pieds du racage, plus ou moins, selon qu'il est à propos : Les autres deux sont éloignées des premieres d'environ huit pieds, lesquelles poulies sont frappées sur la vergue avec des crampons, & sont garnies d'estrops, & des docillots tout au bout de la vergue environ un pied : en venant en bas, sont deux poulies à chaque costé, une frappée avec des crampons, & sont garnies d'estrops & des docillots : pour les bras de perroquet de foule, le dormant du bras dudit perroquet est frappé au bout de la vergue.

Au bout de la vergue de haut, & sur le milieu, est cloüé un petit cordage, & il y a un autre cloüé de la mesme maniere, servant pour d'autres marticles.

Au dessous du racage, vers le bout de la vergue d'en bas, sont quatre poulies pour les cargues de la voile, frappées avec des crampons sur la vergue : lesdites poulies sont garnies d'estrops & docillotes, les deux plus petites du racage servent pour les cargues fonds de la voile, & les deux autres, pour les cargues points, qui se mettent à l'endroit tel que l'on juge à propos.

Tout au bout de la vergue d'en bas, est un gerseau ou

LIVRE PREMIER. 47

eſtrop, qui paſſe par un trou en la vergue, & à chaque coſté eſt fait un nœud à l'eſtrop, & afin qu'ils ne puiſſent ſortir, à chaque bout d'eſtrop eſt une coſſe où ſe croquent les hourſes de ladite vergue.

Hourſes.

EST un cordage avec un croc à un bout : lequel croc ſe croche dans l'eſtrop du bout de la vergue, & va paſſer à une poulie qui eſt amarée au derriere des aubans : leſdites Hourſes ſe mettent de coſté, ſervant de bras à lad. vergue.

Vergue de Civadiere.

LA Vergue de Civadiere eſt ſaiſie à ſon milieu par l'eſtague qui eſt double, ladite eſtague paſſant à chaque coſté du maſt de beaupré par dedans a une poulie, laquelle n'a qu'un trou ſans roüet, & va frapper ſur la vergue, & de l'autre côté au bout, laiſſant entre les deux itagues un peu de vuide ſur la vergue, telle que la groſſeur du maſt de beaupré le requiert.

Entre les deux itagues, ſur le milieu de la vergue, eſt un eſtrop double, où ſe crochent deux petits pallans pour hauſſer & baiſſer la vergue lors qu'il en eſt beſoin.

Racage.

A Cette vergue il n'y a point de Racage, parce qu'elle ne bouge pas du lieu où elle eſt placée, qui eſt toûjours plus haut que le collier d'étay de mizaine, & au lieu de Racage, il y a une poulie, appellée *Oeil de Bœuf*, parce qu'elles n'ont point de revers, mais ſeulement un trou par où paſſe l'eſtague de ladite vergue.

Cargue Point.

TOUT joignant l'eſtague frappée ſur la vergue à chaque coſté eſt un eſtrop avec une poulie, pour les Cargues Points de Civadiere, & tout contre l'eſtrop, tant d'un coſté que d'autre, ſont des taquets cloüez ſur la vergue, pour tenir leſdits eſtrops, & itagues ſaiſies en leurs places.

Cargues Points, Aubans & Palanquins.

AU tiers de la Vergue, à prendre du milieu, vers le bout, tant d'un cofté que d'autre, font deux poulies & un cap de mouton encoquées en cette forte.

Le premier eft le cap de mouton vers le milieu de la vergue, fervant pour rider les aubans de ladite vergue, lequel eft frappé fur le maft du beaupré.

Le fecond eftrop avec fa poulie, eft pour les Cargues Points de la Civadiere.

Le troifiéme eftrop avec fa poulie eft pour le Pallanquin de ladite vergue.

Dormans.

LEs Dormans & Pallanquins font frappez ou amarez fur la vergue tout joignant l'eftrop de leurs poulies, & ce, en dehors par le bout de la vergue, ou bien font frappez ou amarez à l'eftrop mefme de la poulie.

Bouts des Vergues.

A Chaque bout des Vergues, font encoquez deux eftrops, le premier eft plus en dedans pour les pendours des bras de la vergue : le fecond eft pour la balancine de perroquet de tourmentin.

Vergue de Tourmentin.

AU milieu de la Vergue eft frappée l'eftague qui eft fimple : puis à chaque cofté de ladite itague, eft le baftard du Racage, avec deux taquets de chaque cofté fur la Vergue, pour la tenir ferme.

Cargue Point.

AU tiers de la vergue, à prendre du milieu vers les bouts, font encoquez deux eftrops avec leurs poulies, un à chaque cofté dudit endroit, pour le Cargue Point du Tourmentin.

A chaque bout de vergue font encoquez : Premierement,

ment l'eſtrop des pendours des bras de ladite vergue.

Secondement l'eſtrop avec ſa poulie pour les balancines de perroquet.

Itagues de grande Vergue.

AUx Itagues de grande Vergue, tout joignant le racage, ſont quatre poulies, deux à chaque coſté d'Itague, ſervant pour des cargues fonds, & cargue boulline.

Au double de l'eſtague en arriere, eſt une groſſe poulie à trois roüets de fer, par le haut de la poulie eſt un trou par où paſſe l'eſtague, laquelle eſtague doit eſtre paſſée dans la poulie avant qu'elle ne ſoit frappée ſur la vergue : ladite Itague paſſe par deſſus le grand chouquet, par l'entaille qui eſt faite audit chouquet à chaque coſté ſelon que la groſſeur d'eſtague le requiert.

Itagues de grands Huniers.

LEs Itagues de grands Huniers ſont auſſi doubles, tout joignant les baſtards du racage, ou bien à un pied au deſſus de la vergue ſont deux poulies à chaque coſté, un pour les cargues boulines de grand hunier qu'on appelle *Contrefanons*.

Au double de l'eſtague en arriere, eſt une poulie à deux roüets, par leſquels paſſent les driſſes dudit hunier, & ladite itague paſſe dans un trou de ladite poulie, lequel trou eſt deſſus des roüets.

Autrement.

AU double de l'eſtague, eſt une poulie ſimple par où paſſe une fauſſe itague, laquelle fauſſe itague a un bout, & à l'autre une poulie double & longue, par où paſſe la driſſe du grand hunier.

Itague de Mizaine.

A L'eſtague de Mizaine proche la vergue, ſont quatre poulies à chaque coſté, deux pour cargues fonds de grande voile : & ſont en meſme maniere que les itagues de grande vergue.

G

Itagues de Hunier d'avant.

L'Estague de hunier d'avant est simple & proche la vergue, il y a deux poulies pour les contrefanons de la voile.

En arriere au bout de l'estague, est une double poulie pour la drisse.

Itagues pour la Vergue d'Artimon.

L'Estague de la Vergue d'Artimon est simple qui n'a qu'une poulie double au bout pour y passer la drisse.

Itagues des Perroquets.

Les Itagues des Perroquets sont simples, il n'y a qu'une poulie à chacune au bout d'en arriere pour la drisse, lesquelles poulies, pour la plus part sont simples.

Grande Drisse.

La Drisse de la grande vergue, a son dormant passé & arresté dans cette Drisse, ou bien frappé à un anneau sur le pont, tout contre le sep de Drisse, elle passe trois fois en haut, & trois fois en bas.

Drisses de Mizaine.

La Drisse de Mizaine est de mesme façon que la Drisse de grande voile.

Dormans.

Les Dormans desdites drisses sont frappez aux culs des poulies d'en bas.

Drisses de la Vergue d'Artimon.

La Drisse de la Vergue d'Artimon a son dormant, qui passe par le sep de drisse qui y est frappé, & passe deux fois dans les poulies.

Drisses de Perroquets.

Toutes les Drisses des Perroquets sont aux Pallans simples, où les dormans sont frappez au cul de la poulie d'estague.

Grand Etay.

AU collier d'en haut du grand Etay, sont quatre poulies pour les cargues boulines de la grande voile : environ au milieu de l'Etay, sont des poulies en cette sorte.

Premierement, les plus hautes, sont deux à chaque costé pour le bas du hunier d'avant : environ deux pieds plus bas, sont deux poulies, une à chaque costé pour les bras de mizaine. Secondement, à deux pieds des poulies des bras de Mizaine, en venant en bas, sont deux poulies, une à chaque costé pour les bras de perroquet d'avant. Troisiémement, une poulie pour la drisse du petit perroquet. Quatriémement, une poulie qui doit estre placée au dessus de celles des bras du hunier d'avant pour l'escoute de la voile d'etay du grand hunier.

Dormans des Bras.

LEs Dormans des Bras de la vergue de hunier d'avant, sont amarez sur l'étay, trois pieds plus haut que les poulies desdits Bras.

DE LA CONSTRVCTION ET FABRIQVE
des principaux Arets des Vaisseaux de Guerre.

CHAPITRE XI.

PRemierement, le grand étay doit estre composé de quatre torons, au milieu desquels est un nombre de fils carrets, qu'on appelle l'*Ame* : lesquels fils des carrets se mettent par proportion sur le nombre des fils qui font le cordon du toron : & ce, la quatriéme partie du toron, comme si le toron estoit de quarante fils, l'ame dudit étay seroit de dix fils, & selon la grosseur, car s'ils estoient déliez, il en faudroit davantage.

Chaque toron qui sont au nombre de quatre, pour ledit étay est fait de trois cordons, si bien qu'audit étay, il y a douze cordons.

L'Etay de Mizaine.

L'Etay du maſt de Mizaine, doit eſtre auſſi de quatre torons.

Etay du grand maſt de Hune.

L'Etay du grand maſt de Hune doit eſtre de quatre cordons, & une méche au milieu, appellée l'*Ame*.

Etay du maſt de Hune d'auant.

L'Etay du maſt de Hune d'avant doit auſſi eſtre à quatre cordons.

L'Etay d'Artimon.

L'Etay d'Artimon doit eſtre auſſi à quatre torons, comme il eſt dit cy-devant.

Etay de Perroquet.

L'Etay du maſt de Perroquet, à trois cordons & de cordages communs.

Eſcoutes.

Les Eſcoutes de Mizaine & de grande voile, ſont ou doivent eſtre de quatre torons, une méche au milieu: chaque toron eſt de 3 cordons, qui fait en tout 12 cordons.

Eſcoutes de Hune.

Les Eſcoutes de Hune, tant du grand Hunier que du Hunier d'avant, doivent eſtre de 4 cordons, & la méche au milieu, qui eſt appellée l'*Ame*, comme cy-devant.

Eſcoüets de grande voile & Mizaine.

EScoüets, tant de grande voile que de Mizaine, doivent eſtre de quatre torons, avec la méche au milieu, comme il eſt dit aux Eſcoutes faites en queuë de rat : c'eſt à dire, groſſe par le bout qui paſſe, & eſt frappée au coüillard de grande voile, & fort menu par l'autre.

Tournevire.

LA Tournevire doit eftre de quatre cordons avec la méche au milieu, garnie de fuzées.

Les Aubans.

LEs grands Aubans, Aubans de Mizaine & les autres, doivent eftre de trois cordons.

Cables & Grellins.

LEs Cables & Grellins doivent eftre de trois torons, tant l'un que l'autre, chaque toron eft de trois cordons, les gros Cables ont d'ordinaire cent cinq braffes de long, & les Grellins, cent vingt braffes.

Hauffieres.

LEs Hauffieres font de trois cordons, & ont d'ordinaire cent vingt braffes.

Franc Funin des grands Caliornes.

LEs grands Funins des grands Caliornes pour embarquer le canon, doivent eftre de quatre cordons.

Cordage commun.

TOus cordages communs qui fervent à toutes fortes de maneuvres courantes, font de trois cordons.

BETTOR, MERLIN, LUZIN, LIGNES.

LEs Lignes, foit pour fonder ou pour autre chofe, font auffi de 3 cordons, & de trois à 4 fils à chaque cordon.

Treffes.

LEs Treffes fe font de fil de carret, & felon le requis, on y met la quantité de fils, fervant lefdites Treffes pour fourrer les cables & autres chofes.

Fil Carret.

LE fil carret fe prend & fe tire des vieux cables coupez par pieces, de la longueur d'une ou deux braffes, à difcretion, & les cordons defdits cables eftans détors, tous les fils qui en fortent font appellez fils des carrets.

Garfettes.

LEs Garfettes fe font de fils de carret, de groffeur à difcretion, & fervent à lever les Anchres, ou faire des Garfettes de ris aux huniers.

Rabans.

LEs Rabans, font des cordages de longueur de deux braffes, & de plus s'il eft befoin, qui font depuis fix fils jufques à trente, & plus, qui fervent pour garnir les voiles, & à plufieurs autres amarages & maneuvres.

Epiſſures des Cables.

POur épiffer deux Cables enfemble, il faut premierement détordre les trois cordons, tant l'un que l'autre, environ deux braffes, puis paffer chaque toron dans le cable, tant de l'un que de l'autre, à la façon commune des autres épiffures, par trois fois, puis les torons eftant ainfi paffez, il faudra décorder un cordon à chaque toron, & les couper à l'endroit paffé, & ficher lefdits bouts de cordons coupez, puis paffer chaque toron defdits cordons reftans, par deux fois dans les cables à la façon ordinaire, & eftans paffez par deux fois dans les cables, tant d'un cofté que d'autre, il les faudroit encore décorder, & couper un des cordons de chaque cordon à l'endroit paffé dans ledit cable, & les ficher, puis paffer chaque cordon reftant par dedans les torons des cables, une fois le tout, tant d'un cofté que d'autre, puis les couper, & les cables feront épiffez.

ESTAT DV NOMBRE DES POVLIES neceſſaires pour agréer & garnir un Vaiſſeau.

CHAPITRE XII.

PRemierement, pour le maft d'Artimon, au deffus des bras de hune, deux poulies, une à chaque bout

LIVRE PREMIER. 55

des pendours des balancines de vergue de foule, une à chaque costé. Aux aubans de devant à une brasse de la hune à chaque costé, une poulie pour les bras du grand hunier.

Sous les barres de hunes, deux poulies de chaque bout des pendours de palanquin, une à chaque costé.

Aux Pallanquins, quatre, deux à chaque Pallanquin, une double, & une simple à chaque Pallanquin.

A l'estague de la vergue qui est simple, une poulie au bout de l'itague qui a deux roüets, par où passe la drisse.

Au racage de ladite vergue, une poulie avec un trou, appellé *Oeil de Bœuf*, par où passe le bastard du racage.

La trosse servant à faire serrer le racage, est un pallanquin fait de deux poulies, une double & l'autre simple.

Au racage, est encore une poulie en façon de cap de mouton, avec deux trous par où passent les bastards dudit racage.

Au pied du mast est le sep de drisse, où il y a deux roüets par où passe la drisse.

Vergue de Foule.

A Chaque bout de la vergue de foule, est une poulie avec deux roüets, par où passe l'escoute de perroquet de foule, & par l'autre la balancine de ladite vergue de foule, à deux pieds du milieu de la vergue, tirant vers les bouts, tant d'un costé que d'autre, est une poulie à chaque costé, par où passe l'escoute de voile de perroquet.

Vergue d'Artimon.

AU bout de la vergue d'artimon d'en haut, sont les marticles en deux endroits avec des poulies : des marticles qui sont plates, & ont quatre ou cinq trous.

Au bout de chaque marticle, est un estrop par où passe une poulie, sur laquelle est frappé le martinet de la vergue, servant ledit martinet pour la piquer.

Pour la cargue de la voile, sont huit poulies frappées à la vergue avec des crampons : sçavoir, quatre en haut, au dessus du racage, deux à chaque costé, qui sont quatre, faisant en tout le nombre de huit.

Un pallan pour l'efcoute de deux poulies, une double & l'autre fimple.

Au bout de la mefme vergue, audit endroit des marticles, font frappées deux poulies avec des crampons, & eftrops pour y paffer les bras de perroquet de foule.

Un pallanquin d'amure de deux poulies, une double & l'autre fimple, & le plus fouvent les deux poulies font fimples.

A l'étay, un cap de mouton au bout, & un autre cap de mouton avec un collier, qui feing le grand maft.

Un petit pallanquin de deux poulies fimples pour guinder le voile d'étay.

Maft de Perroquet de Foule.

AU deffus des barres du maft de perroquet de foule, font les pendours de la vergue de perroquet de foule, un à chaque cofté, au bout defquels eft une poulie pour les balancines de ladite vergue de perroquet.

En arriere, & au deffus des barres, eft un eftrop avec fa poulie pour le martinet.

Aux aubans d'avant, à quatre ou cinq pieds des barres, font deux poulies, une à chaque cofté pour paffer les bras du grand perroquet.

A l'étay qui eft double, qui va amarer aux grands aubans, tant d'un cofté que d'autre, avec deux marticles ou varaguez à chaque cofté, faifant le tout dix poulies avec les quatre des varaguez.

Vergue de Perroquet de Foule.

A Chaque bout de la vergue de perroquet de foule, font deux poulies, une au bout des pendours des bras de ladite vergue, & l'autre encoquée par un eftrop à chaque bout pour les balancines.

Du milieu de la vergue vers les bouts, tant d'un côté que d'autre, & à l'endroit où peut donner la largeur de la hune du maft d'artimon, ou bien au tiers de ladite vergue, à prendre du milieu vers les bouts, eft une poulie à chaque

cofté

costé audit endroit, servant aux cargues point dudit Perroquet.

A chaque Escoute des voiles de Perroquet, une pour carguer le point de ladite voile.

Poulies du grand Mast.

AU dessous des grandes barres de hunes au bout des deux pendours de balancines qui sont deux, une poulie à chacun, pour les balancines de grande vergues.

Aux deux pendours des pallans, une poulie à chacun.

Deux pallans, un à chaque costé, & deux poulies à chaque pallan, une double & l'autre simple.

Sous le Chouquet, deux poulies à crampons, garnies des rouës de fer, par où passe la guinderesse du grand mast de hune.

Deux à chaque costé, une pour les drisses des bonnettes en étay.

Aux deux derniers aubans sont six poulies, trois à chacun auban de chaque costé, & deux pour les boulines de perroquet d'artimont, qui sont les plus hautes.

Deux poulies, une de chaque costé pour les bras de la vergue de foule.

Deux en bas pour les ourses d'artimon, une à chaque côté.

Grande Itague.

A La grande Itague qui est double & proche la vergue, à chaque costé il y a une poulie.

Au double de l'estague qui est arriere du grand mast, est une grosse poulie à trois roüets de fer par où passe la guinderesse de grande vergue, & en haut de ladite poulie est un trou qui passe au trauers, par où passe ladite Itague.

Au Racaige, sont deux pallanquins simples qui servent pour lever ledit Racaige lors qu'on guinde la vergue, & l'autre pallanquin pour le faire baisser lors qu'on ameine la vergue, les poulies desdits pallanquins sont simples.

Grande Vergue.

A Chaque bout de la grande Vergue font quatre poulies: Sçavoir, La premiere encoquée, & pour la drifle de voile & bonnette en étay. La feconde, au bout des pendours de bras de grande Vergue. La troifiéme, eft une groffe poulie avec deux roüets, un grand de fer, & l'autre de bois : par celuy de fer paffe l'efcoute du grand hunier, & par celuy de bois qui eft au bout de la poulie paffe la balancine de ladite Vergue, & à chaque cofté un marchepied de deux caps de mouton chacun.

Lors que la grande Vergue eft fur les liffes du bord audit endroit où elle porte fur les liffes où paffent les poulies eftrops, à l'endroit où elles touchent fur lefdites liffes, & ce, lors que la Vergue eft traverfee audit Navire, & que fon milieu eft au milieu du maft, font lefdites poulies pour les cargues points de grande voile, tant d'un cofté que d'autre.

Proche le Racage, tant d'un cofté que d'autre, eft une groffe poulie par où paffe l'efcoute du grand hunier, & au dela de la Vergue, eft une poulie de bloc pour la cargue boulline.

Entre les deux itagues au milieu de la Vergue, eft une poulie à deux roüets de fer, par où paffe le franc funin pour aider à guinder la grande Vergue.

Quatre boutehors, à chaque bout de dehors une poulie qui font quatre.

Grand Etay.

AU collier du grand Etay qui paffe par deffous le tenon du grand maft, & au deffous de la hune en avant, font quatre poulies, deux à chaque cofté, une pour le carguefons, & l'autre pour la cargue boulline de grande voile.

A une braffe ou environ du colier venant en bas, eft un eftrop pour y paffer le crocq de bredindin, autrement petit palan.

Audit Etay il y a deux pallans, un grand & un petit : chaque pallan est de deux poulies, dont l'une est double & l'autre simple : le petit est appellé *Bredindin*, & l'autre, *Pallan d'Etay*.

Au bout de l'Etay d'en bas est une grosse poulie, appellée *Cap de Mouton*, qui a trois trous par où passe la ride.

Plus bas est un autre cap de mouton, saisi & frappé à un collier qui embrasse le mast de mizaine, & passe par dessous l'estrave, par lequel passe la ride du grand Etay.

Audit Etay, il y a de chaque costé trois poulies : Sçavoir, une pour les bras de perroquet qui est la plus basse. La seconde, pour les bras de Vergue de hune d'avant. La troisiéme, pour les bras de perroquet d'avant. La quatriéme qui est seule, pour la drisse du perroquet d'avant, elle est plus basse que toutes les autres. Une cinquiéme, pour l'escoute de la voile d'Etay du grand mast de hune, qui est au droit des dormans des bras de mizaine.

Audit Etay est un faux Etay, servant pour la voile d'Etay, lequel Etay est au bout d'en bas d'un cap de mouton, & autres caps de mouton plus bas, frappez audit Etay, par lesquels passe la ride pour la rider.

Escoutes.

A La grande Escoute, sont deux poulies à chaque costé, une par où passe l'Escoute, & l'autre pour le cargue point.

Boulines.

POur la Bouline, il y a une poulie à dents, qui est frappée à un estrop qui embrasse le mast de mizaine.

Palans d'Amure.

POur la grande Vergue, il faut un Pallan d'Amure qui ait deux poulies, une double & l'autre simple.

Grand Mast de Hune.

AU haut du grand Mast de Hune joignant les barres, & au dessous des pendours des balancines, une à chaque cofté, & une poulie de chaque bout pour la grande vergue de Hune.

Deux autres poulies, une à chaque bout des pandours des pallanquins.

Deux pallanquins, un à chaque cofté de deux poulies, chacun une double & l'autre fimple.

A chaque bout des aubans en bas, un cap de mouton à chaque jambe de hune.

Itague.

A L'itague proche la Vergue qui eft double, une poulie à chaque cofté, pour le contre fanon ou cargue bouline.

Au double de l'Itague au derriere du maft, une poulie fimple où paffe la fauffe Itague.

Au bout de la fauffe Itague en bas, une double, laquelle avec une autre fimple de retour & pallan, s'appelle *Driffe*.

Etay de grand Hunier.

AU grand Etay de Hune, il y a deux poulies à chaque cofté, au mefme endroit, une pour les balancines du grand perroquet d'avant.

Audit Etay & plus bas que les poulies cy-deffus, il y en a une pour la driffe de perroquet d'avant.

Au haut de l'Etay, un palanquin fimple pour leur Etay, lors qu'on ameine le grand maft de Hune.

Au milieu de l'Etay, une pour la driffe de voile d'Etay, un faux Etay, aubout duquel il y a un cap de mouton, & plus bas un autre cap de mouton pour redir le faux Etay.

Grande Vergue de Hunier.

A Chaque bout de la Vergue de Hune il y a trois poulies, la premiere pour les voiles d'Etay : La feconde, au bout des pendours des bras : La troifiéme, pour la balancine ou efcoute du grand perroquet, lors qu'il y en a.

Au tiers de la Vergue, en prenant du milieu vers l'un des bouts tant d'un cofté que d'autre, ou pour la jufte proportion de la largeur de la grande hune, prise au milieu, & rapportée sur l'un des bords de ladite hune audit endroit, rapporte ladite mesure sur la Vergue, en prenant au milieu une poulie à chaque costé pour les carques points du grand hunier.

A deux pieds du milieu de la vergue, à chaque costé une poulie pour passer les drisses & des bonnettes en Etay.

Deux marche-pieds de chaque costé, de quatre caps de mouton chacun.

Etay du grand Mast de hune.

A Deux brasses ou plus, depuis le collier du grand étay de hune en venant en bas, un pallanquin de deux poulies simples pour ayder à lever ledit étay lors que le mast de hune est bas.

Aux deux tiers de l'étay en venant en bas, deux poulies pour les bras de perroquet d'avant.

Deux pour les boulines du grand perroquet qui sont les plus hautes, une pour la drisse du perroquet de mizaine.

Au bout de l'étay en bas, une double au faux étay, deux pour la voile d'étay, & deux caps de mouton pour le faux étay.

Boulines.

AUx pattes des Boulines sont six poulies appellées *Oeil de Bœuf*, trois pour chaque Bouline.

Vergue du grand Perroquet.

A Chaque bout de Vergue de Perroquet, deux poulies, une aux pendours des bras, & l'autre pour la balancine de ladite Vergue.

Au tiers de la Vergue en prenant du milieu vers l'un & l'autre bout, une poulie pour le cargue-point.

Escoute de grand hunier.

A Chaque point d'Escoute de grand hunier, une poulie pour le cargue-point dudit hunier.

Escoute de grand Perroquet.

A Chaque bout d'Escoute de grand Perroquet se frappe au collier de la voile, une poulie pour le cargue point.

Etay du grand Perroquet.

AU bout de l'Etay du grand Perroquet, aux deux tiers de l'Etay en venant en bas, quatre poulies, deux pour les balancines du grand Perroquet, & deux pour les bras de Perroquet d'avant.

Vergue de Mizaine.

LA Vergue de Mizaine est garnie des mesmes poulies, & aux mesmes endroits, selon qu'il a esté observé à la grande Vergue, qui sont au nombre de onze poulies & quatre caps de mouton pour le marche-pied.

Boutehors.

CHaque Boutehors a une poulie, lequel Boutehors est au nombre de quatre.

Vergue de hune de Mizaine.

LA Vergue de hune de Mizaine est garnie d'autant de poulies que la Vergue de grand hunier, & quatre caps de mouton pour les marche-pieds.

Vergue de Perroquet d'auant.

LA Verque de Perroquet d'avant est garnie d'autant de poulies qu'est la Vergue de grand Perroquet, & par les mesmes proportions qui y doivent estre observées, lesquelles poulies sont au nombre de six tant d'un costé que d'autre.

Escoute de Mizaine.

A Chaque coin des Escoutes de Mizaine, tant d'un costé que d'autre, sont deux poulies, une par où passe l'Escoute, & l'autre le cargue point.

Escoute de hunier d'auant, & Perroquet.

A Chaque point d'Escoute, soit pour le hunier d'avant ou pour le Perroquet, une poulie pour le cargue point, qui sont pour les quatre Escoutes quatre poulies.

Boulines de Mizaine.

LA patte de la Bouline de Mizaine a quatre poulies.

Bouline de hunier d'auant.

LA patte de la Bouline du hunier d'avant a quatre poulies.

Bouline de Perroquet d'auant.

IL n'y a point de poulies à la patte de la Bouline du Perroquet d'avant, mais il y a des cosses.

Etay de Mizaine.

LE collier de l'Etay de Mizaine a trois poulies à chaque costé : Sçavoir, pour les Boulines du hunier d'avant, pour les cargue fonds & cargue Bouline de Mizaine.

Aux deux tiers de l'Etay en venant en bas, trois poulies à chaque costé pour les bras de Perroquet de Tormentin, bras de Sivadiere & Pallanquin de Vergue de Sivadiere.

Au bout de l'Etay une grosse poulie en cap de mouton de neuf trous pour passer la ride, une pour l'Etay de Tormentin servant à le rider.

Etay de mast de hune d'auant.

L Etay du mast de hune d'avant a deux poulies, pour les boulines de hune d'avant, & au faux étay, deux caps de mouton.

Pour guinder la voile d'étay d'avant, un Pallanquin, deux poulies simples, & pour lever l'étay lors que le mast de hune est bas, un Pallanquin de deux poulies simples.

Etay de Perroquet d'avant.

L'Etay de Perroquet d'avant a deux poulies, pour les Boulines du Perroquet de mizaine.

Maſt de Mizaine.

AU Maſt de Mizaine, deux poulies pour les Balancines de la Vergue, deux pour les Pandours des Candellettes, quatre pour les deux Candellettes, une pour l'étay du grand Perroquet, une pour le grand étay, deux pour guinder les maſts de hune, deux pour le Franc Funin, pour aider à guinder les Vergues de Mizaine qui doivent eſtre doubles, avec des Roüets de fer.

Proportion des Vergues & Voiles.

LE grand Pacfis doit avoir le tiers de la profondeur ou de hauteur du grand maſt, ſans comprendre les Bonnettes: d'autres prennent la moitié de la longueur de la grande Vergue, & la prennent pour hauteur.

Le grand Hunier a autant de profondeur que la grande Voile: aux Vaiſſeaux qui paſſent deux à trois cens tonneaux, on leur donne un tiers d'avantage.

Par exemple, un Vaiſſeau qui n'aura que huit aunes à la grande Voile, il y en aura douze à ſon Hunier.

Le grand Perroquet a la moitié du grand Hunier par bas ou profondeur: par bas, il a la largeur de la Vergue de Hune, & en haut, la moitié où deux tiers. Les voiles d'avant ont les meſmes proportions.

Proportion pour l'Anchre.

POur le poids des Anchres, on met d'ordinaire cent livres de fer pour chaque vingt tonneaux.

La longueur de la Verie a le triple d'un de ſes bras, & de l'intervalle de l'une de ces parties, l'on fait une portion de cercle, ſervant chaque bras ou croſſe dont la largeur a un ſixiéme.

Les cables peſent d'ordinaire le double, & un quart plus que l'Anchre.

PROPORTION

TABLE POVR TROVVER LES PROPORTIONS QVE L'ON OBSERVE EN LA CONSTRVCTION DES NAVIRES.

RANG DES NAVIRES.	LON- GEUR DE QUILLE	HAU- TEUR D'ES- TRAVE	QUES- TE D'ES- TRAVE	HAU- TEUR D'ES- TAM- BOT.	QUES- TE D'ES- TAM- BOT.	LONGUEUR DE L'ES- TRAVE A L'ES- TAMBOT.	LAR- GEUR DU I. GABA- RI.	CREVX OU CURE.	PLATE VA- RAN- GUE.	HAU- TEUR DU I. GABA- RI.	RETRE- CISSE- MENT DU I. GABARI	HAUTEUR DU I. PONT AU 2. GABARI	HAU- TEUR DU 2-AU TROI- SIÈME.	HAUTEUR DU GAI- LARD D'HOUR- DI.	HAU- TEUR DU LISSE DI.	HAU- TEUR DU DER- RIERE.	RETRE- CISSE- MENT DU COURON- NEMENT.	HAUTEUR DU GROS PREMIER GABARI.	TIRANT D'EAU CHARGÉ	HAUTEUR DES FACONS DE L'ESTAM- BOT.	HAUTEUR DES FACONS DE L'ES- TRAVE.	PORT DES TON- NEAUX	NOM- BRE DES CA- NONS.	SUR- TIE DE L'ESPE- RON.
	Pieds.	pieds.pou.	pieds. p.	pieds. p.	pieds. p.	pieds. pouces.	pieds. p.	pieds. p.	pieds. p.	pieds. p.	pieds. p.	pieds. p.	pieds. p.	pieds. p.	pieds. p.	pieds. p.	pieds. p.	pieds. p.	pieds. p.	pieds. p.	pieds. p.	tonneaux	canons	pieds. p.
Du Premier Rang.	135 pieds de quille.	33. 9.	27.	30. 4.	6. 9.	168. 9.	44. 3.	20. 3.	21. 1.	36. 8.	11.	7. 2.	6. 8.	6. 1.	30. 4.	36. 3.	7. 7.	18. 9.	21. 10.	15. 2.	7. 7.	1800.	114.	18. 9.
	130.	32. 6.	26.	29. 3.	6. 6.	162. 6.	42. 8.	19. 6.	20. 3.	35. 2.	10. 8.	7.	6. 7.	6.	29. 3.	34. 2.	7. 3.	18.	21. 1.	14. 7.	7. 3.	1604.	100.	18.
Dv Second Rang.	125.	31. 3.	25.	28. 1.	6. 3.	156. 3.	41.	18. 8.	19. 6.	33.10.	10. 3.	6. 10.	6. 6.	5. 11.	28. 1.	31. 1.	7.	17. 4.	20. 2.	14.	7.	1435.	90.	17. 1.
	120.	30.	24.	27.	6.	150.	39. 4.	17.11.	18. 9.	32. 6.	9. 10.	6. 6.	6. 5.	5. 10.	27.	30.	6. 9.	16. 8.	19. 5.	13. 6.	6. 9.	1272.	80.	16. 5.
Dv Troisieme Rang.	115.	28. 9.	23.	25.10.	5. 9.	143. 9.	37. 9.	17. 2.	17.10.	31. 1.	9.	6. 4.	6. 4.	5. 9.	25. 10.	27.11.	6. 5.	15. 11.	18. 6.	12. 11.	6. 6.	1102.	73.	15.
	110.	27. 6.	22.	24.	5.	137.	36.	16.	17.	29.	9.	6. 2.	6. 3.	5. 8.	24.	25. 10.	6. 2.	15. 3.	17. 9.	12. 4.	6. 3.	978.	66.	15.
Dv Quatr. Rang.	105.	26. 3.	21.	23. 7.	5. 3.	131. 3.	34. 4.	15. 8.	16. 4.	28. 5.	8. 7.	6. 2.	6. 2.	5. 7.	23. 7.	23. 9.	5. 10.	14. 7.	16. 11.	11. 9.	5. 10.	837.	60.	14.
	100.	25.	20.	22. 6.	5.	125.	32. 9.	14.11.	15. 7.	27. 1.	8. 2.	6. 3.	6.	5.	22. 6.	21. 8.	5.	13. 10.	16. 1.	11. 3.	5. 7.	721.	54.	13.
Fregate du Premier Rang.	95.	23. 9.	19.	21. 4.	4. 9.	118. 9.	30. 2.	14. 1.	13. 6.	25. 9.	7. 6.	6. 1.	5. 10.	5. 4.	21. 4.	39. 7.	5.	13. 2.	15. 7.	10. 8.	5. 1.	601.	50.	
	90.	22. 6.	18.	20. 3.	4. 6.	112. 6.	29. 6.	13. 5.	12. 10.	24. 6.	7. 3.	6.	5. 8.	5. 4.	20. 3.	37. 6.	5. 1.	12. 6.	14. 10.	10. 2.	5.	525.	46.	11.
Fregate du Second Rang.	85.	21. 3.	17.	19. 1.	4. 3.	106. 3.	27.10.	12. 8.	12. 1.	21. 3.	7.	5. 10.	5. 6.	5.	19. 1.	35. 5.	4. 9.	11. 9.	13. 11.	9. 6.	4. 9.	440.	42.	
	80.	20.	16.	18.	4.	100.	26. 3.	12.	11. 5.	20.	6. 6.	5. 8.	5. 4.	4. 10.	18.	32. 4.	4. 6.	11.	13. 1.	9.	4. 6.	380.	38.	
Fregate du Trois. Rang.	75.	18. 9.	15.	16. 10.	3. 9.	93. 9.	24. 7.	11. 8.	10. 8.	18. 9.	6. 2.	5. 6.	5. 3.	4. 6.	16. 10.	29. 2.	4. 3.	10. 3.	11. 2.	8. 7.	4. 3.	312.	34.	
	70.	17. 6.	14.	15. 9.	3. 6.	87. 6.	22.11.	10.11.	10.	17. 6.	5. 8.	5. 4.	5. 1.		15. 9.	27. 3.	3. 11.	9. 8.	11. 5.	7. 10.	3.11.	254.	28.	
Fregate Legere.	65.	16. 3.	13.	14. 7.	3. 3.	81. 3.	21. 4.	10. 2.	9. 3.	16. 3.	5. 4.	5.	5. 0.		14. 7.	25. 3.	3. 7.	9.	10. 7.	7. 3.	3. 7.	190.	18.	
	60.	15.	12.	13. 6.	3.	75.	19. 8.	9. 4.	8. 6.	15.	4. 11.	4. 10.	4. 10.		13. 6.	22. 4.	3. 4.	8. 4.	9. 9.	6. 9.	3. 4.	158.	14.	

page 85

Reliure serrée

PROPORTION DE TOUTE SORTE
de Baſtimens de Mer qu'on obſerve en
quelques Ports.

UN NAVIRE DU PREMIER RANG.
CHAPITRE XII.

CEnt trente pieds de quille portant ſur terre.
40. pieds trois pouces de baux de dedans en dedans.
29. pieds d'eſtambot de hauteur à prendre ſur la quille.
29. pieds de liſſe d'ourdy.
31. pieds de hauteur d'eſtrave.
20. pieds de creux de fonds de calle en droite ligne, à prendre ſur la quille,
7. pieds de hauteur dans la premiere batterie.
6. pieds & demy à la ſeconde batterie.
24. pieds de queſte d'eſtrave.
6. pieds de queſte d'eſtambot.
35. pieds de hauteur au milieu du Vaiſſeau.

Un Nauire du ſecond rang.

120. pieds de quille portant ſur terre.
146. pieds de l'eſtrave à l'eſtambot.
37. pieds de baux de dedans en dedans.
27. pieds de hauteur d'eſtambot.
27. pieds de liſſe d'ourdy.
30. pieds de hauteur d'eſtrave.
6. pieds neuf pouces à la premiere batterie.
6. pieds trois pouces à la ſeconde batterie.
18. pieds de creux de fonds de calle en droite ligne.
32. pieds & demy de hauteur au milieu.

Un Nauire du troiſiéme rang.

120. pieds de quille portant ſur terre.
133. pieds de l'eſtrave à l'eſtambot.
34. pieds de baux de dedans en dedans.
25. pieds de hauteur d'eſtrave.

23. pieds de hauteur d'eſtambot.
23. pieds de liſſe d'ourdy.
16. pieds & demy de creux de fonds de calle en droite ligne.
6. pieds & demy de hauteur à la premiere batterie.
6. pieds de hauteur à la ſeconde batterie ſous les gaillards.
27. pieds 6. pouces de hauteur au milieu du plat-bord.

Un Nauire du quatriéme rang.

100. pieds de quille portant ſur terre.
120. pieds de l'eſtrave à l'eſtambot.
30. pieds de baux de dedans en dedans.
22. pieds de hauteur d'eſtambot.
24. pieds de hauteur d'eſtrave.
22. pieds de liſſe d'ourdy.
15. pieds de creux de fonds de calle en droite ligne.
6. pieds trois pouces à la premiere batterie.
6. pieds à la ſeconde batterie ſous le gaillard.
25. pieds trois pouces de hauteur de plat-bord au milieu.

Un Nauire du cinquiéme rang.

90. pieds de quille portant ſur terre.
108. pieds de l'eſtrave à l'eſtambot.
27. pieds de baux de dedans en dedans.
18. pieds de hauteur d'eſtambot.
18. pieds de liſſe d'ourdy.
20. pieds de hauteur d'eſtrave.
13. pieds & demy de creux de fonds de calle en droite ligne.
6. pieds de hauteur entre les ponts.
5. pieds de hauteur du gaillard.
22. pieds & demy de hauteur du plat-bord au milieu.

Fregatte legere.

70. pieds de quille portant ſur terre.
85. pieds de l'eſtrave à l'eſtambot.
22. pieds de baux de dedans en dedans.
14. pieds huit pouces de hauteur d'eſtambot.
14. pieds huit pouces de liſſe d'ourdy.
16. pieds huit pouces de hauteur d'eſtrave.
11. pieds de creux de fonds de calle en droite ligne.

Flufte.

90. pieds de quille.
108. pieds de l'estrave à l'estambot.
22. pieds de baux.
11. pieds de creux de fonds de calle.
20. pieds de l'estambot dans sa hauteur.
21. pieds hauteur d'estrave.
5. pieds & demy entre les ponts.

Finasse.

90. pieds de quille.
108. pieds de l'estrave à l'estambot.
24. pieds de baux.
12. pieds de creux sur la quille.
20. pieds de hauteur destambot.
22. pieds de hauteur d'estrave.
5. pieds & demy de hauteur entre les deux ponts.
19. pieds de hauteur en plat-bord au milieu.

Un Heu Flaman.

60. pieds de long.
18. pieds & demy de large.
9. pieds de creux.
11. pieds & demy de bord au milieu.
14. pieds de hauteur d'estambot.
15. pieds de hauteur d'estrave.

Une Ourque.

50. pieds de quille.
16. pieds & demy de large.
8. pieds de creux.
11. pieds de bord au milieu.

Une Galliotte.

55. pieds de quile.
15. pieds de large.
7. pieds 6. pouces de creux sur la quille.
9. pieds & demy de bord
10. pieds de hauteur d'estambot.
12. pieds de hauteur d'estrave.

Flubot pour le haran.

60. pieds de quille.

18. pieds de large.
9. pieds de creux.
12. pieds de bord avec un grand maſt, un artimon & un beaupré.

Une Chatte.

50. pieds de quille.
16. pieds & demy de large.
7. pieds & demy de bord.
12. pieds d'eſtambot.
13. pieds d'eſtrave.

Une Courvette.

50. pieds de quille.
16. pieds de large.
8. pieds de creux.
9. pieds & demy de bord.
10. pieds de hauteur d'eſtambot.
12. pieds de hauteur d'eſtrave.

Une Caravelle de Lisbonne.

55. pieds de quile.
18. p. 8. pouces de large.
10. p. de creux.
17. p. de hauteur deſtambot.
19. p. de hauteur d'eſtrave.

Une Tartane.

45. pieds de quille.
15. p. de large.
7. p. & demy de creux.
11. p. de hauteur d'eſtambot.
13. p. de hauteur d'eſtrave.

Une Pinaſſe de Biſcaye.

50. pieds de long.
12. p. de large.
5. p. & demy de creux.
10. p. de hauteur d'eſtambot.
11. p. de hauteur d'eſtrave.

Un Brigantin.

50. pieds de long.
10. p. de large.

7. p. & demy de hauteur d'eſtambot.
8. p. de hauteur d'eſtrave.

Un Nauire François pour la peſche du poiſſon.
50. pieds de quille.
17. p. de large.
8. p. & demy de creux.
4. p. & demy entre deux ponts.
15. p. de bord au milieu.

Un Trauerſier pour la peſche.
40. pieds de quille.
13. p. & demy de large.
6. p. & demy de creux.
8. p. & demy de bord.

Une Gribanne à ſelle ſans quille.
60. pieds de long.
17. p. de large.
9. p. & demy de bord.
7. p. & demy de creux,

Une Alliege.
42. p. de quille.
14. p. de large.
8. p. de bord.
11. p. d'eſtambot.
13. p. d'eſtrave.

Chaiche.
50. p. de quille,
61. p. de l'eſtrave à l'eſtambot.
8. p. de creux de fonds de calle.
14. p. d'eſtambot.
15. p. d'eſtrave.
11. p. de gaillard.

Un Hyacq.
45. p. de quille.
56. p. de l'eſtrave à l'eſtambot.
14. pieds de bauts.
7. pieds de creux.
12. p. de hauteur de l'eſtambot.
13. p. de hauteur d'eſtrave,

Barque longue.

40. pieds de long de l'estrave à l'estambot.
9. pieds de large.
4. pieds & demy de bord.
6. pieds & demy d'estambot.
7. pieds & demy d'estrave.

Moyenne Chalouppe pour le premier rang.

30. pieds de large de l'estrave à l'estambot.
7. pieds de large.
3. pieds & demy de creux.

Canots du premier rang.

25. pieds de long.
6. pieds de large.
3. pieds de creux.

Grande Chalouppe du second rang.

34. pieds de long.
7. pieds & demy de large.
3. pieds & demy de creux.

Moyenne Chalouppe.

29. pieds de long.
6. pieds & demy de large.
3. pieds 3. pouces de creux.

Canot.

21. pieds de long.
5. pieds trois pouces de large.
2. pieds & demy de creux.

Grand Rat à Carner.

60. pieds de long.
12. pieds de large.
2. pieds de bord.

Un autre Rat.

30. pieds de long.
10. pieds de large.
18. pouces de bord.

Bateau pour Hyacq ou Tartane.

14. pieds de long.
5. pieds de large.
2. pieds trois pouces de bord.

PROPORTION D'UNE GALLIOTTE DE quarante pieds de quille faite pour S. Germain.

CHAPITRE XIII.

40. pieds de longueur de quille.
7. pieds de hauteur d'estrave.
7. pieds queste d'estrave.
7. pieds hauteur d'estambot.
3. pieds queste d'estambot.
50. pieds longueur d'estrave à l'estambot.
12. pieds de largeur au milieu.
5. pieds 8. pouces de hauteur au milieu.
5. pieds 10. pouces de fonds plat.

Proportion d'une Galliotte faite pour Versaille de trente pieds de quille.

30. pieds de longueur de quille.
5. pieds 6. pouces hauteur d'estrave.
5. pieds queste d'estrave.
5. pieds 4. pouces hauteur d'estambot.
3. pieds queste d'estambot.
38. pieds longueur d'estrave à l'estambot.
7. pieds 6. pouces de largeur au milieu.
4. pieds 3. pouces de hauteur au milieu.
4. pieds 4. pouces de fonds plat.

Proportion d'une grande Chalouppe faite pour Versaille de vingt-deux pieds de quille.

22. pieds de longueur de quille.
4. pieds 11. pouces hauteur d'estrave.
4. pieds 4. pouces queste d'estrave.
4. pieds 11. pouces hauteur d'estambot.
1. pied 2. pouces queste d'estambot.
27. pieds 6. pouces longueur de l'estrave à l'estambot.
6. pieds 6. pouces de largeur au milieu.
3. pieds 4 pouces de hauteur au milieu.
3. pieds 4. pouces de fonds plat au milieu.

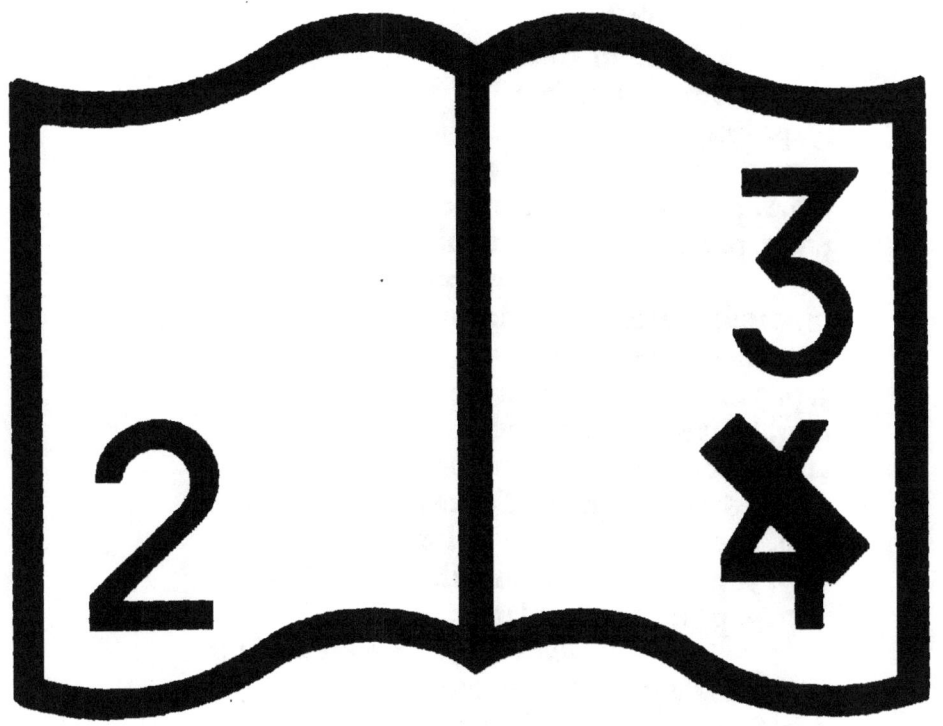

Pagination incorrecte — date incorrecte

NF Z 43-120-12

L'Architecture Navale.

Autre Chalouppe de vingt pieds de quille.

20. pieds de quille.
4. p. 6. pouces hauteur d'estrave.
4. p. queste d'estrave.
4. p. 6. p. hauteur d'estambot.
1. p. queste d'estambot.
25. p. longueur de l'estrave à l'estambot.
6. p. de largeur au milieu.
3. p. 1. p. de hauteur au milieu.
3. p. 1. p. de fonds plat au milieu.

Un autre de dix-huit pieds de quille.

18. pieds de longueur de quille.
4. p. hauteur d'estrave.
3. p. 7. p. queste d'estrave.
4. p. hauteur d'estambot.
11. pouces queste d'estambot.
22. p. 6. p. longueur d'estrave à l'estambot.
5. p. 6. p. de largeur au milieu.
2. p. 9. p. de hauteur au milieu.
2. p. 9. p. de fonds plat.

Un autre de seize pieds de quille.

16. pieds de longueur de quille.
3. p. 8. p. hauteur d'estrave.
3. p. 2. p. queste d'estrave.
3. p. 8. p. hauteur d'estambot.
10. pouces queste d'estambot.
20. p. longueur d'estrave à l'estambot.
5. p. de largeur au milieu.
2. p. 6. p. de hauteur au milieu.
2. p. 6. p. fonds plat au milieu.

CONSTRVCTION

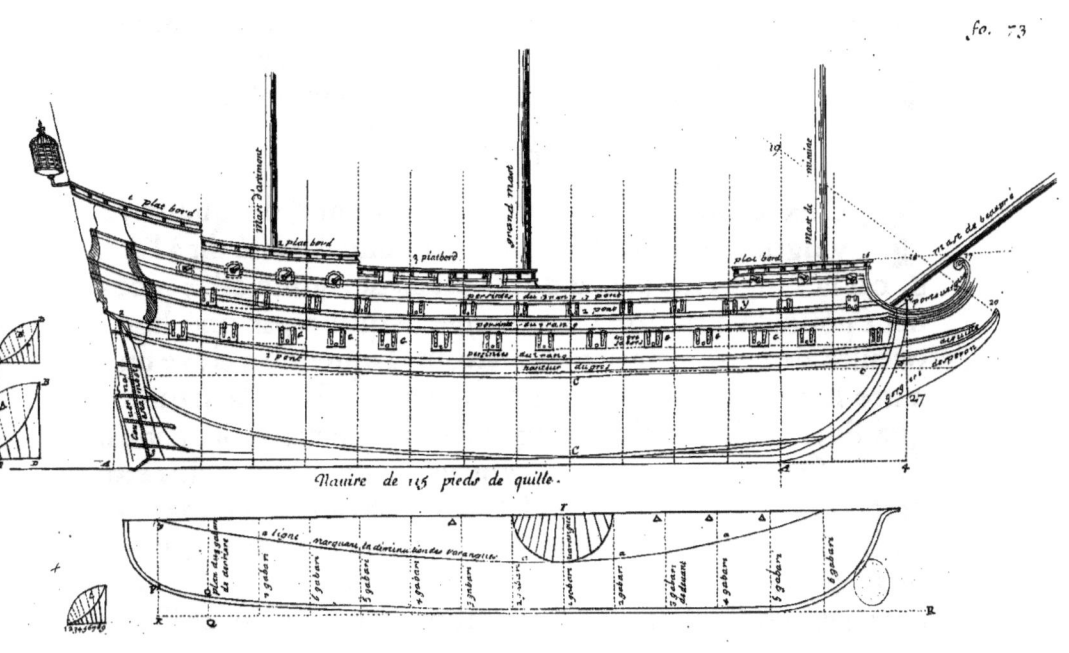

Navire de 115 pieds de quille.

Livre Premier.

CONSTRUCTION D'UN NAVIRE
de cent quinze pieds de quille.

CHAPITRE XIV.

APres avoir tracé une ligne de 115 pieds de longueur, donnez luy pour son épaisseur 16 pouces & demy, comme il a esté dit au chapitre des proportions art. 2. car elle doit avoir la septiéme partie de la longueur de la quille reduite en pouces : la quille est ordinairement composée de trois pieces de bois qui sont adjoûtées ensemble.

Estambot.

POur tracer l'Estambot, on luy donne de queste la vingtiéme partie de la quille, comme il a esté dit à l'art. 6. car la vingtiéme partie de 115 pieds de quille est 5 pieds neuf pouces : Ensuitte on prolonge la quille par une ligne occulte de cette vingtiéme partie, sur laquelle on éleve une autre ligne occulte & perpendiculaire, selon la hauteur que doit avoir par l'art. cinq du chapitre des proportions. C'est à sçavoir, 25 pieds 10. pouces, & du sommet de cette perpendiculaire, on tire l'estambot, comme il est marqué par 2. & 3. Son épaisseur au sommet est celuy de la quille, mais en bas une fois & demy. Il faut remarquer que la hauteur perpendiculaire de l'Estambot se prend de dessus la quille.

Estrave.

APres avoir placé l'Estambot, on trace l'Estrave : on luy doit donner 23 pieds de queste, suivant l'artic. 4. & prolonger la quille par une ligne occulte, depuis l'extremité de la quille au point A, jusques au nombre marqué 4. où on éleve une ligne perpendiculaire de 28 p. 9. pouces, suivant l'article 3. laquelle se trace depuis le dessous de la quille.

Apres avoir pris la hauteur perpendiculaire de l'Estrave, on ouvre le compas de l'intervalle de cette perpendiculaire,

K

mais à compter de dessus la quille, & des extremitez de cette perpendiculaire, on trace deux petits arcs de cercle, comme au point Y, dont leur intersection donne le centre pour tracer l'Estrave X, A.

L'Estrave doit avoir de largeur un pouce moins que la quille, & d'épaisseur le double de sa largeur par le haut, & par le bas une fois & demy.

L'Estrave est composée de deux à trois pieces de bois courbées, faisant une portion de cercle en montant du bout de la quille ou riniot.

Quatriémement, il faut diviser la quille en trois parties égales, & tirer à l'équaire une ligne pointée sur une de ces parties du costé de l'Estrave, laquelle represente le premier & le principal Gabary: apres quoy on se propose un certain nombre des lignes paralelles entre elles, & d'une égale distance, pour autant de Gabarys qu'on veut tracer, qui representent les costez, & donnent la forme au Navire.

Dans la figure suivante, nous nous sommes proposez 14 Gabaris, où nous avons tracé tout autant de lignes pointées & perpendiculaires, également distantes les unes des autres. Sçavoir, huit de derriere & six de devant, y compris le premier Gabary.

Cinquiémement, on trace un quart de cercle comme celuy marqué A, dont le demy diametre doit estre la hauteur des façons de l'Estambot, qui est la moitié de sa hauteur, prise de dessus la quille: comme on peut voir par l'art. 20. Par consequent le demy diametre aura 12 p. 11. pouces. ce quart de cercle doit estre divisé en huit parties égales, qui est en autant de parties comme il y a de Gabaris de derriere, depuis le principal Gabary, tant le demy diametre que le quart de la circonferance. Des divisions de la circonferance on tirera des lignes occultes aux autres divisions du demy diametre: ce qu'estant fait, divisez le demy diametre C; D, en deux parties égales, puis prenant avec le compas commun l'intervalle B, E, des points B, & C, on fait l'intersection de deux petits arcs de cercle, leur intersection donne le centre pour tracer le quart de cercle interieur, afin de tirer des lignes en noir, depuis cette circoferance jusques au demy diametre: ces lignes servent pour tracer la lisse, & pour donner l'aculement aux Gabaris: car la ligne marquée 2. sert pour donner l'aculement au second Gabari, la ligne 3. à celuy du troisiéme Gabary, ainsi des autres. On porte apres l'intervalle de chacune de ces lignes de dessus la ligne, & sur chaque Gabary qui luy est propre pour y tracer la lisse passant par toutes ces pointes.

Premiere Perfinte.

POur tracer la premiere Perfinte, on trace en blanc une ligne pointée qui doit avoir la hauteur du gros sur la quille: Sçavoir, 15. p. 11. pouces suivant l'art. 10. comme on peut voir par la ligne marquée C, C.

Ensuite il faut faire un quart de cercle, servant pour la diminution des Varangues, tant devant que derriere, comme est celuy de la figure marquée B, qui sert aussi pour tracer la Perfinte.

Le demy diametre de ce quart de cercle doit estre de sept p. cinq pouces, qui se trouvent en adjoûtant deux pieds & demy a la hauteur du gros pour avoir 18 p. cinq pouces, lesquels on doit oster de la hauteur perpendiculaire de l'Estrambot, qui est 25 p. 10 pouces, & restera 7. p. 5. pouces.

On divise apres ce quart de cercle, en autant de parties que le premier quart de cercle, pour tracer le quart de cercle interieur: on prend ensuite avec le compas commun, l'intervalle C, D, & de ces points, ou des extremitez du quart de cercle, on fait l'intersection de deux petits arcs de cercle au point E, qui donne le centre du cercle interieur.

Les lignes marquées sur ce quart de cercle se doivent rapporter de dessus la ligne, de la hauteur du gros, & sur les lignes pointées qui representent les Gabaris: c'est à sçavoir, la seconde ligne sur le second Gabary, la troisiéme sur le troisiéme Gabary, ainsi consecutivement, où vous y marquerez par tout des points pour y conduire la premiere Perfinte.

Premier Pont.

LE premier Pont est la hauteur du creux du Navire, qui doit avoir suivant l'art. 13. dix-sept p. deux pouces de hauteur sur la quille. Ce premier Pont du costé de l'Estambot doit estre au dessous du sommet de l'Estambot, cinq pieds plus bas, qui est une reigle generale à l'exclusion des Navires qui ont moins de 70 pieds de quille : sur l'Estrave, le Pont doit avoir un pied davantage de hauteur que sur le premier Gabary.

La seconde Persinte du premier rang, n'est éloignée que de 18 à 20 pouces au plus, & est general pour tous les Navires, elle doit estre paralelle à la premiere Persinte aussi bien que tous les autres.

Ligne de la Baze des Sabords.

ON trace une ligne occulte pour avoir la Baze des Sabords, elle doit estre paralelle au premier Pont de la hauteur de deux pieds & demy, ensuite on trace les Sabords marquez par G, ausquels on donne trois pieds en quarré, & aux entre-Sabords, environ sept pieds.

Premiere Persinte du second rang.

LA hauteur de la premiere Persinte du second rang, doit estre placée à l'uny de la hauteur des Sabords; Sçavoir, sur le milieu : car apres, elle doit estre conduite paralelle aux precedentes du premier rang, luy donnant pour sa largeur deux pieds & 6 à 7 pouces d'épaisseur.

Second Pont.

LA hauteur du premier Pont au second (bien qu'on n'y puisse donner aucune proportion au juste,) aura six pieds & demy, suivant l'article dix-sept.

Seconde Persinte du second rang.

CEtte seconde Persinte doit estre esloignée de la premiere de 18 pouces, sa largeur sera d'un pied.

Sabords de la seconde Batterie.

LA Baze des Sabords de la seconde Batterie, sera paralelle au second Pont, & esloignée environ de deux pieds. Les Sabords auront deux pieds & demy en quarré : lesquels on placera vis-à-vis des entre-Sabords de la premiere Batterie.

Troisiéme rang des Persintes.

ELle doit estre à l'uny de la hauteur des seconds Sabords, c'est à sçavoir au milieu, & doit estre paralelle aux precedentes. Sa largeur sera de 10 à 12 pouces.

Le troisiéme rang des Persintes, se donne aux Navires depuis 110 pieds, jusques à 130, en contant le carreau.

Il est à remarquer que depuis la premiere Persinte jusques à la quille, on borde d'un bordage de trois pouces & demy : & depuis le premier rang des Persintes, jusques au troisiéme rang, se borde de deux pouces & demy, le tout de bordage de Chesne, depuis le plat-bord jusques aux lisses, tant de derriere que devant. Le bordage est de Chesne d'un pouce, ou des planches de Prust, & ce dernier bordage s'appelle *Quein* ou *Qlin*.

Troisiéme Pont.

LA hauteur du second Pont au troisiéme, aura six pieds sept pouces suivant l'art. 18.

Plat-Bord.

LEs deux premieres Herpes avec leur Plat-Bord, doivent avoir au plus haut, deux pieds sur le troisiéme Pont ; Pour y donner plus de grace, on met quelque peu d'avantage en arriere. La seconde Herpe doit avoir 22 pouces davantage que la premiere : & la troisiéme Herpe ou Plat-Bord, 20 pouces davantage que la seconde, & generalement pour le Plat-Bord en arriere, on luy donnera un pouce davantage.

Plan du Navire.

POur tracer le Plan du Navire, qui doit servir pour la construction des Gabaris, on trace une ligne en blanc paralelle au dessous de la quille, comme celle de R, R ; Ensuite on trace le quart de cercle marqué C, pour avoir le diametre de ce quart de cercle, ou bien le demy diametre de son cercle : Il faut premierement oster l'épaisseur de la quille, de la hauteur perpendiculaire de l'Estambot, & du reste, en prendre le quart, qui sera six pieds & un pouce six lignes pour le demy diametre du quart du cercle, qu'il faut diviser en huit parties égales, de mesme que la circonference du quart de cercle, de mesme qu'on a procedé aux autres quarts de cercle precedens.

Ce quart de cercle est divisé en huit parties égales : il sert pour avoir le retrecissement des Gabaris, ou bien la diminution des baux de dehors en dehors ; car sur la Baze du Plan R, R, on porte l'intervalle de la ligne marquée 9, au quart de cercle, depuis R, jusques à P. La huitiéme ligne de ce quart de cercle est portée sur la ligne R, R, aux points Q, Q, ainsi en continuant sur les lignes pointées qui representent les Gabaris. Notez que les lignes marquées à ce quart de cercle, servent aussi pour les Gabaris de devant : c'est à sçavoir, la 2, 3, 4, 5, & 6, ainsi vous tracerez la ligne du plan de retrecissement.

Ensuite on prend la moitié du creux de dessus la quille, pour tracer le demy cercle marqué C, qui sert pour avoir la Platte-Varangue, & la diminution des autres Varangues de fonds, lequel je divise en huit parties égales, tant le demy diametre que la circonferance. Sçavoir, la partie qui est vers la Poupe, mais celle qui est vers la Prouë, & le devant du Vaisseau en cinq parties égales. Pour tracer la ligne servant à la diminution des Varangues, comme on peut voir dans le Plan de la Figure qui suit a : car les lignes de ce demy cercle sont transferées sur les lignes pointées des Gabaris au dessous de la quille, aux points figurez

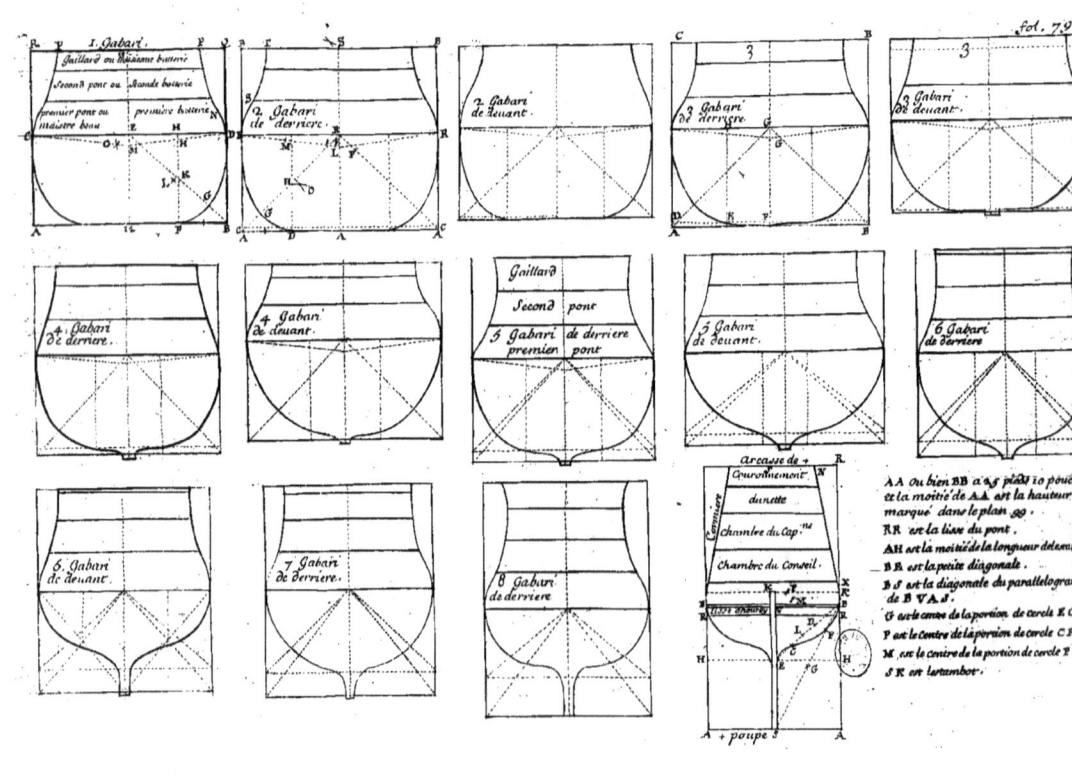

par des petits triangles, selon lesquels doit estre conduite cette ligne. La pratique que nous allons donner pour la construction des Gabaris, donnera plus d'intelligence que toute l'explication qui en pourroit estre donnée.

Construction du premier Gabary.

PRemierement on prend la plus grande largeur du plan qui est I, I, Cette largeur est portée depuis A, jusques au point marqué 12. Cette mesme largeur est portée du point 12. jusques à B, qui est l'autre partie de l'autre bord qui se joint ensemble.

Secondement, sur les points A, & B, élevez des lignes perpendiculaires qui ayent la hauteur depuis la quille jusques au plat-bord, qui est vis-à-vis de la ligne pointée du premier gabari.

Troisiémement, on trace la ligne C, & D, qui est le mestre beau, qui est la hauteur du creux du Navire, ou bien du premier Pont, laquelle on divise en deux parties égales, afin de tracer perpendiculairement la ligne pointée 12. & 13.

Quatriémement, prenez sur le demy cercle la plus grande ligne qui est son demy diametre, & portez ce mesme intervalle du point 12. jusques en F, & au point F, élevez une ligne perpendiculaire, comme celle qui est marquée par F, H, tirez en suite du milieu du grand baux : Sçavoir, du point E, la diagonale E, K, B.

Cinquiémement, on divise la ligne F, B, en deux parties égales, dont l'une des parties est portée du point B, jusques à G, sur la diagonale.

Sixiémement, pour tracer le genoux de fonds marqué F, G, on prend l'intervalle F, K, à l'intersection de la diagonale, & des points F, G, on trace les 2. petits arcs de cercle au point L, qui est le centre pour tracer cette portion de cercle F, G.

Septiémement, pour tracer l'alonge G, D, on prend l'intervalle de G, E, & des points G, & D, on fait les deux petits arcs de cercle au point O, dont l'intersection donne le centre, pour tracer cette portion de cercle de G, D.

Huitiémement, pour tracer l'alonge depuis D, jusques à N, on prend l'intervalle qu'il y a depuis la ligne, de la hauteur du gros du premier Gabari, jufques au premier Pont, au long de la ligne pointée du premier Gabary, on porte cette intervalle depuis E, jufques en M, & du point M, on tire enfuite la ligne pointée M, & D, qu'on divife en deux parties égales au point H, qui eft le centre pour tracer D, & N.

Neuviémement, pour tracer l'alonge de revers, N, P, on divife Q, & 13. en quatre parties égales, dont une de ces parties eft portée de Q, en P, & de R, en P: enfuite on prend avec le compas commun l'intervalle P P, & des points P & N, on fait de cette ouverture de compas l'interfection de deux arcs de cercle au point S, laquelle donne le centre pour marquer le revers P & N, il en eft de mefme de l'autre partie du Gabary: car qui fçait tracer un cofté fçaura bien tracer l'autre. Pour tracer le fecond Pont & le troifiéme Pont, vous n'avez qu'à donner leurs hauteurs, comme il a efté dit cy-devant.

Conftruction de l'Archaffe de Poupe.

1. POur tracer l'Archaffe de Poupe: on trace la ligne A A, qui eft la mefme diftance ou intervalle marquée dans le plan 9, 9, ou bien la largeur de la premiere liffe d'ourdy, qui eft 15 pieds 10 pouces, enfuite on tire les lignes A R, perpendiculaires fur les deux extremitez de la ligne A A, qui eft la mefme hauteur de deffus la quille, depuis le pied de l'Eftambot jufques au plat-bord.

2. On trace la ligne d'ourdy marquée par B, & B, qui eft deux pieds & demy, au deffous du fommet de l'Eftambot, qu'on place à l'équaire, & on y donne la mefme largeur que la hauteur de l'Eftambot, avec la mefme épaiffeur du fommet.

La feconde liffe d'Ourdy appellée plûtoft liffe du Pont, eft pofée 5. pieds au deffous du fommet de l'Eftambot, ou bien deux pieds & demy au deffous de la liffe d'Ourdy, c'eft à fçavoir, depuis 60. pieds de quille en deffus.

3. On divife l'eftambot en deux parties égales, & on trace la ligne marquée H, H, enfuite il faut tirer vne diagonale

d'une

d'une des extremitez de la lisse d'ourdy du point B, jusques au point E, prenant l'intervalle V, B, pour la porter de V en E, où doit se terminer ladite diagonale: Vous tracerez aussi une seconde ligne diagonale du point B jusques au pied de l'estambot: Divisez ensuite la premiere diagonale en trois parties égales, dont une de ces parties servira pour tracer l'adouciffement E, C: car de cette intervalle ou d'une troisiéme partie vous portez vôtre compas commun aux points E & C, pour faire l'intersection des deux petits arcs de cercle au point G, qui donne le centre pour tracer cette portion de cercle E, C.

4. Pour tracer C, E, il faut prendre une des parties de la petite diagonale: sçavoir D, B, & portant une pointe du compas de cette ouverture sur B, on marquera avec l'autre pointe du compas un point au point F, sur la grande diagonale: ensuite, ouvrant le compas de deux parties de la petite diagonale E, B, de deux points C & B, on fait l'intersection de deux petits arcs de cercle au point P qui donne le centre de la portion de cercle C, F, apres prenant la moitié de la petite diagonale: sçavoir LB, vous ouvrez le compas de cette mesme ouverture, & des points B & F, vous faites l'intersection de deux petits arcs de cercle au point M, qui donne le centre pour tracer cette portion de cercle F, B, K: cette portion de cercle doit se terminer vis-à-vis du sommet de l'Estambot.

6. Pour tracer la cormiere K, N, il faut diviser R, S, en quatre parties égales, & une de ses parties est portée de R, en N, & de ce point, on conduit cette cormiere du point N, jusques au point K.

Construction du deuxiéme Gabary de derriere.

PRenez avec le compas l'intervalle du plan du second Gabary que vous porterez de A en A, & sur chacune de ses extremitez vous tracerez des lignes perpendiculaires comme celle de A B, de la hauteur de dessus la quille jusques au plat-bord, vis-à-vis la ligne pointée du second Gabary de derriere. Prenez apres l'aculement du second

Gabary de derriere qui eſt entre la quille & la liſſe: Vous porterez cette meſme intervalle de A en C. Enſuite tracez le baux marqué par E, R, de la hauteur de deſſus la quille juſques au premier pont vis-à-vis du ſecond Gabary, que vous porterez de A en E, pour tracer E, R.

2. Prenez l'intervalle de la diminution des Varangues que vous prendrez dans le plan, comme il ſe void marqué par deux petits triangles au plan du ſecond Gabary, ou bien prenez la ſeconde ligne du demy cercle marquée par 2. portez enſuitte cette meſme diſtance de A en D.

3. Faites la diagonale E A, & prenez apres la moitié de C D, que vous porterez ſur la diagonale de A en O G.

4. Tracez une ligne perpendiculaire au point D, qui coupe la diagonale au point H.

5. Prenez l'intervalle depuis la premiere Perſinte juſques au premier pont vis-à-vis du ſecond Gabary, que vous porterez de E en I, afin de tracer de l'extremité du baux la ligne pointée juſques en I. Enſuite diviſez L, E, en deux parties égales au point M, ce qu'ayant fait, vous tracerez D, G, en prenant l'intervalle D, H, afin de tracer de D & G l'interſection de deux arcs de cercle au point O, qui eſt le centre pour tracer le genoux D G.

6. Pour tracer G E, prenez avec voſtre compas l'intervalle de G R, & des points E & G, faites l'interſection de deux petits arcs de cercle au point P, qui eſt le centre pour tracer la portion de cercle depuis G juſques en E.

7. Pour tracer cette portion de cercle depuis E juſques en S, diviſez E L en deux parties égales en M, afin du point M, tracer cette portion de cercle.

8. Pour tracer le revers S T, il le faut tracer de meſme qu'on a fait au premier Gabary: car cela eſt general pour tous les autres Gabaris.

Conſtruction du troiſiéme Gabary de derriere.

1. PRenez le plan du troiſiéme Gabary, & cette meſme diſtance portez-l'a de A en B, tirez enſuite ſur les extremitez les deux perpendiculaires A, C, & B, B, qui eſt la hauteur de deſſus la quille juſques au plat-bord vis-à-vis du troiſiéme Gabary.

2. Pour avoir l'aculement prenez l'intervalle qui eſt entre la quille & la liſſe, ou bien la troiſiéme ligne du quart de cercle marqué A, ce qui s'obſervera pour tous les autres Gabaris: prenant les lignes de ce quart de cercle qui leur ſont propres: ſçavoir, la quatriéme ligne pour le quatriéme Gabary, la cinquiéme pour le cinquiéme, ainſi de tous les autres: Cette intervalle ſera portée de A en D, où on tracera une ligne pointée, paralelle à la baze du Gabary.

3. Pour avoir la diminution des Varangues, prenez l'intervalle de la troiſiéme ligne marquée 3. au demy cercle, & portez cette meſme intervalle ou ouverture de voſtre compas du point F, au point E, ſur laquelle vous eſleverez une ligne perpendiculaire comme E H.

4. Prenez la diſtance depuis la quille juſques au premier pont vis-à-vis du troiſiéme Gabary: laquelle vous porterez de F en G, qui ſera la hauteur du baux, le reſte ſe tracera de meſme comme il a eſté procedé aux precedens Gabaris.

Conſtruction du quatriéme Gabary de derriere.

1. ON fait la ligne AD, de la diſtance du plan du 4me Gabary: aux extremitez de cette ligne ſont eſlevez les lignes perpendiculaires A B, & D C, dont leur hauteur eſt celle de la quille juſqu'au plat-bord vis-à-vis du 4me Gabary.

2. On trace la ligne E F, qui eſt la hauteur du creux du premier pont.

3. Pour avoir l'aculement A G, on prendra la ligne marquée 4. au quart du cercle A, pour tracer la ligne G H.

4. Pour avoir la diminution de la Varangue, on prend au demy cercle marqué D, l'intervalle de la quatriéme ligne, laquelle eſt portée de H en I.

5. Il faut diviſer G I en deux parties égales au point L, & porter G L ſur la diagonale G F, au point M.

6. Au point I, eſlevez la perpendiculaire L P, & prenez enſuite l'intervalle depuis M, juſques à l'interſection de cette perpendiculaire & de la diagonale au point N: ouvrez voſtre compas de cette intervalle, & faites des points M & I, l'interſection de deux petits arcs de cercle au point O, qui donne le centre pour tracer M I.

7. Pour faire la portion de cercle M E, c'est la mesme pratique qui a esté observée aux precedens Gabaris, car on prend l'intervalle M F, & ouvrant le compas de cette intervalle, on fait l'intersection de deux petits arcs de cercle au point Q, qui donne le centre pour tracer E M.

8. Pour tracer E R & R S, vous le pratiquerez de mesme qu'il a esté enseigné cy-devant pour le premier & 2. Gabary.

9. Pour tracer S T, ouvrez vôtre compas de l'intervalle F N & des points S T, faites au dessous l'intersection des 2. arcs de cercle, qui donneront le centre pour tracer S T.

Le 5. 6. & le septiême Gabary, & autres, tant derriere que devant, c'est la mesme pratique que celle du 4. à l'exclusion du dernier Gabary de devant, qui a peu de difference.

Vous observerez toûjours de prendre l'aculement au quart de cercle A, auquel chaque ligne est propre pour l'aculement d'un gabary, remarquant encore que tout autant de gabaris de derriere qu'on veut construire, il faut diviser ce quart de cercle en autant de parties égales.

Vous observerez encore de prendre sur le demy cercle D, la diminution des Varangues que vous diviserez en deux, & prendrez une des parties qui representera le quart de cercle, pour le diviser en autant de parties qu'il y a de gabaris de derriere : mais l'autre partie qui compose un autre quart de cercle, sera seulement divisé en autant de parties qu'il y a de gabaris de devant, vous servant ensuite de ces lignes propres à chaque gabary pour avoir leur diminution.

Construction du dernier Gabary de devant.

IL n'est pas different de la construction des autres gabaris, qu'en ce qu'on fait deux diagonales comme G A, & C B, où à leur intersection au point K, on fait l'adoucissement K I, qu'on trace en ouvrant le compas de l'intervalle G K, & de cette ouverture des points K & L, se fait l'intersection de deux petits arcs de cercle, qui est le centre d'où se trace cét adoucissement, & la portion du cercle K C R, se trace par le moyen d'une ouverture du compas de l'intervalle K M : car des points C & K, se fait l'intersection de deux petits arcs de cercle au point N, qui donne le centre pour tracer R C K.

Construction du Porte-Vergue & de l'Esperon.

1. ON prend la hauteur du gros, qui est 15 pieds 11 pouces : on porte cette intervalle depuis 16 jusques à 17 où se doit terminer la limasse de Porte-Vergue qui est tracée comme une demie ove.

2. Pour tracer la gorgere d'Esperon, prolongez la ligne 20 & 18 deux fois autant jusques au point 19, qui est le centre de la portion du cercle 20 & 28. Ensuitte mettant une pointe de compas au point 18, & l'autre au point 20, vous tracez la portion de cercle 20 & 27, les 2 aiguilles de l'Esperon doivent estre paralelles à l'Esperon & à la Porte-Vergue: Finalement on met quelque figure d'un Lion ou monstre marin pour ornement à l'extremité du Porte-Vergue.

PROPORTION DU GRAND NAVIRE le Victorieux basty à Rochefort.

135. pieds de quille.
32. pieds de hauteur d'estrave.
25. pieds de queste d'estrave.
30. pieds de hauteur d'estambot.
6. pieds de queste d'estambot.
45. pieds de large de dehors en dehors.
20. pieds de creux sur la quille en droite ligne.
7. pieds de hauteur à sa 1re batterie de planche à planche.
6. pieds & demy de hauteur à la seconde batterie de planche à planche.
6. pieds & demy à la troisiéme batterie sous les gaillards.
32. pieds de lisse d'ourdy.
16. sabords par bande à la premiere batterie, compris celuy de devant & percé de 4 sabords à son archasse, & la seconde percé comme dessus, & la troisiéme aussi. Il aura aussi un gaillard pour mettre 16. pieces de canon dessus, & sur le chasteau 6. pieces.

Il aura 110 pieds de grand mast, & les autres à proportion. Il aura des galleries à l'Angloise qui accompagneront jusques au plat-bord en piramide avec trois manieres de balcon.

INVENTAIRE D'UN VAISSEAU
du premier Rang.

LE CORPS DU VAISSEAU NOMME' LE
du port de 2000. tonneaux, calfatré, suifvé, goulderonné, en bon & deu eſtat de Charpente, garny de portes, feneſtres, vitres, bancs, tables, lits & armoires, le tout bien ferré, & fermant à clef avec ſon Gouvernail.

CHAPITRE XV.

MASTURE.

LE grand Maſt garny de ſa vergue, barres, hune & chouquet.

Garniture.

Neuf aubans de chaque coté, garnis de ſes chaiſnes, caps de mouton, rides & enflechures.
Deux pendeurs de chaque coſté.
l'étay garny de ſon collier.
poulies & rides.
le ſep de driſſe.
la poulie de driſſe.
l'eſtague, driſſe & racage.
les balancines.
les bras.
les boulines.
les cargues-points.
les cargues-fonds.
les cargues-boulines.
les hallebars.
les eſcoutes.
un pallan d'étay.
deux pallans à itague.
deux autres à calliorne.
un bredindin.
les maneuvres de bonnettes.
un étay & voiles d'étay.
les trelingages.
toutes leſdites manœuvres garnies de poulies.

Le grand Hunier garny de ſa Vergue, Barres & Chouquet.

cinq aubans de chaque côté garnis de caps de mouton, rides & enflechures.
deux galaubans de chaque coſté.
l'étay & ſa poulie.
les balancines.
les cargues-points.
les cargues-fonds.
les contrefanons.
les eſcoutes.
l'itague & fauſſe itague.
driſſe & racage.
deux pallanquins.

la guinderesse.
toutes lesd. manœuvres garnies de ses poulies.
la clef du mast de hune.

Le grand Perroquet garny de sa Vergue, Barres & Chouquet.

quatre aubans garnis de rides.
deux galhaubans.
l'itague, drisse & racage.
les balancines.
les bras.
les cargues-points.
les boulines.
le baston de pavillon, & vergue de girouette.

Le Mast de Mizaine garny de sa Vergue, Barres, Hune & Chouquet.

huit aubans de chaque costé garnis de chaisnes, caps, rides & enflechures.
deux pandeurs de chaque costé.
l'étay garny de son collier, poulies & rides.
le sep de drisse.
la poulie de drisse.
l'itague, drisse & racage.
les balancines.
les bras.
les boulines.
les cargues-points.
cargues-fonds.
cargues-boulines.
escoutes.

deux pallanes à itague.
deux pallancs à candelette.
les manœuvres de bonnette en étay & voiles d'étay.
les trelingages.
toutes lesdites manœuvres garnies de ses poulies.

Le petit Hunier, garny de sa Vergue, Barres & Chouquet.

quatre aubans de chaque costé, garnis.
deux galhaubans.
l'étay garny de ses poulies.
balancines.
cargues-points.
cargue-fonds.
contre-fanons.
escoutes.
l'itague, fausse itague.
drisse & racage.
deux pallanquins.
la guinderesse.
la clef du mast de hune.
toutes lesdites manœuvres garnies de ses poulies.

Le petit Perroquet, garny de sa Vergue, Barres & Chouquet.

quatre aubans garnis de rides.
deux galhaubans.
l'étay garny.
itague, drisse & racage.
balancines.
cargues-points.
bras.
boulines.

Le Mast de Beaupré, garny de sa Vergue, Barres, Hune & Chouquet.
haubans & rides.
bras.
pallanquins.
cargues-points.
cargue-fonds.
itague, drisse & racage.
escoute & leurs pandours.

Le Mast de Perroquet, ou Tourmentin.
aubans & rides.
balancines.
cargues-points.
bras.
l'étay avec ses pandours & rides.
itague, drisse & racage.

Le Mast d'Artimon, garny de sa Vergue, Barres, Hune & Chouquet.
six aubans de chaque costé, garnis de chaisnes, caps de mouton, rides & enflechures.
l'étay garny de ses poulies.
pandeurs de palanquins.
garands de pallanc.
itague, drisse & racage.
la drosse & son pallanc.
escoutes.
bras.
cargue.
balancines de la vergue de fougue.
cargue de fougue.

bras de fougue.
gambes du perroquet d'artimon.

Perroquet ou Mast de Fougue.
l'étay avec ses pandeurs & rides.
quatre aubans de chaque costé, & rides.
itague, drisse & racage.
balancines.
cargues.
bras & pandeurs.
boulines.

Masts, Iumelles & rechanges.
un mast de grand hunier.
un mast de petit hunier.
quatre grands boute-hors.
quatre autres petits.
deux vergues de hune.
deux jumelles.
quatre matereaux pour gourets.

Anchres.
une maistresse anchre de 5 milliers.
quatre anchres de 4 milliers.
deux anchres à toüer.
quatre boüyes.
quatre aurins.
deux bosses.
six serres bosses.
deux poulies de capon.
un croc à trois branches.
un jacq derriere.

Cables & Cordages.
8 cables de 20 à 22 pouces.
trois

trois grelins de 9 pouces.
deux ancures de 9 pouces.
deux tournevires de 11 pouc.
un franc-funin de 7 pouces.
deux escoutes de grande voile.
deux autres de mizaine.
deux de grand hunier.
deux de petit hunier.
une paire d'escoüet de grande voile.
une autre de mizaine.
une itague de grande voile.
une de mizaine.
une driffe de grande voile.
une guindereffe de grand maft de hune.
une autre de petit hunier.
quatre milliers de cordage au gré du Maiftre.
douze pieces de ligne.
cent cinquante livres merlin ou luzin.
deux cent bettor.
un vieux cable pour faire valets & garcettes.

Poulies.

deux poulies de driffe.
deux de guindereffe.
deux de calliorne.
quatre bout de vergue.
quatre d'escoute de hune.
huit douzaines au gré du Maiftre.
vingt-quatre caps de moutõ.
trois racages garnis.
deux pommes de pavillon.
quatre douzaines de chevilles de manœuvres.
quarante-deux roüets de poulie de fonte, pour garnir tout le Vaiffeau.

Autres uftanciles du Maiftre.

huit quintaux de fuif.
huit grands barils de goulderon.
dix-huit barils de noir à noircir.
une vieille roüe pour fourrure.
quatre prelats.
huit douzaines d'anneaux pour vergue.
quatre douzaines de crampes pour vergue.
vingt-quatre cornes à efpeffes.
quarante-huit haches à fendre du bois.
foixante haches.
fix crocs de grand pallanc.
huit chandeliers de liffe.
foixante feaux de bois.
trente-fix manes.
trois fafpes.
trente-fix pelles de bois.
deux manches à eau.
feptante-deux grãdes coffes.
72 grandes crampes.
fix livres fil de voile.
deux chevilles à faire bettor.
trois chaînes à ferrer vergues
deux grapins de bordage, & leurs chaifnes.

L'ARCHITECTURE NAVALE.

deux grapins à main & leurs chaisnes.
deux barres de prisonnier avec leurs anneaux.

Canons de fonte.
trente-six livres de calibre.
vingt-quatre liv.
dix-huit liv.
douze liv.
huit liv.
six liv.

quatre liv.
Canons de fer.
dix-huit livres de calibre.
douze liv.
huit liv.
six liv.
quatre liv.
deux liv.
douze perriers de fonte, garnis de deux boucles chacune, & des coins de fer.

Le nombre des Canons dont ce Vaisseau sera armé estant incertain, & sujet à estre changé pour l'augmentation ou diminution, on fixera une reigle qui sera generalle, pour fournir ce qui ensuit.

UN affus garny pour chaque piece de canon.
une brague à chaque canon.
deux pallans.
deux esquillettes.
une platine de plomb.
un refoüilloir de bois garny.
un refoüilloir de corde de deux en deux pieces.
trois porte-cartouches de deux en deux pieces.
une culliere de cuivre emmanché pour quatre pieces de mesme calibre.
une pince à chaque canon.
un levier de bois.
cinquante boulets pour chaque piece, du calibre que se trouverront les canons: sçavoir, 40 ronds & 10 à deux testes.

Et comme il est necessaire de faire un rechange, presupposant que ce Vaisseau pourra auoir cent pieces de canon, on a jugé necessaire ce qui s'ensuit.

TRENTE milliers de poudre.
six affiches de rechange.
deux cent balles de pierres pour les pierriers.
24 pallans de canon garnis.
vingt-quatre bragues.
trois pieces de cordages de deux à trois pouces pour esquillettes.
deux pieces de cordages pour rabans de sabords.

six pieces de lignes.
trente livr. merlin ou luzin.
six livres fil de voile.
quatre douzaines de pots à feu.
deux cent grenades.
cent tuyaux à grenade.
six chemises à feu.
douze lances à feu.
vingt-quatre bastons de refouloir.
douze escouvillons.
vingt-quatre bâtons de refouloir.
vingt quintaux de mêche.
deux cent douzaines peaux de parchemin.
cinq douzaines d'esquilles.
huit liures de fil d'esquilles.
quatre moules à cartouche.
deux douzaines de peaux de mouton.
deux cent lanternes à muraille.
dix quintaux de ferraille.
quatre barils à bource.
cent cinquante livr. de liege.
deux tames à poudre.
deux cuirs verds.
quatre cadenats.
trois cricqs.
douze essuyeux pour affus.
quarante-huit roües pour affus.
trente-six amspes ferrez.
vingt-quatre lemers.
une balance à trebuchet.

deux barils noir à noircir.
cinq livres de serruze.
cent livres de suif.
soixantes crampes.
soixante cosses.
douze tire bourre.
quatre marteaux à dent.
vingt-quatre crocs de pallac.
soixante essuyeux.
quatre chevilles à épisser.
vingt-quatre chevilles à fer.
trente-six anneaux de sabord.
vingt-quatre chevilles à croc
vingt-quatre chevilles à anneau.
vingt-quatre plate-bandes.
cent goupilles & radanches.
trente-six pêtures de sabord.
trente-six gons de sabord.
cent coussins de canon.
deux cent coings de mire.
quatre-vingts livr. de plomb en table.
trente-six chevrons pour traversins.
trois cent clous gros bâtards.
5000 clous d'escouvillon.
un morceau de vieille voile.
48 fanaux de combat.
18 fanaux pour soûtes.
trente-six lanternes claires.
six lanternes sourdes.
six mesures couvertes.
douze mesures à poudre.
douze antonoirs à poudre.
trois huillieres.

vingt-quatre lampions.
trois eslinges.
quatre fiches à fendre bois.
60 poulies doubles & simples
vingt-quatre esparres pour perriers.

Armes & Vstanciles dequoy on charge le Capitaine d'armes.
trois cent mousquets.
cent mousquerons.
deux cent pistolets.
six fusils.
trente-six pertuisanes.
six hallebardes.
cent coutelats.
cent haches d'armes.
cinquante spontons.
cent picques.
15 quitaux balles à mousquet
quatre cent bandolieres.
quatre baguetes à tire boure
trois cent baguettes de bois blanc.
six cent pierres à fusil.
deux quaisses de tambour.
deux timbres.
six peaux.
quatre liv. de fil de richart.
douze râteliers à tenir armes
soixante-douze crochets.
quatre lanternes pour ronde
deux capots pour sentinelles.
un étoc à armurier.

Voiles dequoy on charge le Maistre Voilier.
deux grandes voiles.
deux de mizaine.

deux grands huniers.
deux petits huniers.
deux artimonts.
deux cuiadiers.
quatre perroquets.
deux bonnettes.
quatre bonnettes en estay.
deux bonnettes à mailler.
quatre voiles d'étay.
six voiles de chaloupe.
deux tantes pour mettre l'équipage à couvert.

Pavois, Pavillons, & Flammes.
les pavois pour faire le tour du Navire.
deux pavillons blancs pour l'arriere.
un pavillon rouge pour l'arriere.
deux pavillons de Commandant ou Cornettes.
un pavillon de beaupré.
vingt-une flammes blanches & rouges.
quatre girouettes.
cent aulnes de toile royalle double.
cinquante aulnes toile simple.
vingt cannes cotonnine.
vingt cannes simples.
trente livres fil de voile.
soixante aiguilles de voile.
quarante pieces d'étamines.

Vstanciles du pilote.
trois fanaux pour l'arriere.

LIVRE PREMIER. 93

quatre fanaux de signal.
trois couvertures de fanal.
18 compas de route.
24 orloges de sable.
six plombs à sonder.
huit lignes à sonder.
deux lampes d'Ebitacle.
deux cloches de fonte.
deux cent liv. chandelles de cire.
six cent livr. chandelles de suif.
six barils huile d'olive.
quatre huiliers de fer blanc.
trois liv. de coton filé.

Chargement du Charpentier.
quatre bordages de chaînes.
six planches de prusse.
huit douzaines de planches de frejus.
huit douzaines de chevrons.
huit barres de capestan.
deux pierres à moule garnies
un arpon.
six essuyeux.

Changement de Calfat.
huit peaux de mouton.
un pot à bray.
une culliere à bray.
huit quintaux de bray.
cent liv. estoupe blanche.
dix quintaux estoupe noire.
4 quintaux plomb en table.
90 maugeres de vaches.
trois grandes escoppes pour le Navire.
deux repoussoirs.

deux taille fer.
deux masses à bœuf.
trois marteaux à dent.
deux cercles de cabestan.
douze chaisnes d'aubans.
douze gambes de hune.

Clousterie.
300 cloux de poids.
1500 cloux gros bastards.
1500 petits bastards.
2000 gros barque vielle.
3000 double porte.
3000 simple porte.
5000 de maugere.
6000 de plomb.
6000 de pompe.

Pompes & Vstanciles.
quatre grandes pompes.
huit vergues de pompes.
deux crocs.
dix-huit chevilles.
deux cercles.
dix-huit jouetes.
six bringueballes.
quatre potences.
quatre chopines.
quatre manches de toille.
trois costes de cuir fort.

Cuisine & maistre valet.
deux grandes chaudieres d'équipage.
deux autres moyennes.
deux cullieres & 2 écumoirs.
deux crocs à tenir la viande.
deux chaisnes à saisir les chaudieres.
deux haches à fendre bois.

M iij

une masse à bœuf.
six coings de fer.
deux poiſles à frire.
deux broches.
deux grils.
deux marmites pour les malades.
deux coquemarts'
deux poiſlons.
un fourneau de fer.
un baſſin.

Fonds de Calle.

deux mille rolles de futailles à eau par homme.
futaille à vin ſelon l'armement.
trente-ſix bariques.

Ornemens de Chapelle.

un Calice & ſa Patenne.
une boëte aux ſaintes huîles
un Saint-Ciboire.
un Crucifix.
deux chandeliers.
deux burettes.
un baſſin.
une clochette.
un Chaſuble.
une Eſtole & la Manipulle.
un devant d'Autel.
deux napes.
un couſſin.
une bourſe à corporeau.
un voile de Calice.
une Aube.
un Cordon.

un Amy.
ſix Purificatoires,
vn Miſſel.
un Rituel.
un *Te Igitur* avec ſon Evangile.
une pierre ſacrée.
un bonnet quarré.
un ſurplis.
une image.
une boëte pour tenir Hoſties.
un Benîtier.
huit livres de cierges & de chandelles de cire.
une table.
un coffre & ſa ſerrure.

Chalouppes & Vſtanciles.

grande chalouppe.
petite chalouppe.
canot.
batteau à peſcher.
maſts & vergues.
avirons.
ſix chandeliers.
trois racambas.
trois cableaux.
trois grapins.
ſix giroüettes.
trois vergues de giroüettes.

Tollets.

quatre gaffes.
trente-ſix eſcoppes à main.

Tendellet.

ſix ferrures de gouvernal.

*ESTAT DE DEPENSE D'VN NAVIRE DE CENT
six pieds de quille, trente-quatre de large, quinze pieds & demy
de fonds de calle, sept pieds entre deux ponts, & quatre pieds
de Vibord, portant huit cent tonneaux, fait à Toulon.*

CHAPITRE XVI.

QUATRE pieces de quille de 30 pieds de long & de 15 pouces en quarré, faisant 187 pieds $\frac{1}{2}$ cube, à six sols dix deniers le pied, monte 64 l. 2 f. 11 d.

Un Eſtambot de vingt-cinq pieds de long, vingt pouces de large & quatorze pouces d'épaiſſeur, faiſant 48 pieds & demy à 9 ſols 19 deniers le pied, monte 23 l. 16 f. 11 d.

Une liſſe d'ourdy de 25 pieds de long & 14 pouce en quarré, faiſant 24 pieds cube, à 9 f. 10 d. le pied, môte 16 l. 14 f. 11 d.

Deux pieces pour contreliſſe d'ourdy de 22 pieds de long & de 12 pouces en quarré, faiſant 22 pieds cube, à 9 f. 10 deniers le pied, monte 10 l. 16 f. 4 d.

Deux cornieres de 18 pieds de long, 18 pouces de large, & 12 pouces d'épaiſſeur, faiſant 54 pieds cube, à 24 ſols le pied, monte 64 l. 16 f.

Deux cornieres d'enhaut de 23 pieds de long, 12 pouces de large & 7 pouces d'épaiſſeur, faiſant 38 pieds & demy cube, à 7 f. 10 d. le pied, monte 15 l. 1 f. 7 d.

Une courbe pour contr'eſtambot de 12 pieds de long, & 15 pouces en quarré, faiſant 12 pieds $\frac{1}{2}$ cube, à 20 ſols le pied, monte 18 l. 15 f.

Deux pieces d'eſtrave de 16 pieds de long, 20 pouces de large & 15 pouces d'épaiſſeur, faiſant 66 pieds & demy cube à 9 f. 10 d. le pied, montent. 32 l. 15 f. 6 d.

Une courbe pour contr'eſtrave de 12 pieds de long, & 15 pouces en quarré, faiſant 18 pieds $\frac{1}{2}$ cube, à 20 ſols le pied, monte 18 l. 15 f.

Trente-quatre varangues de 22 pieds de long, 14 pouces de large, & 10 pouces d'épaiſſeur, faiſant 2298 goüe $\frac{1}{3}$ à 27 f. le cent de goüe, monte 620 l. 11 f.

Cinquante-quatre aculées de 14 pieds de long, 15 pouces de large, & 10 pouces d'épaisseur, faisant 2488 goüe ½ à 27 l. le cent de goüe, monte   671 l. 19 f. 3 d.

Quinze fourquats de onze pieds de long, & de douze pouces en quarré, faisant 52 goüe & demy à 27 l. le cent de goüé, monte   140 l. 16 f. 1 d.

Soixante-huit genoux de 11 pieds de long, onze pouces de large & 8 pouces d'épaisseur, faisant 1444 goüë & demy à 27 l. le cent de goüë, monte   390 l. 1 f. 2 d.

Quatre-vingts genoux de revers de 14 pieds de long, 12 pouces de large, & 9 pouces d'épaisseur, faisant 2197 goüé & demy, à 27 l. le cent de goüé, monte   593 l. 6 f. 6 d.

Deux cent quarante-huit alonges de 18 pieds de long, & de 9 pouces en quarré, faisant 768 goüë, à 27 livres le cent, monte   207 l. 7 f. 2 d.

Deux cent alonges de revers pour l'œuvre morte de 17 pieds de long & 10 pouces en quarré, faisant 236 pieds cube à 9 f. 5 d. le pied, monte   400 l. 12 f. 9 d.

Trois pieces de carlingue de 30 pieds de long, 18 pieds de large & 8 pouces d'épaisseur, faisant 90 pieds cube, à 7 sols 10 d. le pied, monte   35 l. 5 f.

Six pieces fausses carlingues de 30 pieds de long, 12 pouces de large & 6 pouces d'épaisseur, faisant 90 pieds cube, à 7 sols 10 d. le pied, monte   35 l. 5 f.

Trois cent bordages de trente pieds de long, douze pouces de large, & quatre pouces d'épaisseur pour border, depuis les deux premiers rangs de persintes jusques à la quille, faisant neuf mille pieds cube, à cinq sols le pied, monte   2250 l.

Trois cent bordages pour couvrir le premier pont, & border dedans jusques au second pont de 26 pieds de long, 12 pouces de large & de trois pouces d'épaisseur, faisant 7800 pieds, à 4 f. 9 d. le pied, monte   1852 l. 10 f.

Quatorze persintes pour le devant de 12 pieds de long, 13 pouces de large & 6 pouces d'épaisseur, faisant 91 pieds cube à 12 f. 3 d. le pied, monte   55 l. 14 f. 9 d.

Seize persintes pour les deux premiers rangs de 33 pieds de long

long 13 pouces de large & 6 d'épaisseur, faisant 286 pieds cube, à 12 f. 3 den. le pied, monte 175 l. 3 f. 6 d.

Seize Perfintes pour l'œuvre morte de 28 pieds de long, 12 pouces de large & 5 d'épaisseur, faisant 186 pieds ½ cube, à 12 f. 3 den. le pied, monte 114 l. 6 f. 8 d.

Dix pieces pour ferrobouquieres de 28 pieds de long, 15 pouces de large & 6 d'épaisseur, faisant 175 pieds cube, à 7 f. 10 den. le pied, monte 68 l. 10 f. 10 d.

Sept gurlandes de 12 pieds de long, 18 pouces de large, & dix d'épaisseur, faisant 105 pieds cube, à 24 fols le pied, monte 126 l.

Huit courbes pour la liffe & contre liffe d'ourdy de huit pieds de long, 14 pouces de large & dix d'épaisseur, faisant 62 pieds cube à 20 f. le pied, monte 62 l.

Dix porques de 15 pieds de long, 14 pouces de large & 12 d'épaisseur, faisant 175 pieds cube, à 22 fols le pied, monte 192 l. 10 f.

Vingt-quatre genoux de porque de 12 pieds de long 11 pouces de large & 10 pouces d'épaisseur, faisant 220 pieds cube à 7 f. 10 den. le pied, monte 86 l. 3 f. 4 d.

Vingt-huit baux pour le premier pont de 33 pieds de long & 15 pouces en quarré, faisant 1443 pieds ½ cube, à 10 f. 9 den. le pied, monte 776 l. 3 d.

Vingt-huit lattes à baux de 33 pieds de long, 12 pouces de large & 5 d'épaisseur, faisant 385 pieds cube, à 7 f. 10 den. le pied, monte 150 l. 15 f. 10 d.

Trente-fix courbes de 8 pieds de long, 12 pouces de large & 8 d'épaisseur, faisant 192 pieds cube, à 20 fols le pied, monte 192 l.

Dix baux pour le faux pont de 30 pieds de long, & 13 pouces en quarré, faisant 352 pieds cube, à 10 f. 9 den. le pied, monte 189 l. 4 f.

Dix courbes de 8 pieds de long, 10 pouces de large & 8 pouces d'épaisseur, faisant 44 pieds cube, à 20 f. le pied, monte 44 l. 6 f. 8 d.

Seize goutieres de 28 pieds de long, 12 pouces de large,

& 6 pouces d'épaisseur, faisant 140 pieds cube, à 12 f. 3 d. le pied, monte 85 l. 15 f.

Huit pieces pour ferrebouquieres pour le second pont de 28 pieds de long, 13 pouces de large, & 4 d'épaisseur, faisant 80 pieds ¼ cube, à 7 f. 10 d. le pied, monte 31 l. 12 f. 6 d.

Vingt-deux baux pour le second pont de 30 pieds de long & 11 pouces en quarré, faisant 674 pieds & demy cube, à 10 f. 9 d. le pied, monte 353 l. 3 f. 4 d.

Vingt-deux lattes à baux pour le second pont de 30 pieds & onze pouces, faisant 99 pieds ¼ cube à 7 sols 10 den. le pied, monte 39 l. 1 f. 4 d.

Douze baux pour le corps de garde de 28 pieds de long & 7 pouces en quarré, faisant 114 pieds ¼ cube, à 10 f. 9 d. le pied, monte 61 l. 9 f. 1 d.

Vingt-quatre courbes de 6 pieds de long & de 7 pouces en quarré, faisant 49 pieds cube, à 20 f. le pied, monte 49 l.

Huit baux pour le gaillard de devant de 28 pieds de long & 7 pouces en quarré, faisant 76 pieds cube, à 10 f. 9 d. le pied, monte 40 l. 17 f.

Seize courbes de 5 pieds de long & de 7 pouces en quarré, faisant 27 pieds cube à 20 f. le pied, monte 27 l.

Sept baux pour la dunette de 25 pieds de long & six pouces en quarré, faisant 59 pieds & demy cube, à 10 sols 9 den. le pied, monte 31 l. 19 f. 7 d.

Quatorze courbes de 4 pieds de long & 5 pouces en quarré, faisant 9 pieds ¼ cube, à 20 f. le pied, monte 9 l. 13 f. 4 d.

Deux cent bordages pour border l'œuvre morte de 26 pieds de long, 16 pouces de large & 3 d'épaisseur, faisant 6933 pieds cours, à 4 f. 9 d. le pied, monte 1646 l. 11 f. 9 d.

Deux cent bordages pour couvrir le deuxiéme pont, & doubler l'œuvre morte de vingt-cinq pieds de long, & 15 pouces de large, deux pouces & demy d'épaisseur, faisant 7812 pieds & demy bordage de deux pouces, à 2 f. le pied, monte 911 l. 9 f. 2 d.

Six-vingts planches de prusse pour couvrir le gaillard, le corps de garde, la dunette, & doubler le dedans & dehors de ladite Dunette de 20 pieds de long & 12 pouces de large à six livres piece, monte 720 l.

Un Gouvernail de 25 pieds de long, 25 pouces de large, & 14 pouces d'épaisseur, faisant 73 pieds $\frac{1}{4}$ cube, à 10 s. 9. d. le pied, monte 39 l. 12 s. 9 d.

La Barre du Gouvernail de 14 pieds de long, & de 7 pouces en quarré faisant 4 pieds cube $\frac{1}{4}$ à sept sols dix deniers le pied, monte 1 l. 17 s. 2 d.

Un Baux pour soûtenir la barre du Gouvernail de 28 pieds de long, & de 7 pouces en quarré, faisant 9 pieds & demy cube, à 10 s. 9 den. le pied, monte 5 l. 2 s. 1 d.

Deux Bittes de 16 pieds de long & de 15 pouces en quarré, faisant 50 pieds cube, à 9 s. 10 d. le pied, monte 24 l. 11 s. 8 d.

Deux Courbes pour lesdites Bittes de 13 pieds de long, & 15 pouces en quarré, faisant 20 pieds un quart cube, à 20 sols le pied, monte 20 l. 5 s.

Un Traversier de Bittes de 12 pieds de long, & de 16 pouces en quarré, faisant 21 pied $\frac{1}{3}$ cube, à 9 s. 10 d. le pied, monte 10 l. 9 s. 9 d.

La Guinderesse du grand Mast, de 20 pieds de long, & 16 pouces en quarré, faisant 40 pieds cube, à 7 sol. 10 den. le pied, monte 15 l. 13 s. 4. d.

La Guinderesse du Mast d'enhaut de 13 pieds de long, & 16 pouces en quarré, faisant 23 pieds cube, à 7 s. 10 den. le pied, monte 9 l. 2 d.

Le grand Cabestan de 17 pieds de long, & de 23 pouces en quarré, faisant 62 pieds $\frac{1}{7}$ à 10 sols 9 den. le pied, monte 33 l. 10 s. 1 d.

Deux pieces pour faire le Taquet du Cabestan de 18 pieds de long, & 12 pouces en quarré, faisant 26 pieds cube, à 7 s. 10 d. le pied, monte 14 l. 2 s.

Le petit Cabestan de 12 pieds de long, & de 18 pouces en quarré, faisant 27 pieds cube, à 10 s. 9 den. le pied, monte 14 l. 10 s. 3 d.

La Poullaine du Navire de 25 pieds de long, & quinze pouces en quarré, faisant 39 pieds cube, à 7 sols 10 den. le pied, monte 15 l. 5 s. 6 d.

La pièce qui va sur ladite Poulaine de 20 pieds de long, & 15 pouces en quarré, faisant 31 pieds ¼ cube, à 7 s. 10 d. le pied, monte   12 l. 2 s. 10 d.

Quatre Courbes pour ladite Poulaine de 10 pieds de long, 14 pouces de large, & 10 d'épaisseur, faisant 38 pieds ¼ cube, à 10 s. le pied, monte   38 l. 15 s.

Huit autres Courbes pour ladite Poulaine de 8 pieds de long, & 7 pouces en quarré, faisant 2 pieds ¼ cube, à 20 sols le pied, monte   2 l. 15 s.

Quatre Herpes pour ladite Poulaine de trente pieds de long, neuf pouces de large, & cinq pouces d'épaisseur, faisant trente-sept pieds & demy cube, à sept sols dix den. le pied, monte   14 l. 13 s. 9 d.

Quatre pieces pour faire la Gorgiere de ladite Poulaine de 25 pieds de long & 14 pouces en quarré, faisant 136 pieds cube, à 7 s. 10 den. le pied, monte   53 l. 5 s. 4 d.

Quatre pieces de Sapin pour faire les porte Aubans de 20 pieds de long, 18 pouces de large, & quatre pouces d'épaisseur, faisant quarante pieds cube, à 7 s. 10 d. le pied, monte   15 l. 13 s. 4 d.

Cinq pieces pour faire les Bittons & Traversiers de Bittons de 14 pieds de long & 13 pouces en quarré, faisant 32 pieds & demy cube à 7 s. 10 d. le pied, monte 12 l. 16 s. 6 d.

Deux mille trois cent planches façon d'Holande de 12 pieds de long, 12 pouces de large, & d'un pouce d'épaisseur à 16 s. la piece, monte   1840 l.

Neuf cent Chevrons de douze pans, à cinquante sols la douzaine, monte   187 l. 10 s.

Six Jas dans à 11 l. la piece, monte.   66 l.
Une Chalouppe à   230 l.
Bois pour la Sculpture.   1500 l.
Deux pieces de Sapin pour le Couronnement.   60 l.

    Total.   18675 l. 8 s. 11 d.

AMIRAVX DE FRANCE.
CHAPITRE XVII.

Pierre le Megue sous Charles IV. l'An	1327
Hué Guyeret.	1339
Othon de Hornes.	1341
Robert d'Anneval de la Heuse, dit le Borgne.	1368
François le Perilleux, le 3 Juillet.	1368
Amaury, Vicomte de Narbonne.	1369
Jean de Vienne, Sire de Coucy.	1377
Jean de Vienne, fils.	1382
Regnaut de Trie, deposé l'an	1405
Pierre de Breban, dit Clignet.	1405
Jacques de Chastillon.	1408
Robert de Braquemon.	1417
Charles de Laiz, Sieur de Chastinieres.	1418
Georges de Chastelus, dit de Beauvais.	1420
Louis de Culant.	1428
Prejent de Coitivy, Sieur de Retz.	1439
Jean, Sire de Bueil, Comte de Sancerre, incontinent deposé.	
Charles d'Anjou.	1439
André Laval, Sieur de Loheac.	1442
Louis de Trie.	1447
Gilles de Bretagne, Sieur de Rieux,	1450
Jean d'Andie d'Armagnac, Comte de Cominge.	1453
Jean de Rohan, Sieur de Montauban.	1462
Louis du Signe, bastard de Bourbon, Comte de Roussillon.	1466
André de Laval, Sieur de Loheac & de Brosse.	1482
Louis Malet, Sire de Graville.	1493
Charles d'Amboise, son gendre.	1508
Guillaume Gouffier, Sieur de Bonivet.	1517
Philippe Chalot de Brion.	1525
Claude de Hennebaut, Sieur de S. Pierre.	1543

Gaspard de Poligny, Sieur de Chastillon, l'An 1551
Henry de Montmorency, Mareschal d'Anville. 1562
Honnorat de Savoye, Marquis de Villars. 1572
Charles de Lorraine Duc de Mayenne. 1578
Anne Duc de Joyeuse. 1582
Jean Louis de Negaret de la Valette Duc d'Epernon. 1587
Charles de Gontault de Biron. 1592
André de Brancas, Sieur de Villars. 1594
Charles de Montmorency Duc d'Anville. 1596
Henry de Montmorency le second Juillet 1612
Armand du Plessis de Richelieu, Cardinal.
François de Bourbon Duc de Beaufort. 1646
Louis de Bourbon, Comte de Vermandois. 1669

LISTE GENERALE DES OFFICIERS
de Marine, suivant l'ancienneté, reglée par les Commissions du Roy en l'année 1673.

OFFICIERS GENERAUX.

CHAPITRE XVIII.

Monsieur le Comte de Vermandois, Admiral de France. 1669
Le Sieur Comte d'Estrée, Vice-Amiral en ponant. 1669
Le Sieur,   Vice-Amiral en Levant.
Le Sieur de Martel, Lieutenant General en Levant. 1642
Le Sieur du Quesne Lieutenant General en Ponant. 1628
Le Sieur d'Almeras, chef d'Escadre en Provence. 1644
Le Sieur des Ardens, chef d'Escadre de Guienne, mort. 1650
Le Sieur Marquis de Grancey, chef d'Escadre de Poitou en Xaintonge. 1663

Capitaines de Port.

Le Sieur de Saint Corpez, Capitaine de Port à Toulon.
Le Sieur de Belle-Grange, Capitaine de Port à Brest.
Le Sieur du Vivier, Capitaine de Port au Havre.

Capitaines

Le sieur des Gorris de la Guerche. 1650	Le Chevallier d'Hally. 1667
Le sieur Guillon. 1652	Le Chev. de Sebeville. 1667
Le sieur de Querveu. 1652	Le Sr Bitaud de Bleon. 1667
Le sieur Gabaret l'aisné. 1653	Le sieur Gabaret d'Angoulin. 1667
Le sieur Gombaud. 1654	Le Sr Ciprien Chabert. 1667
Le sieur Forant. 1655	Le sieur Estiéne Gétet. 1667
Le Chevalier de Buös. 1656	Le sieur de Bauville. 1668
Le Sr de Châteauneuf. 1660	Le Chev. de la Motté. 1668
Le sieur Preüilly d'Humieres. 1663	Le Chev. de Nesmond. 1668
Le sieur de Sourdis. 1665	Le sieur de Môtortico. 1669
Le sieur Panetié. 1665	Le sieur d'Amblimôd. 1669
Le sieur Granier. 1665	Le sieur de la Breteche. 1670
Le sieur d'Infreville S. Aubin. 1666	Le Sr Comte de Blenac. 1670
Le sieur Cogolin. 1666	Le Cheval. de Chambonnaud. 1670
Le Chevalier de Chasteau-Renard. 1666	Le Chev. de Bethune. 1670
Le Chev. de Valbelle. 1666	Le sieur le Fevre de la Barre. 1671
Le Chev. de Forbin. 1666	Le Sr de la Clocheterre. 1671
Le Chev. de Beaumont. 1666	Le sieur de la Vigerie Freslebois. 1671
Le sieur Estienne Jean. 1666	Le sieur Desnots. 1671
Le sieur de la Roque Fontier. 1666	Le Chev. de Flacourt. 1671
Le sieur Marquis d'Aufreville. 1666	Le Marquis de Langerö. 1671
Le sieur le Magnou. 1666	Le Chevallier de Rosmadeck. 1671
Le sieur de Coux. 1666	Le sieur de Villeneuve Ferrieres. 1671
Le sieur Louis Gabaret. 1666	Le Chev. de Beaujeu. 1671
Le sieur Bauda. 1666	Le Chev. de Chaumôt. 1671
Le sieur Lasson. 1667	Le sieur de Cicé. 1672
Le sieur Comtay d'Humires. 1667	Le sieur de la Roche Allart. 1672
Le Chev. de la Fayette. 1667	Le sieur de Septemes. 1672
Le Chev. de Tourville. 1667	Le sieur Villette. 1672

Le sieur Heinskerk. 1673
Le sieur de Belle Isle E-
  rard. 1673
Le sieur de Mericourt. 1673
Le sieur de Machaut. 1673
Le sieur de Gravancon. 1673
Le sieur de Goussonvil-
  le. 1673
Le Chev. de Lery. 1673
Le sieur Heroüard de la Pio-
  gerie. 1673
Le sieur la Borde. 1673

Capitaines de Fregates Legeres.

Le sieur Bardet du Bois-
  neau. 1666
Le sieur Bremant. 1667
Le sieur Guillet. 1670
Le sieur Grosbois. 1671
Le sieur Champmartin. 1672
Le sieur de la Clide. 1672
Le sieur Pingaut. 1672
Le sieur Bourdet. 1672
Le sieur Samson. 1672
Le sieur du Fay. 1672
Le sieur de la Preille. 1672
Le sieur de Rochefort. 1673
Le sieur de Lizines. 1673

Capitaines de Brulots.

Le sieur du Rivan le jeu-
  ne. 1647
Le sieur le Roux. 1667
Le sieur Chaboisseau. 1667
Le sieur Verguin. 1668
Le sieur Descuers. 1669
Le sieur Torrel. 1669
Le sieur de Cohornes. 1669
Le sieur Cruvellier. 1669
Le sieur Desprez. 1669
Le sieur Serpaut le jeu-
  ne. 1672
Le sieur Chaboisseau le jeu-
  ne. 1672
Le sieur de la Houssaye. 1672
Le sieur Desgrois. 1673
Le sieur Guillotin. 1673
Le sieur de la Roque. 1673

Capitaines de Flustes.

Le sieur Jullien. 1644
Le sieur Champagne. 1652
Le sieur Barbaut. 1665
Le sieur Bardant. 1666
Le sieur Desbouiges. 1670
Le sieur Meschin. 1670
Le sieur Guillot. 1670
Le sieur Desprez. 1670
Le sieur de la Clide l'Estril-
  le. 1670

Majors.

Le sieur Heroüard de la Piogerie Major de la Marine do
  Ponant. 1672
Le sieur de Chaumont en Levant. 1672
Le sieur de Hericourt, Aide Major. 1673

Livre Premier.

Lieutenants de Port.

Le Sieur la Melasse à Rochefort.
Le sieur des Forgettes à Brest
Le sieur Cordeil à Toulon.

Lieutenants.

Le sieur Diars. 1648	Le sieur Quesclin. 1667
Le sieur Tamagnon. 1661	Le sieur de Belle-Fontaine. 1667
Le sieur de la Cassiniere. 1661	Le sieur Salampart. 1667
Le sieur de la Corniere. 1661	Le Chev. de Real. 1668
Le sieur Selleillet. 1661	Le sieur Vandricourt. 1668
Le sieur Grenaut. 1661	Le sieur Gedoüin le cadet. 1668
Le sieur Bosquet. 1662	Le sieur de Ferville. 1668
Le sieur Moreau. 1664	Le sieur Rolland. 1668
Le sieur Favre. 1665	Le sieur de Champigneulles. 1668
Le Sr Rotâ l'Emonalch. 1665	Le sieur Provent. 1668
Le Chev. de Mercey. 1666	Le sieur Girard. 1668
Le sieur Casteau l'aisné. 1666	Le sieur Michel. 1668
Le Sr Casteau le jeune. 1666	Le sieur Dardenne. 1669
Le sieur de Quincé. 1666	Le sieur Darembec. 1669
Le sieur de Moyelle. 1666	Le sieur Dumené. 1669
Le sieur de l'Estrille. 1666	Le sieur du Tast. 1669
Le sieur du Lassé. 1666	Le sieur Chevallier. 1669
Le sieur de Vacheres. 1666	Le sieur Bardet. 1669
Le sieur de l'Estadurre. 1666	Le sieur Dudrot. 1669
Le sieur Bidaut. 1666	Le sieur du Quesne Guiton. 1669
Le sieur Heurtin. 1667	Le sieur Jamain. 1669
Le Sr de la Chesnelaye. 1667	Le Chevallier de Maisonneuve. 1669
Le Chev. de Combes. 1667	Le sieur Amicil. 1669
Le sieur Palles. 1667	Le sieur Prince. 1669
Le sieur Cyprien Serraire. 1667	Le sieur Poyet. 1669
Le sieur de S. Mesme Delbartas. 1667	Le Sr Michel Chabert. 1669
Le sieur de la Motte Genoüille. 1667	
Le sieur Bourlasque. 1667	

Le sieur Gassier. 1669
Le sieur Mascranny. 1669
Le sieur Jean Baptiste le Roux. 1669
Le Sr de Queramnoüal. 1670
Le sieur Languillet. 1670
Le sieur du Guay d'Alleré. 1670
Le sieur de la Meliniere Poyet. 1670
Le sieur Thibaud. 1670
Le sieur Hugomet. 1670
Le Cheval. Monbron. 1670
Le sieur du Rivau l'aîné. 1671
Le sieur Baugé le Goux. 1671
Le sieur de Beaumont Jallot. 1671
Le sieur de Chevigne. 1671
Le Chevallier de la Galissonniere. 1671
Le sieur Heurtin le jeune. 1671
Le sieur des Roches. 1671
Le Chevallier de Cicé. 1672
Le sieur du Buisson. 1672
Le sieur Bisson. 1672
Le Chevallier de Vieux-Pont. 1672
Le Chevallier de Sourdun Montbron. 1672
Le sieur de la Harteloire. 1672
Le sieur de Courcelles. 1672
Le sieur Jean Paul Laugier. 1672
Le sieur Breugnon. 1673
Le sieur de Montmero, 1673
Le sieur de S. Amans. 1673
Le sieur de Montreüil. 1673
Le sieur Certanville. 1673
Le sieur Marquis de la Porte. 1673
Le sieur Dalligre Saint Lié. 1673
Le sieur Martel Vandré. 1673
Le sieur Pallieres. 1673
Le sieur Scorbiac. 1673
Le Cheval. d'Estampes. 1671
Le Chev. d'Arbouville. 1673
Le sieur Fresnay. 1673
Le Sr Moran Boisamy. 1673
Le Chev. de Coetlogõ. 1673
Le sieur de Fruges. 1673
Le sieur Jullien. 1673
Le Chev. de Budes. 1673
Le sieur Desmoulins. 1673
Le sieur de la Chaussée. 1673
Le sieur Chabociere. 1673
Le sieur de Burgues. 1673
Le sieur Clavier. 1673

Lieutenants de Fregattes Legeres & Flustes.

Le sieur de la Mesnardiere. 1670
Le sieur du Laurant, Flûtes. 1671
Le sieur Andry, Flûtes. 1671
Le sieur Belcier. 1673
Le sieur Bajard. 1673
Le sieur de Tilly. 1673

Enseignes..

Le sieur Mourat à Rochefort. 1669	Le sieur de la Chenardiere. 1669
Le Sr Kerquelin à Brest. 1669	Le sieur Bruslon. 1669
Le sieur Icard. 1661	Le sieur Phenix. 1669
Le sieur de Guignes. 1661	Le sieur de la Croix. 1669
Le sieur de la Roze. 1663	Le sieur des Francs. 1669
Le sieur de Rys. 1665	Le sieur de Flotte. 1669
Le sieur Lieutaud. 1665	Le sieur de Bremond. 1669
Le sieur Linage. 1665	Le Sr Picot du Vivier. 1669
Le sieur de la Chonannieres. 1665	Le sieur Villeneuve Moreau. 1669
Le sieur de Fontaines. 1665	Le Chev. de la Brosse Nucheze. 1669
Le sieur de la Gabtiere. 1665	
Le sieur de Morin Querven. 1666	Le sieur Brunet. 1669
Le sieur Coriton, fils. 1666	Le sieur Ancellin. 1669
Le sieur de la Motte Louvart. 1666	Le Sr de Bonnefonds. 1669
	Le sieur Gratian. 1669
Le sieur de Gissey. 1666	Le sieur de Caux. 1669
Le sieur du Quesne. 1667	Le sieur Herpin. 1669
Le Sr du Puits Forant. 1667	Le sieur de l'Eau. 1669
Le sieur de Lusignan. 1667	Le sieur Aubert. 1669
Le sieur de Beauveisis. 1667	Le sieur Mercadiere. 1670
Le sieur de Tassy. 1667	Le sieur d'Aguerre. 1670
Le sieur Tivas du Plessis. 1668	Le sieur de la Fosse. 1670
	Le sieur de Beaulieu. 1670
Le sieur Danye. 1668	Le sieur Panatier Belle-Croix. 1671
Le sieur Gedoüin l'aisné. 1668	
Le sieur de Rivedou. 1668	Le sieur Seiron. 1671
Le sieur Trullet. 1668	Le sieur de l'Estadurre. 1671
Le Sr de long-Champs. 1668	Le sieur Gombaud, fils. 1671
Le sieur de Baubenne. 1669	Le sieur Blenac. 1671
Le sieur Alexandre Laugier. 1669	Le sieur de Roucherolle 1671
	Le sieur de la Boissiere. 1671
	Le Sr de S. Hermine. 1671
Le Chev. Desgouttes. 1669	Le sieur de la Greize. 1671

Q ij

Le sieur de la Barre. 1671
Le sieur Covet de Puchesse. 1671
Le sieur du Chalard. 1671
Le sieur de la Roque Perin. 1671
Le Chev. de Riberé. 1671
Le sieur Bonnoust de la Miolhes. 1671
Le Sr de la Montagne. 1671
Le sieur de la Galissonniere. 1671
Le Chev. de Venize. 1671
Le sieur de Fresnoy. 1672
Le sieur du Boucour. 1672
Le sieur l'Anguillet. 1672
Le sieur d'Almeras. 1672
Le Chev. de Cardaillac. 1672
Le sieur Monneveu. 1672
Le sieur de Martignac. 1672
Le sieur Feugre. 1672
Le sieur Sazilly. 1672
Le sieur Gonnallin. 1672
Le sieur Hitton. 1672
Le sieur de Serquigny. 1672
Le sieur Champmeslin. 1672
Le sieur Verdun. 1672
Le sieur Jean Estienne. 1672
Le sieur Ponêty. 1672
Le Sr Colbert S. Mars. 1672
Le sieur Nicolas Cadeneau. 1672
Le sieur Beaussier. 1672
Le sieur de Ste Fraize. 1673
Le sieur Blemur. 1673
Le sieur Planta. 1673
Le sieur Cogolin. 1673
Le sieur Perussis. 1673
Le sieur Boulaniviliers. 1673
Le sieur Chastellier. 1673
Le Chev. Malorti. 1673
Le Chev. de S. Clair. 1673
Le sieur du Val. 1673
Le sieur la Garde. 1673
Le Chev. Montbaut. 1673
Le sieur Dassigny. 1673
Le Chev. de Courbon. 1673
Le sieur de Fermaville. 1673
Le sieur Champigny. 1673
Le sieur de Lar. 1673
Le Chev. de Feuquieres. 1673
Le Sr de Ste Marthe. 1673
Le sieur Delcampe. 1673
Le sieur Doroigne. 1673
Le sieur Desglereaux. 1973
Le sieur Rollond de l'Esquimon. 1673
Le sieur Dange de Sainte Maure. 1673
Le sieur Gibaud. 1673
Le Chev. du Mas. 1673
Le sieur Belleville. 1673
Le Chev. Bitry. 1673
Le sieur Armanville. 1673
Le sieur Beaumanoir. 1673
Le sieur Beauregard. 1673
Le sieur Levy. 1673
Le sieur Serdirac. 1673
Le Marquis de Saint Pierre Coupeteau. 1673
Le sieur Renauze. 1673
Le sieur de Blottieres. 1673
Le sieur de Burgues. 1673

Livre Premier.

Nombre.

Un Amiral.
Un Vice Amiral.
Deux Lieutenants Generaux.
Trois Chefs d'Escadre.
Soixante-huit Capitaines.
Trois Capitaines de Port.
Treize Capitaines de Fregattes.
Quinze Capitaines de Brulots.
Neuf Capitaines de Flûtes.
Trois Majors ou aide.
Cent quatre Lieutenants.
Trois Lieutenants de Port.
Six Lieutenants de Flûtes.
Six-vingt quatre Enseignes.
Deux Enseignes de Port.

357.

Fait à Versaille le 29 Octobre 1673.

OFFICIERS NECESSAIRES POVR LA DEFENCE & pour la conduite d'un Vaisseau.

CHAPITRE XIX.

Chef d'Escadre ou General d'une Flotte.
Capitaine.
Lieutenant.
Enseigne.
Sergent.
Capitaine d'armes.
Canonier.
Armurier.
Argousin ou Prevost.
Soldats.
Le Bourgeois.
L'Avitailleur.
L'Aumosnier.
Escrivain.
Chirurgien.
Maistre Valet.
Cuisinier.
Le Maistre.
Le Pilote.
Le Contre Maistre.
Quartiers Maistres.
Charpentiers.
Calfadeurs.
Tonneliers.
Treviers.
Matelots.
Pages.

ESTAT DES VAISSEAUX DU ROY.
en l'année 1671.

CHAPITRE XX.

Noms des Vaisseaux.	Tonneaux.	Canons.	Hommes.
Le Soleil Royal.	2500.	120.	1200.
Le Royal Loüis.	2500.	120.	1000.
Le Royal Duc.	2000.	110.	1000.
Le Dauphin Royal.	2000.	110.	1000.
Le Monarque.	2000.	104.	700.
Le S. Philippe.	1500.	90.	700.
Le Vandôme.	1800.	80.	600.
La Couronne.	1400.	84.	600.
Le Henry.	1400.	80.	600.
Le Roche-Fort.	1400.	80.	600.
Le Federic.	1100.	70.	600.
La Sophie.	1000.	70.	500.
Le Prince.	1100.	66.	400.
Le Paris.	1000.	60.	500.
La Princesse.	1100.	66.	400.
L'isle de France.	1000.	60.	450.
Le François.	1000.	60.	450.
La Reyne.	1000.	60.	450.
Le Comte.	1000.	60.	450.
La Royalle.	1000.	60.	400.
L'invincible.	1000.	60.	400.
L'intrepide.	1000.	60.	400.
Le Conquerant.	1000.	60.	400.
Le Neptune.	1000.	60.	400.
Le Bourbon.	1000.	60.	400.
Le Navarre.	1000.	60.	400.
Le Lys.	1000.	60.	400.
Le S. Louis.	1000.	60.	400.
Le Normand.	1000.	60.	400.

Noms des Vaisseaux.	Tonneaux.	Canons.	Hommes.
Le Diamant.	1000.	60.	400.
Le Courtisan.	1000.	60.	400.
Le Breton.	900.	60.	400.
La Charante.	900.	60.	400.
Le Brave.	900.	60.	400.
Le Fort.	850.	60.	400.
Le Chalain.	850.	54.	350.
Le Pleuron.	850.	54.	350.
Le Cesar.	850.	54.	350.
Le Tridant.	800.	54.	350.
Le Vvalon.	800.	54.	350.
La Thereze.	800.	50.	300.
Le Dauphin.	800.	50.	300.
Le Toulon.	800.	50.	300.
Le Provençal.	800.	50.	300.
Le Dunkerquois.	700.	50.	300.
Le Flamand.	700.	50.	300.
Le Mazarin.	750.	50.	300.
Le Triomphe.	700.	50.	300.
Le Galant.	700.	48.	280.
L'Hercule.	700.	46.	270.
L'Anna.	650.	40.	200.
Le Jule.	609.	40.	250.
Le S. Charles.	600.	40.	250.
Le Tigre.	600.	40.	240.
Le Bayonnois.	550.	40.	250.
La Ville de Rouen.	500.	40.	230.
L'Infante.	500.	40.	230.
La Serenne.	500.	40.	230.
Le Cheval Marin.	450.	40.	230.
Le Soleil.	450.	40.	230.
Le Mercure.	450.	40.	230.
Le Beaufort.	450.	40.	200.
La Françoise.	450.	40.	200.
Le Dragon.	400.	40.	200.

Noms des Vaisseaux.	Tonneaux.	Canons.	Hommes.
L'Hermitte.	400.	40.	200.
L'Hyrondelle.	350.	40.	200.
L'Ecureuil.	350.	35.	200.
Le Soleil d'Afrique.	350.	36.	200.
L'Estoille.	300.	36.	200.
La Perle.	350.	36.	200.
Le Croissant.	350.	36.	200.
La Nostre Dame.	350.	36.	200.
Le S. Joseph.	350.	30.	200.
Le Lion d'Or.	300.	30.	170.
Le S. Sebastien.	300.	30.	170.
Le Lion Rouge.	300.	30.	170.
Le Sauveur.	300.	40.	230.
Le Palmier.	350	30.	230.
La N. D. des Anges.	166.	24.	150.
La petite Infante.	150.	30.	120.
L'Elbœuf.	400.	20.	150.
Le S. Augustin.	200.	24.	120.
Le Duc.	250.	30.	200.
La Vierge.	250.	30.	200.
La Sainte Anne.	150.	20.	120.
La Diligence.	120.	16.	100.
La Justice.	120.	16.	100.
La Concorde.	100.	12.	80.
Le Pays-Bas.	100.	12.	70.
Les trois Roix.	100.	12.	70.
Le Tigre.	150.	16.	80.
Le Fenix.	120.	12.	70.

92 Vaisseaux, 4094 Pieces de Canon, 31610 hommes d'équipage. C'est là l'estat des Vaisseaux de Sa Majesté en 1671. sans comprendre 25 Brulots, 6 Flûtes, 2 Fregates, 2. Hospitaux, 6 Pataches d'avis, les Tartanes, Sabarets & Canaux: en tout cela, non compris les Navires des Compagnies Orientales & Occidentales, desquels le Roy est aussi le Chef. Pareillement les Navires de S. Malo, Havre de Grace, Dieppe, Roüen, Calais, Dunkerque, du costé du Norr, de la Manche & autres lieux.

VAISSEAUX

LIVRE PREMIER

VAISSEAUX BASTIS DEPUIS L'ANNÉE 1671 du second Rang.

CHAPITRE XXI.

Vaisseaux.	Capitaines.	Canons.	Officiers.	Matelots.	Soldats.	Lieu de Construction.
Le Terrible.	Mr. des Ardans.	70.	66.	234.	150.	Brest.
L'orgueilleux.	Mr. de Grancey.	70.	66.	234.	150.	Rochefort.
Le Pompeux.	Le Chevallier Biou.	70.	66.	234.	150.	Toulon.
Le Grand.	Mr. de Fourbin.	70.	66.	234.	150.	Rochefort.
Le S. Esprit.	Mr. d'Almeras.	70.	60.	226.	134.	Toulon.
L'illustre.	Mr. de Beaulieu.	70.	60.	226.	134.	Rochefort.
L'éclatant.	Mr. de Chasteau neuf.	70.	60.	226.	134.	Toulon.
Le Tonnant.	Mr. de Preuilly.	70.	60.	226.	134.	Brest.
Le Glorieux.	Mr. de Valbelle.	64.	60.	226.	134.	Brest.
Le sans Pareil.	Mr. de Tourville.	64.	60.	226.	134.	Rochefort.

Vaisseaux du troisième Rang.

Vaisseaux.	Capitaines.	Canons.	Officiers.	Matelots.	Soldats.	Lieu de Construction.
La Fortune.	Le Comte de Blenac.	60.	55.	200.	155.	Rochefort.
L'Excellent.	Mr. du Magnon.	60.	55.	200.	155.	Rochefort.
Le Fier.	Mr. le Chev. d'Ailly.	60.	55.	200.	155.	Rochefort.
L'Aimable.	Le Chev. de Sebouille.	54.	50.	173.	107.	Rochefort.
Le Temeraire.	Mr. de S. Aubin.	52.	50.	168.	107.	Brest.
Le Vaillant.	Mr. le Chev. de Nesmond.	52.	50.	168.	107.	Brest.
Le Prudent.		52.	50.	168.	107.	Toulon.
L'Aquilon.	Mr. Louis Gabaret.	50.	46.	154.	100.	Rochefort.
Le Sage.	Mr. la Barre.	50.	46.	154.	100.	Rochefort.
Le Bon.	Mr. de Cou.	50.	46.	154.	100.	Brest.
L'Apollon.	Mr. de Langeron.	50.	46.	154.	100.	Rochefort.
Le Maure.	Mr. d'Anfreville.	50.	46.	154.	100.	Rochefort.
Le Duc.	Le Chev. de Flacourt.	50.	46.	154.	100.	Havre.
L'Oriflame.	Le Chev. de Bethune.	50.	46.	154.	100.	Brest.
Le Brusque.	Mr. de Gravier.	48.	40.	126.	84.	Toulon.
L'Orage.	Mr. Estienne Iean.	45.	37.	100.	66.	

Vaisseaux du quatriéme Rang.

Vaisseaux.	Capitaines.	Canons.	Officiers.	Matelots.	Soldats.	Lieu de Construction.
Le Brillant.	Le Chev. de la Vrillere.	40.		116.	84.	Brest.
L'Alcion.	Mr. Bleor.	34.		100.	66.	Havre.
Les Ieux.	Mr. d'Ambleymont.	34.		100.	66.	Brest.
L'Escueil.	Mr. Bodard.	34.		100.	66.	
Le Marquis.	Mr. de Parson.	40.		126.	84.	Brest.

Vaisseaux du cinquiéme Rang.

Vaisseaux.	Capitaines.	Canons.	Officiers.	Matelots.	Soldats.	Lieu de Construction.
Le Tourbillon.	Mr. de Machaud.					
Le Laurier.	Mr. Desuan.	25.		75.	50.	Brest.

Vaisseaux.	Capitaines.	Canons.	Officiers.	Matelots.	Sold.	Lieu de cés.
Le Hardi.	M. de la Roque Fontier.	20	30.	50.		Havre.
Le Gallant.	Le Chevalier de Beaujeu.	40	126.	84.		Havre.
L'Heureux.	M. de la Bretesche.					

Fregates legeres.

La lutine.	M. de Rochefort.	12.	10.	24.	16.	Havre.
La subtile.	M. de Camp-martin.	12.	10.	24.	16.	Havre.
La gaillarde.	M. de Lezenié.	12.	10.	24.	16.	Havre.
Le croissant.	M. de Cucret.					Toulõ.
La maligne.	M. de Bremand.	10.	10.	24.	16.	Brest.
La friponne.	M. de Gros-bois.	10.	10.	24.	16.	Havre.
La bouffonne.	M. Des-roches.	10.	12.	30.	18.	

Bruslots.

Le hazardeux.	M. Cerpeau.	24.	7.		28.	Havre.
L'entendu.	M. Cerpeau.	24.	7.		28.	Havre.
Le serpent.	M. Videau.	24.	7.		28.	Rochefort.
Le caché.	M. des Grois.	24.	7.		28.	Rochefort.
Le voile.	M. de Chabusseau.	24.	7.		28.	Rochefort.
Le fanfaron.	M. du Ruvaux.	24.	6.		24.	Rochefort.
L'inconneu.	M. de Rocushon.	24.	6.		24.	Rochefort.
Le déguisé.	M. Oze Thomas.	24.	6.		24.	Brest.
Le perilleux.	M. Chabosseau.	24.	6.		24.	Brest.
Le trompeur.	M. Michel.	10.	6.		24.	Havre.
L'ardent.	M. Toreau.	10.	5.		20.	Toulon.

Flustes.

Le coche.	M. des Bougestion.	12.	6.		4.	Rochefort.
Le bienchargé	M. la Viluine.	12.	6.		24.	Rochefort.
Le bien arrivé	M. Guillet.	12.	6.		24.	Rochefort.
Le Tardif.	M. KerKelinThomas.	18.	6.		24.	Brest.
Le cheval.	M. Kerusual Pregan.	10.	6.		24.	

Barques longues.

La hardie.	M. du Fay.	6.	5.		20.	
L'entreprenãte	M. La Preille.	6.	5.		20.	
L'asseurée.	M. Viviaux.	6.	5.		20.	
La droite.	M. Noucy.					
La fidelle.	M. d'Armanville.	4.	4.		6.	
La ferme.	M. de Beauregard.	4.	4.		16.	
La Pomponne.	M. Beaumanoir.	4.	4.		16.	
La fine.	M. Levi.	4.	4.		16.	
L'inconnuë.	M. Chideracq.	4.	4.		16.	

EXPLICATION
DES TERMES SERVANS
à la description d'une Galere, & à son équipage.

LIVRE SECOND.

POSTIS sont des longues pieces de bois de 8 pouces en quarré tant soit peu abaissez, & portant toutes les rames par une grosse corde.

Arbre de maistre, est le grand mast.

L'*Argousin*, c'est à dire Prevost ou Chef des Archers, qui a soin d'enchainer ou déchainer les Forçats.

Arceaux ou *guerites*, sont pieces de bois qui se vont inserer dans la flèche qui est comme la clef de la voute de la poupe, laquelle s'avançant un peu plus au dehors que les *Bandins*, porte au dessus une figure en relief qui regarde vers la Proüe, comme d'un Lion, d'un Aigle, d'un Tigre, ou d'un autre animal, qui reçoit à l'extremité les Armes du Roy.

Bacalas, sont pieces de bois d'environ 4 pieds & demi de longueur, qui se cloüent sur la couverture de la Poupe, continuées jusques aux coudelates.

Banc, est le lieu où sont placez les Forçats quand ils rament.

Batayolles, sont pieces de bois ou gros bâtons carrez d'environ quatre pouces, & de hauteur trois pieds, qui sont attachez perpendiculairement par le dedans aux Bacalas.

Bandins, sont les lieux où l'on s'appuye estant debout dans la Poupe, qui sortent outre la longueur du corps, d'environ une toise; pour soutenir avec les grandes consoles (qui

P

sont ordinairement formées en Hercules, Amazones, Turcs ou autres figures) en espece de banc, fermé par dehors de petits balustres, qu'ils nomment jalousie de Mezze poupe; & d'une piece figurée à jour, qu'ils nomment Couronnement.

Bandieres, sont des paremens de damas, taffetas, ou boucassin, qui se mettent au dessus des mats, dans lesquelles sont les armes des Souverains.

Le Barbot, est celuy qui fait le poil aux Forçats.

Le Barillar, est celuy qui a soin des barrils où se met l'eau des Forçats, des boutes ou poinçons où se met le vin.

Bastardes ou *bastardelles*, sont les Galeres qui ont l'extremité de la poupe platte, élargie, ainsi dites, pour les distinguer des subtiles, qui ont l'extremité de la poupe aiguë.

Bastarde est la plus grande voile de toutes, qui sert pour recueillir le plus de vent quand l'on en manque.

La Bischerie est une espace qui est appuyée sur les ponteaux, qui sont comme les appuis ou sous-poutres assis sur la carene ou contre-carene.

Biton, est une piece de bois ronde & haute de 2 pieds & demi, par ou la Galere s'attache en terre.

Brides du timon, sont deux cordes attachées à une poulie.

Bourde, est une voile qu'on met dans un temps mediocre.

Cables ou *gumenes*, sont les plus gros cordages, & qui servent à arrester les Galeres.

Cabres, sont des gros bastons ronds, qui se joignent par le haut, posez aux extremitez du costé, joignant les apostis.

Calfat, est celuy qui ferme les ouvertures avec la poix & l'étoupe.

Canon de coursier, est celuy qui porte des bales de 33 à 34 livres, poids de Roy.

Cantanettes, sont deux petites ouvertures rondes, entre lesquelles est le gouvernail.

Capion à Capion, est la distance de l'extremité de la Pou-

LIVRE SECOND. 117

pe à celle de la Proüe, (comme celle aux Navires de l'Eſtrave à l'Eſtambot) qu'on nomme Capion de Poupe & Capion de Proüe.

Carene, eſt une piece de bois qui ſert de fondement à la
Galere, de meſme que la quile aux Vaiſſeaux, & qui eſt la
premiere piece de la conſtruction de la Galere.

La Carnau, eſt l'angle que fait la voile vers la proüe.

Chiurme, eſt la compagnie des Forçats, qui eſt de 5 à chaque banc, la Galere eſtant d'ordinaire de 25 bancs.

Comite, eſt celuy qui fait voguer les Forçats, qui l'appellent communément noſtre homme.

La Compagne, eſt la chambre du Major-dome.

Conille, eſt le coſté de la Galere, entre l'épale & les deux
rambades au deſſous.

Contre-carenne, eſt une piece de bois oppoſée au deſſus à
la carenne.

Contaut, eſt ce qui eſt au deſſus de l'enceinte, qui s'appelle cordon, qui eſt épais de trois pouces outre la foureure, & de la hauteur de treize ou quatorze pouces, & qui
va en diminuant du milieu aux extremitez de la proüe &
de la poupe.

Cordon, eſt la hauteur de l'enceinte qui embraſſe tout le
corps de la Galere, il eſt d'environ trois pouces.

Coudelates, ſont des pieces de bois qui s'appetiſſent approchant du milieu, & reçoivent une longue piece de bois
de 4 pouces en quarré appellée tapiere.

Courban, eſt un mot general ſous lequel eſt entendu tout
ce qui peut dire proprement coſtes.

Courbatons, ſont pieces de bois attachées ſur la foureure,
qui ſervent de contre-forts.

Courſier, eſt comme la rüe de la Galere, ſur lequel on va
d'un bout à l'autre, large d'environ un pied & demi.

Dragan, eſt ce qui fait l'extremité de la poupe, & qui
porte la deviſe des Galeres.

L'eſcandola, eſt la chambre où loge l'Argouſin.

L'eſcaſſe, eſt une groſſe piece de bois poſée ſur la contre-carene, vers le 17 banc.

P ij

Espalle, eſt l'eſpace qui eſt depuis l'échelle juſques au premier banc.

Eſcarpines, ſont des pieces d'artillerie comme des arquebuſes à croc, dans leſquelles on met des balles ramées pour couper les voiles & cordages.

L'Eſcriuain eſt celuy qui tient compte de tout ce qui appartient à la Galere, & de tout ce qui entre & qui ſort.

Eſcome, eſt une groſſe cheville de bois où s'attache une groſſe corde appellée *aſtroq*.

Eſcot, eſt l'angle le plus bas de la voile appellée *Latine*, & qui eſt en triangle.

Eſtemenaires, ſont deux pieces de bois ajuſtées aux extremitez des madiers.

L'Etendart ſe met ſur l'eſpaſſe du coſté droit, joignant la poupe, & ne ſe porte que ſur la Reale.

Fillarets, ſont des gros bâtons carrez d'environ 4 pouces, & poſez au travers des Batayoles.

Fourcats, ſont pieces de bois fourcheuës qui ſe mettent vers la poupe & la proüe.

Foureure, eſt la couverture des grands ais au dedans du corps de la Galere.

Le Gauon eſt un petit cabinet du coſté de poupe, qui tire ſa lumiere de deux petites ouvertures rondes qui s'appellent *Cantannettes*.

Le gourdin eſt un bâton plat de deux doigts de large, ſervant pour châtier les Forçats.

Ioug de poupe & *joug de proüe*, ſont les deux extremitez de la Galere, ſeparée du col de la proüe & du col de la poupe.

Intrade de proüe & *l'aiſſade de poupe*, ſont les endroits où elle commence à s'étrecir où ſont les deux derniers madiers radiers qui joignent ce qui s'appelle en general, Quartiers ou anches de la Galere.

Madiers, ſont des pieces de bois cloüées ſur la carene en égale diſtance.

Major-dome, eſt celuy qui a charge des vivres.

Maiſtre d'hache, eſt celuy qui radoube le corps de la Galere.

Marabout, est un voile qu'on met quand il y a tempeste.

Massane ou *Voltiglole*, est le cordon de la poupe qui separe le corps de la Galere avec ce qui s'appelle l'aissade de poupe.

Matafions, sont des petits cordages comme des éguillettes, qui servent pour attacher les moindres pieces.

Mettre la Galere en estiue, est la balancer de sorte qu'elle aille plus viste qu'il se peut.

Mettre à la cape, est n'avancer ny reculer.

Miege ou *Mezance*, est la chambre où se met le Comite.

Moyennes, sont pieces d'artillerie qui portent 5 à 6 livres de bale.

Mourgon, est celuy qui plonge dans la mer pour y chercher ce qui tombe des Galeres.

Mousse d'Argousin, c'est celuy qui sert l'Argousin.

Oeuure viue, est le corps de la Galere.

Oeuure morte, est ce qui s'éleve par dessus le corps de la Galere, comme la proüe & la poupe.

Paillo, est la chambre où se met l'Escrivain, avec le pain biscuit.

Palamante, est un mot general qui s'entend des rames, qui ont de longueur 54 pans ou bien 40 pieds six pouces, accompagnées chacune de deux galvernes qui se posent sur l'aposti : pour les manier, & d'une manivele avec le giron au bout.

Pedagne, est le lieu sur lequel en vogant, demeure toûjours le pied des Forçats qui est enchaisné.

Penne est l'angle le plus haut que forme la voile Latsne formée en triangle.

Perriers, sont pieces d'artillerie qui ont plus d'emboucheure, & se chargent de bales de pierre pour tirer de pres & fracasser tout.

Pescher dauantage, c'est à dire enfoncer.

Quaires, sont des voiles qui servent pour aller doucement.

Rambades, sont deux commandemens également hauts

d'environ 4 pieds & demi, divisez par le coursié, sur chacun desquels se peuvent placer 14 ou 15 hommes pour combattre.

Remoulat, est celuy qui a charge des rames pour les tenir en estat.

Reuiver, est mettre la proüe où estoit la poupe.

Rissons, sont differens des anchres, en ce qu'ils ont quatre branches de fer.

Rode de proüe & *Rode de poupe*, c'est la mesme chose comme aux Navires l'estrave & l'estambot.

Rombaillerie, est la couverture des planches qui couvrent le dehors du corps de la Galere, & qui sont attachées avec des grands cloux de fer à travers des madiers & estemenaires.

La Saure est composée de petits caillous ou gros gravier qui sert à faire enfoncer la Galere, & l'empescher à se rendre jalouse ; c'est à dire qui ne branlent trop d'un costé ny d'autre, & ne courent fortune de se renverser.

Senglons, sont des pieces de bois comme de fausses costes qui se mettent à l'intrade de proüe, & l'aissade de poupe, d'un costé & d'autre, de mesme force & distance.

Sottofrins, sont pieces de bois qui croisent les courbatons, & ne servent qu'à les lier & les affermir.

Sous-Argousin, est l'aide de l'Argousin.

Sous-Comite, est celuy qui fait aller le quartier de proüe qui est entre l'arbre de Maistre & le trinquet.

Tabernacle, est un lieu d'environ 4 pieds & demi de long, & élevé d'un degré au dessus du reste, qui est la place d'où le Capitaine fait le commandement.

Tabourin, autrement dit couverte de l'isocelle de proüe, est le lieu dessus lequel on charge l'artillerie, & se jettent en mer les anchres ou rissons. A la pointe de ce tabourin est l'esperon qui s'avance hors le corps de la Galere, soutenu à costé par deux pieces de bois qui s'appellent cuisses.

Taillemar, est une piece de bois à l'extremité de la proüe, au dessous, joignant l'esperon ; il est appellé Taillemar à cause qu'il fend la mer.

Talon de Rode, est le pied de la Rode de proüe ou de poupe qui s'enchasse à la carene.

Tallar, est l'espace qui est depuis le coursier jusques à l'apostil, où se mettent les escaumes, & sur l'apostil se portent les rames.

Tente de cottonine, elle prend son nom de la matiere qu'elle est composée, laquelle est faite de cotton, elle sert pour éviter l'ardeur du Soleil ou du serein.

Tente d'herbage, elle est faite d'un gros drap couleur de bure, pour deffendre de la pluye, du froid, ou autres injures de l'air.

Tomber la Galere, c'est à dire quand la Galere ne va point droit, & qu'elle panche d'un costé à cause de sa vieillesse.

Trinquenin, est le bordage exterieur le plus élevé du corps de la Galere.

Trinquet, est le second mast de la Galere.

Trousser, c'est à dire se courber en dedans & s'esrener.

DESCRIPTION DE LA CONSTRVCTION d'une Galere.

LEs mesures dont on se sert en Provence pour la fabrique des Galeres s'appellent goües, chacune estant composée de trois pans ou de trois palmes, & chaque pan revient à neuf pouces, de maniere que la cane de Provence estant de 8 pans, elle vaudra 6 pieds de Roy, ou une toise.

La longueur de la Galere est d'ordinaire de 58 goües, ou environ 22 toises, sçavoir d'un capion à l'autre, ce qu'on dit aux Navires de l'estrave à l'estambot; sa largeur au milieu est environ trois toises, & sa hauteur au mesme endroit une toise.

Venant à la pratique on trace une ligne droite en blanc & à volonté, sur laquelle on trace la quille, qui est ordinairement composée de trois pieces de bois qu'on joint ensemble, & a 102 pieds ou bien 45 goües un pan; elle est proprement appellée la *Carene*, laquelle se courbe insensiblement & proportionnellement environ quinze pouces, jusques à ſés extremitez, de crainte que la peſanteur de la poupe & de la proüe, ou bien la vieilleſſe, ne faſſent tomber la Galere, c'eſt à dire *trouſſer* ou *esrener*; car au bout de quelque temps elle ſe remet en ligne droite.

Conſtruction de la Rode de Proüe.

VIs-à-vis & au deſſous d'une des extremitez de la Carene, l'on prolonge la ligne de terre qui eſt ordinairement de 15 pieds, qui valent 20 pans ou 6 goüës deux tiers: à l'extremité de cette ligne ſe doit élever une perpendiculaire de ſept pieds & demi ou de dix pans, comme il ſe void à la figure cy-apres, aux points A, B, & ces deux lignes donnent l'élancement ou queſte de la Rode de proüe, qui eſt enſuite formée en ouvrant le compas de 10 goüës, & en décrivant de cette intervalle deux petits arcs de cercle, du ſommet de cette perpendiculaire & du bout de la Carene, car l'interſection de ces deux cercles donne le centre pour d'écrire la Rode de proüe, comme il ſe void au point marqué O, & luy donnerez la meſme largeur & épaiſſeur de la carene.

Conſtruction de la Rode de Poupe.

IL faut prolonger la ligne de terre vers l'autre bout de la Carene, en ſorte qu'elle ait 13 pieds 6 pouces ou 18 pans, qui eſt la 9 partie & une ſixième de toute la longueur du corps; à l'extremité de cette ligne élevez une ligne perpendiculaire, qui aura auſſi de hauteur 18 pans: enſuite ouvrez voſtre compas de l'intervalle de 9 goüës, en mettant le pied fixe du compas, tant au ſommet de cette perpendiculaire, qu'au bout de l'extremité de la Carene, d'où vous décrirez deux petits arcs de cercle dont leur interſection donnera le centre pour former la Rode de poupe, comme il ſe void en la figure ſuivante, laquelle aura meſme largeur & épaiſſeur que la Carene & ces deux Rodes de proüe & de poupe eſtant jointes à la Carene, donneront toute la longueur

gueur du corps de la Galere, qui sera de 58 goües, ou 131 pieds.

Cela estant fait, le Maistre de hache commence à la construction des costes qu'il appelle *Courban*, elles sont composées chacune de trois pieces de bois, dont l'une s'appelle *Madier*, qui est cloüée par le milieu, sur laquelle & à chacun de ses bouts, se joint un estamenaire. De chaque costé il y a 88 madiers & 176 estamenaires, épais environ 3 pouces en quarré, & sont posez en égale distance les uns des autres. Les deux derniers madiers se nomment *Radiers*, & sont les plus petits de tous, joignans ce qui s'appelle en general *Quartiers* ou *Anches* de la Galere; & en particulier *Intrade* de proüe & *l'Aissade* de poupe, qui sont les endroits où elle commence à s'étrecir.

Apres que les madiers & estamenaires sont posez, on met un filaret tout à l'entour de la Galere pour soûtenir les membres, de la longueur de 133 pieds de chaque costé, & de trois pouces d'épaisseur en quarré.

En suite on pose 10 sanglons de 6 pieds de longueur, & de trois pouces en quarré à la poupe, joignant les madiers, & autant à la proüe, avec vingt pieces d'emple de onze pieds de long & de trois pouces en quarré, qui sont comme de fausses costes, & s'étrecissent & haussent à proportion qu'ils approchent des extremitez; & c'est là où les Maîtres appliquent toute leur industrie pour luy donner la grace, ce qu'on appelle donner un beau galbe à tout le corps; & qui le sçait donner aux Navires qu'on appelle Vaisseaux ronds ou quarrez, comme nous avons enseigné, il le sçaura donner à la Galere.

Apres l'on met la contrequille, qui est d'ordinaire de quatre pieces de chesne de 30 pieds de long & de 6 pouces en quarré.

Au milieu de la Galere & à costé de la contrequille l'on met les casses, qui sont deux pieces de chesne de 25 pieds de long, 7 pouces de large, & 4 d'épaisseur, qui servent à soûtenir l'arbre de maistre; & entre les deux pieces, on y met une autre de mesme bois qui conduit à mettre le mast

Q

entre les carcasses ; elle est de onze pieds de long, 18 pouces de large, & 11 pouces d'épaisseur. Ensuite est le contresqou que l'on adente sur les madiers, composé de 8 pieces de 25 pieds chacune, 7 pouces de large & 4 pouces d'épaisseur. Voila la Galere en forme de squelette.

A present il la faut couvrir de grands ais tant au dehors que dedans ; La couverture de dehors s'apelle *Romballiere*, & celle de dedans *Fourrure* : pour la romballiere elle commence depuis la quille jusques où elle s'enfonce dans la mer par le milieu, lors qu'elle est chargée : la hauteur de cette enceinte s'apelle cordon, qui est de trois pouces : la fourrure & le dedans de la Galere est des tables de sapin de 30 pieds de long & 12 pouces de large, & trois d'épaisseur. Il en faut pour tout le dedans de la Galere 40 pieces, en mesme longueur, largeur & épaisseur, qui sont toutes adentées dans les membres, & clouées aux madiers & estamenaires, lesquelles descendent depuis le haut jusques aux deux écoües qui forment une ovale au fonds où se met le savre, composé de gros gravier ou de petits cailloux, qui sert (comme nous avons dit) pour faire enfoncer la Galere, & empescher de se rendre jalouse ; C'est à dire qu'elle ne penche ny d'un costé ny d'autre ; mais qu'elle reste en équilibre.

L'on met apres cette fourrure 4 pieces de sapin de chaque costé & tout le long de la Galere, que l'on appelle contreponteaux, de 30 pieds de long, 12 pouces de large, & 13 pouces d'épaisseur chacune, qui servent à soûtenir les lattes : apres qu'on a posé ses lattes au nombre de 60, sçavoir 30 de 18 pieds de long, de 10 pouces de large & 3 d'épaisseur, & 10 autres de 10 pieds de long, & mesme épaisseur que les autres. En suite on met 2 bittes de 9 pied de long, de 15 pouces en quarré, qui servent à soûtenir le chasteau de Proüe & le Trinquet : ces 2 bittes estant posées, l'on met dessus une piece de bois de 6 pieds de long & de 10 pouces de large. Cette piece est appellée *Chapean*.

Cela fait, l'on met le bordage tout le long de la Galere sur la couverte. Il faut 20 bordages de 30 pieds de long, de 10 pouces de large, & de trois pouces d'épaisseur, adantez

LIVRE SECOND.

sur les lattes : Apres on pose le rais de coursier, dont il faut 10 pieces, qui sont de 35 pieds de longueur, 16 pouces de large & 6 d'épaisseur.

Les rais du coursier estant mis, on travaille au dehors de la Galere, & à mettre les cordons qui s'attachent contre les membres de la Galere, il en faut cinq de chaque costé de 30 pieds de longueur, cinq pouces de large, & 4 pouces d'épaisseur.

Apres on adente contre les membres trois bordages de chaque costé, qui sont de 30 pieds de longueur, dix pouces de large, & 3 pouces d'épaisseur.

En suite l'on pose 6 pomeaux de chaque costé sur les cordons, que l'on attache aussi contre les membres ; il faut qu'ils soient de 30 pieds de longueur, 16 pouces de large, & 3 pouces d'épaisseur.

Apres on attache les Trinquenins, qui sont six pieces de chaque costé ; il faut qu'ils soient dehors la couverture trois pouces, & qui forment le petit cordon tout le long des ponteaux ; il faut que les Trinquenins soient de trente pieds de longueur, de quinze pouces de large, & de trois d'épaisseur.

Apres l'on bouche la couverte d'un bordage de 2 pouces d'épaisseur, de toutes sortes de longueurs, attendu qu'il les faut rogner ; il en faut bien 50 de bois de pin.

La couverte faite, on travaille au plan de la Galere, pour la bouche de bordage de chesne de 2 pouces d'épaisseur, de 10 de large, & de toute sorte de longueur, il en faut 60 pieces.

Cela fait, on travaille au subrecoursier, dont il faut dix pieces de bois de sapin de 40 pieces de long de 10 pouces de large & 4 d'épaisseur.

En suite l'on attache sur la couverte 30 costes de lattes pour soûtenir la tapiere ; il en faut 65 pieces de longueur, & de 3 pouces en quarré.

La Tapiere est composée de 4 pieces de 30 pieds de longueur de 4 pouces d'épaisseur & 6 de large chacune, que l'on attache au bout des cottez de lattes.

Q ij

Aprés on met ſur les deux cottez cinquante baccalas de chaque coſté de la Galere, qui ſont de 10 pieds de longueur, 3 pouces d'épaiſſeur, & de 2 de large au milieu.

Lors que les Baccalas ſont poſez, on met deux pieces de bois pour ſouſtenir la vogue, que l'on appelle *les jours* qui ſont de 25 pieds de long & 18 pouces de large, & 4 d'épaiſſeur.

Apres l'on attache le long de la Galere, une piece, que l'on nomme *Apoſtil*, adentée ſur les Baccalas, & qui ſoûtient la Palmente, elle eſt de 40 pieds de long, 8 pouces de large, & ſix d'épaiſſeur.

Enſuitte, on met encore deſſus les Baccalas une piece de ſapin, qui s'appelle *la Corde*, compoſée de 4 pieces, de 30 pieds de long chacune, & de ſix pouces en quarré, qui ſert à ſoûtenir les bancs, banquettes, pedagnes ou ſe ſoyent les Forçats.

Enſuitte l'on adente ſur leſdits Baccalas quatre Fillarets de chaque coſté de pluſieurs longueurs, & de trois pouces en quarré qui les tient en eſtat, & empeſche de ne point varier.

Quand tout cela eſt fait, on met encore ſur leſdits Baccalas un petit pied droit, pour ſouſtenir le courroir où couchent les ſoldats qui ſont tout au long de la Galere.

Aprés on poſe les bancs à leur place, c'eſt-à-dire, ſur les potences dreſſées ſur la couverte, qui ſout de ſept pieds & de ſix pouces en quarré.

Enſuitte, on poſe les Arbareſtriers qui s'attachent à la potence & aux courroirs, afin de tenir les bancs fermes, & empeſcher qu'ils ne branlent pas, les Arbaleſtriers ſont de quatre pieds, de 15 pouces de large, & deux d'épaiſſeur, il en faut 25 de chaque coſté.

Apres on met les Banquettes qui ſervent à mettre les pieds des Forçats lors qu'ils rament : elles ſont de ſept pieds de long, de 18 pouces de large, & de deux d'épaiſſeur : on y met encore des Pedaignes qui ſervent à meſme fin que les Banquettes, il en faut 25 de chaque coſté

Livre Second.

de sept pieds de long, de six pouces de large, & de trois d'épaisseur.

Tout le dedans de la Galere estant fait, on travaille au Chasteau de Prouë : le col de la Prouë prend quatre Gouës & un pan : le Chasteau de Prouë est composé de huit pontilles ou pieds droits, sur lesquels on met quatre traversiers pour soûtenir le Chasteau : les pontilles sont de cinq pieds de long & de quatre pouces en quarré, & les traversiers de neuf pieds de long, de cinq pouces de large, & de quatre d'épaisseur.

Dessus les traversiers on met six barreaux de chaque costé pour soûtenir les planches, ils sont de sept pieds de long & de trois pouces en quarré & les planches sont de dix pieds de long, de douzes pouces de large & un demy d'épaisseur : il en faut quatorze, qui servent de plancher au Chasteau.

Apres on pose sur le Chasteau six Batayolles avec leurs Fillarets, pour servir à soûtenir les mousquets des soldats lors qu'ils font leurs décharges : les Batayolles sont de quatre pieds de long & de trois d'épaisseur, & les Fillarets de neuf pieds de long, de quatre pouces de large, & deux d'épaisseur.

Ensuitte, on met dessus les Apostis trente Batayolles de fer qui servent à soûtenir les rames pendant le mauvais temps à la mer, qui ont quinze pouces de haut, & deux pouces d'épaisseur.

Avec celles de fer, on en met encore trente de bois, qui s'attachent ensemble avec un anneau, elles ont quatre pieds de hauteur, & un pouce d'épaisseur, elles servent à soûtenir les rames & le fillarets sur lequel les soldats posent leur mousquet lors qu'ils veulent tirer.

Le Fillaret est composé de quatre pieces aussi longues que l'on peut trouver : mais il faut qu'il soit du moins de trente pieds de long & de trois pouces en quarré.

On met aussi sur l'Apostil 25 Escammes de chaque costé d'un pied & demy de long, & d'un pouce & demy en quarré, qui fortifie les rames, & facilitent la vogue, sans quoy on ne pourroit pas ramer, les rames y eſtant attachées avec leurs Eſtrops.

Plus, l'on attache ſur l'Apoſtil ſix pieces de bois que l'on appelle *Taps de Pierriers*, qui ſervent à ſouſtenir les Pierriers. Ces Taps ſont de deux pieds de long, & ſix pouces en quarré.

Reſte maintenant la Poupe qui eſt la partie de celles de la Galere la plus eſlevée, & qui paroiſt le plus, tant à cauſe de divers ornements de ſculpture, que de peinture.

On commance à poſer les Moiſelas, qui ſont deux pieces attachées ſur le Draguan de la couverte, qui ſoûtient la Poupe.

Apres on poſe le Draguan qui a 14 pieds de longueur, dix pouces de largeur & ſix d'épaiſſeur, qui ſert à ſoûtenir les Moiſelas.

Sur les Moiſelas on met cinq pieds droits à chaque coſté, & trois pieds & demy de long, de neuf pouces de large, & quatre d'épaiſſeur.

Deſſus les pieds droits, on poſe les Bandins qui ont vingt pieds, & ſont adentez avec les pieds droits, & entre les Bandins & les pieds droits, l'on met ſix panneaux de chaque coſté qui ont environ trois pans de hauteur, diverſement figurez de fables ou d'hiſtoires, & la plûpart avec les autres pieces qui environnent la Poupe, peintes & dorées : ſur ces panneaux & les pieces qui les lient, ſe mettent leſdits Bandins qui ſortent outre la longueur du corps, d'environ huit pans ou une toiſe pour ſoûtenir, avec les grandes Conſoles qui ſont ordinairement formées en Hercules, en Amazones, & autres figures, avec une eſpece de banc fermé, par dehors de petits baluſtres qu'on nomme *Ialouzie de Mezze Poupe*, & une piece figurée à jour qu'on nomme *le Couronnement* : dans ce banc ſe mettent les timonniers, qui ſe ſervent avec la corde d'une piece de bois, ſur laquelle ils mettent les pieds, qui s'appelle *le Moulinet*.

Sur les Bandins on met encore 24 pieces de fer, de la

grosseur d'un pouce, lesquelles sont courbées, & sortent environ un pan pour eslargir la Poupe, & servent à soûtenir les bandinets.

Apres on pose les Tenailles, qui sont deux pieces de bois qui se mettent devant & derriere la Poupe, & ils se ferment, lesdites pieces ont 18 pieds de long, six de large, & six pouces d'épaisseur.

Ensuitte, on met par dessus les tenailles, une fleche de 21 pied de long, & de neuf pouces en quarré qui sert à soûtenir les armes du Roy qui paroissent par derriere la Poupe, & par dessus, les pretentions du nom que porte la Galere; Cette fleche est comme la clef de la voûte, laquelle s'avançant un peu plus que les bandins au dehors, porte au dessus une figure en relief qui regarde vers la prouë, comme un Aigle, un Lion, &c. Au dessus de la Poupe, pour la deffendre du Soleil & de la pluye, se met le Tendelet appuyé sur les Parteques & Pertequettes, le tout façonné & orné à l'égal des autres parties de la Poupe.

Dessus les tenailles & la fleche, l'on entrelasse vingt guerites pour faire le barreau de la Poupe avec quatre petits fillarets pour les soûtenir : les guerites sont de sept pieds de long & de deux pouces en quarré, & les fillarets de douze pieds de long, de trois pouces de large & un d'épaisseur.

Apres l'on met le timon ou gouvernail qui a 25 pieds de long, 27 pouces de large & quatre pouces d'épaisseur au bout duquel l'on engorge l'Orgeau, dont le bout va dans la Poupe, qui a sept pieds de long, dix pouces en quarré, au gros bout & au petit, quatre.

L'on pose ensuite l'Esperon qui se met à la Prouë, & sort au dehors onze pieds trois pouces, il a au gros bout neuf pouces, & au petit, sept pouces en quarré. Au dessous de l'Esperon on met le Taille-mer pour le soûtenir, qui est de vingt pieds de long, 18 pouces de large, & quatre d'épaisseur avec quatre cuisses de bois de sapin de dix pieds de long, neuf pouces au milieu & quatre d'épaiſſeur, leſquels tiennent toûjours l'Eſperon droit, & le fortifient.

On y adjouſte encore une piece de ſapin, que l'on nomme *la Serviole*, qui forme l'Eſperon & le tient en eſtat. Cette piece a 28 pieds de longueur, 18 pouces de large au milieu, & trois pouces d'épaiſſeur.

Sur les cours de la Galere & attenant l'eſperon, l'on y met deux Argoneaux qui ſervent à ſerper l'anchre, & à les jetter en mer, ayant ſept pieds & demy de long, & neuf pouces en quarré.

Quand à la diſtribution des Chambres, au devant des bites eſt la chambre pour les ſoldats malades : Enſuite il y a une ſeparation ou chambre où ſe mettent tous les cordages & agrets, où eſt auſſi logé le Sous-comite. Apres celle-cy eſt la chambre deſtinée à mettre les voiles & les tentes. Enſuite eſt la chambre du Comite, en laquelle il met le vin qu'il debite à l'équipage de la Galere.

Suit aprés la chambre de la poudre qui eſt à la deſcente du grand maſt, elle eſt au devant de la Galere, & ſous le canon du courſier ; Enſuite eſt la chambre du pain qu'on appelle le Paillot, & apres eſt la chambre nommée *la Campagne*, où ſe mettent les chairs, moluës, & autres proviſions de l'équipage.

Suit apres la chambre de l'Argouſin qu'on appelle Eſcandolat, & enſuite la chambre de l'Aumonier & des volontaires.

Finalement eſt la chambre du Capitaine, qui a deux ou trois feneſtres à chaque coſté, & vers l'extremité de la poupe il a encore un petit cabinet appellé *le Gavon*. La chambre ou le cabinet prennent environ 9 goües, qui valent 3 toiſes, 2 pieds, trois pouces. Au deſſus eſt la timontere pour loger 4 hommes qui gouvernent la Galere.

Dans le milieu des bancs ſe fait un fougon pour la cuiſine du Capitaine ou de l'équipage.

Voilà le corps de la Galere compriſe ſous le nom d'œuvre morte & d'œuvre vive, laquelle il faudra agréer & équiper de mats, antennes, cordages, poulies, & autres agres.

EXPLI-

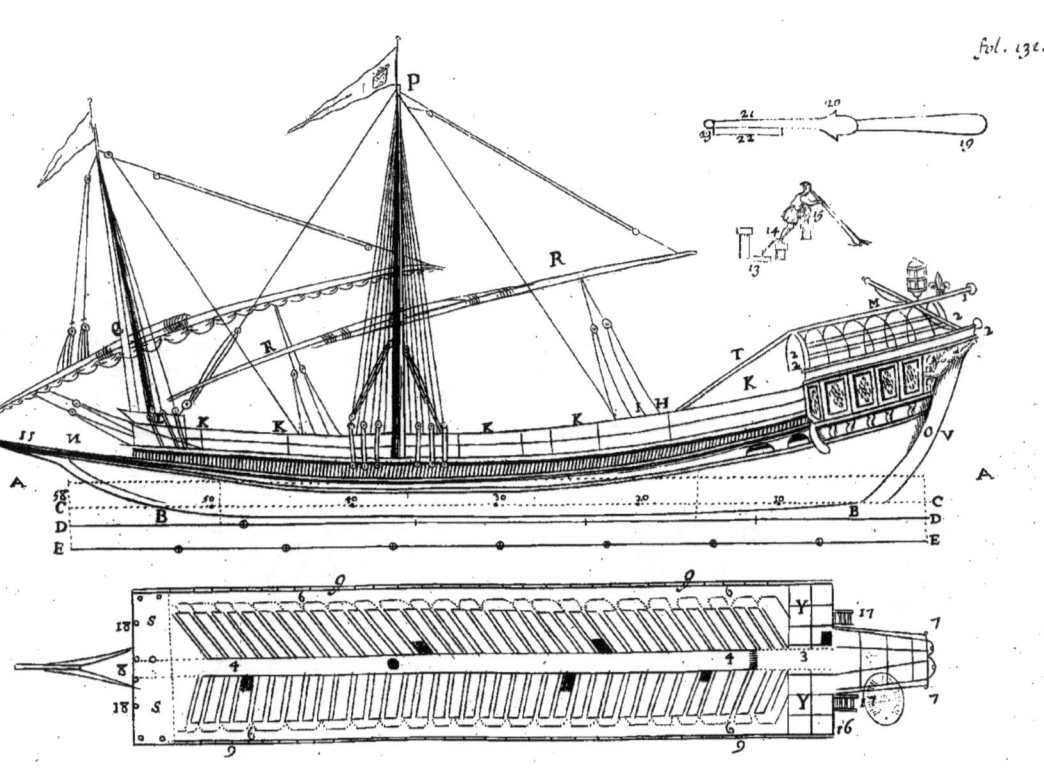

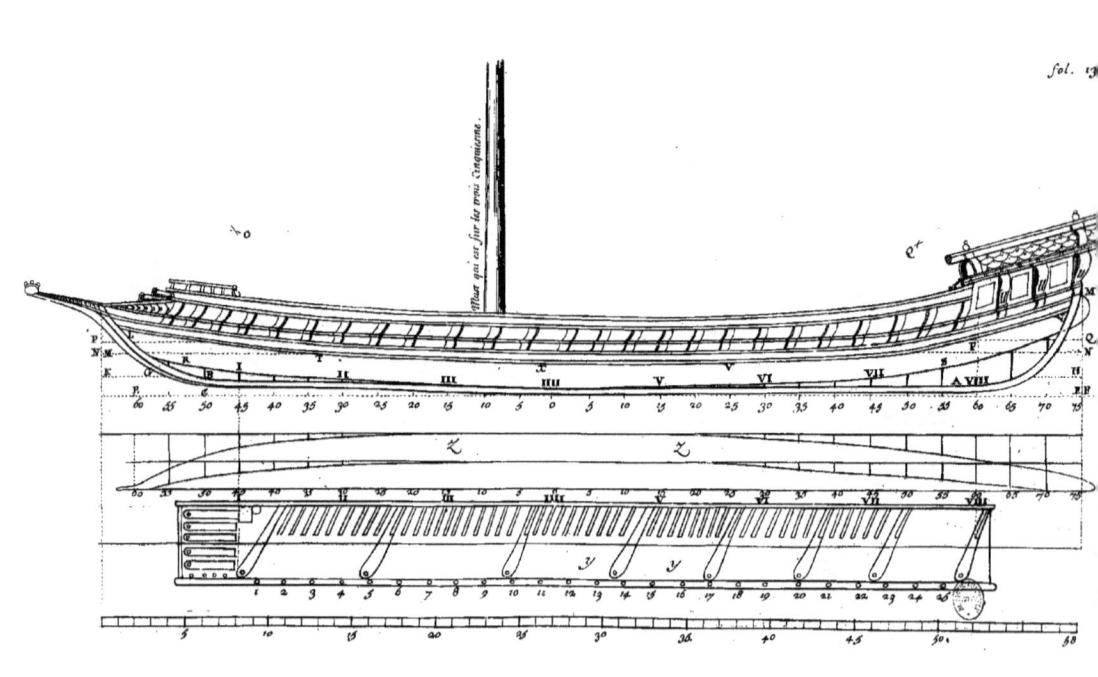

LIVRE SECOND.

EXPLICATION DE LA PREMIERE
Figure, pour la conſtruction de la Galere.

E F EST la ligne horizontale diviſée en 9 par-
ties égales, & chacune de ces neuf eſt
ſubdiviſée en trois parties égales.
A B Eſt la Quille, autrement dite la Carene.
B C Eſt l'éloignement de la Carene de ſa ligne horizonta-
le ſur laquelle elle ſe remet par ſucceſſion de temps.
L B Marquent la Rode de Proüe.
B K Marquent l'élancement de l'Eſtrave.
A V Eſt la Rode de Proüe.
F M La perpendiculaire de l'Eſtambot.
E A La queſte ou l'élancement de l'Eſtambot.
K H Eſt la ligne de conſtruction.
M N La ligne du tirant d'eau.
P P Le Pont.
R S Le liſteau qui regne le long de la Galere pour ſoute-
nir les coſtes, & marque le galbe qui ſe donne à la
Galere.
O Eſt le centre pour tracer la Proüe.
Q Eſt le centre pour tracer l'Eſtambot.
T V Eſt le Cordon.
Z Z Le plan de l'aculement.
Y Y Eſt le plan de la Galere.

EXPLICATION DE LA SECONDE GALERE
auec ſes dépendances.

A A Montre juſques où la Galere enfonce dans l'eau.
B B La Carene.
C C Eſt l'échelle de 58 goües.
D D Eſt une échelle diviſée en 5 parties égales, & à la
deuxiéme partie doit eſtre l'Arbre de Meſtre.

R

E E Montre la longueur du corps de la Galere, avec sa largeur, sçavoir une de ses parties.
H L'Aposti sur lequel se mettent les rames.
K K Marquent les Batayoles.
L L'vne de deux rambades.
M I La flêche.
N La Prouë.
O La Poupe.
P Le Calcet auquel sont les poulies pour baisser & hausser l'Antenne.
Q Le Trinquet.
R L'Antenne.
T L'Escontre qui appuye la flêche sur la Poupe.
V Le lieu où se place le Gouvernail.
2, 2 Les Bandins & Bandinets.
15 Est l'éperon, au dessus duquel est le Taille-mar.

Plan de la Galere.

Y Y L'Espalle.
3 Le Tabernacle.
4 Le Coursier.
S,S Le plan des rambades où se mettent les canons.
6, 6 Les arbalestrieres où se mettent les Soldats.
 Les bancs où se mettent les Forçats, sont entre les arbalestrieres & les Forçats.
99 Escomes, où s'attachent les rames avec l'astroc.
17,17 Sont les grilles qui monstrent les six poteaux ou Chambres de poupe.
19 & 21 Monstrent la rame.
19 La Pale.
20 La Galverne.
22 La Mantenante.
23 Le Giron.
13 La Banquette où le Forçat est enchaîné.
14 La Pedagne sur laquelle il appuye un pied.
15 Le Banc sur lequel il appuye l'autre pied.

CONSTRUCTION
DE LA CHALOUPPE.

PREMIEREMENT on pose la Quille sur des Tins, qui sont des morceaux de bois pour l'élever de terre, puis l'on cloüe un estrave au bout de la quille, qui a environ 6 pouces en quarré ; à l'autre extremité de laquelle on enchasse l'estambot, qui a aussi six pouces en quarré, d'épaisseur & de largeur, lequel panche un peu en dehors, & est posé droit & elevé de la hauteur de la Chalouppe : A ces deux pieces l'on fait des feüillures d'un pouce de profondeur autour de la Chaloupe.

Ensuite on met les varangues qui ont trois pouces en quarré & trois pieds & demi de longueur, qui relevent un peu à leurs extremitez, & vont en diminuant depuis le milieu de la Chalouppe jusques aux extremitez ; Au dessous de ces varangues l'on cloüe deux bordages d'un bout de la quille à l'autre de chaque costé : à ces varangues l'on cloüe les membres qui sont de la mesme grosseur des varangues, qui sont courbes en bas, & montent tout droit selon la hauteur que l'on veut donner à la Chalouppe.

A l'Estrave & à l'Estambot on fait des feüilleures d'un pouce de profondeur de deux costez en dedans pour cloüer le bordage que l'on met autour de la Chalouppe : Il faut qu'en posant les bordages, les bouts des planches ne finissent dans le milieu l'un contre l'autre ; mais qu'ils passent d'un pied & demi ou deux les uns sur les autres, afin de rendre la liaison plus forte.

On scie apres une planche en bastons, qui ont environ 4 ou 5 pouces de large, l'on met une lisse faite de ces morceaux de planche sciée tout autour de la Chalouppe, laquelle est cloüée en dedans à un pied & demi ou environ du bord, afin de renfoncer la Chalouppe & tenir les membres en eftat, & à fupporter les beaux qui ont demi pied de large & un pouce d'épaiffeur; les beaux font proprement les bancs fur lefquels s'affient les rameurs, il y en a fix comme cela d'un bout de Chalouppe à l'autre ; fçavoir trois en avant & trois en arriere, environ deux pieds les uns des autres, & entre-deux on laiffe un efpace de 5 pieds ou environ, qui eft le milieu.

Ces beaux font pofez fur cette liffe, traverfant la Chalouppe d'un cofté à l'autre : à l'extremité des bouts de ces beaux l'on met un court-bâton, qui eft un morceau de bois fait en équerre tout d'une piece, dont un bout eft cloüé fur les beaux, & l'autre cofté fur le bord de la Chalouppe : ces beaux tiennent la Chalouppe en eftat, & empefchent qu'elle ne fe puiffe élargir.

Enfuite on met un carreau autour de la Chalouppe, qui eft un morceau de bois de deux pouces ou deux pouces & demi en quarré par deffus le dernier bordage d'en-haut, & que l'on cloüe au bout des membres, qui paffe un peu au deffus du bordage, aprés quoy l'on fcie les membres au niveau du quarreau.

Enfuite on la galfatte en mettant de l'étoupe dans les joints qui font entre deux bordages. L'étoupe eft faite des vieux cables coupez par morceaux, puis l'on défai les fils de carret que l'on fait boüillir dans l'eau, puis on les bat avec maillet pour les rendre mieux maniables, & feparer la chanvre en plotons ; eftant feparé l'on le tort gros comme le pouce pour le faire entrer dans les jointures du bordage avec un cizeau large de deux doigts & long d'un demi pied, où l'on cogne avec un maillet pour faire entrer l'étoupe à force, apres l'avoir galfatée de tous coftez l'on fait chauffer un cofté avec du branchage de fapin d'où l'on fait des petits fagots que l'on emmanche au bout d'un baton pour les allumer & les porter tous flambans à la Chalouppe, pour faire bien chauffer le bordage, & pour lors l'on a du bray dans un grand pot de fer que l'on fait chauffer, dans lequel on y verfe de l'huile de poiffon pour le rendre plus gras, & empêcher qu'il ne s'écaille quand il est sec : le bordage estant bien chaud, l'on a un bouchon de laine emmenché au bout d'un baton, qu'on trempe dans la chaudiere où est le bray, & avec ce baston on pose le bray pardessus les coûtures & le bordage, afin que tout soit bien brayé.

INVENTAIRE GENERAL
de tout ce qui est necessaire pour armer une Galere, & la mettre en estat de naviguer pendant six mois.

PREMIEREMENT.

L'ARBRE de Maistre de trente goües de long, soixante pouces de rondeur au gros bout, & quarante au petit.

La peine de Maistre, de trente goües de long, trente-six pouces de rondeur au gros bout, & vingt-un au petit.

Le Quart de Maistre de vingt-sept goües de long, trente-six pouces de rondeur au gros bout, & vingt-cinq au petit.

L'Arbre de Trinquet de vingt-deux goües de long, quarante-trois pouces de rondeur au gros bout, & vingt-neuf au petit.

La Peine de Trinquet, de trente goües de long, vingt-sept pouces de rondeur au gros bout, & quinze au petit.

Le Quart de Trinquet, de vingt-deux goües de longueur, vingt-sept pouces de rondeur au gros bout, & quinze au petit.

L'Antenne du Treou de vingt goües de long, trente-six pouces de rondeur au gros bout, & douze au petit.

Deux Espigons de bois de sapin, l'un de dix goües de

long & l'autre de huit, & de vingt pouces de rondeur au gros bout, & neuf au petit.

Vn Timon en service avec son Ourgeau, garny de tous ses ferremens.

 Cinquante-une Rame en service.
 Vingt-quatre Cabris.
 Seize Boutehors.
 Quatre Partuguettes.
 Deux Astes pour les flâmes.
 Sept autres Astes pour les Bandieres de Maistre, Trinquet & Peneaux.

Tailles, Pasteques, Massaprez, Guinçonneaux, & autres choses de bois pour équiper l'Arbre de Maistre.

UN Calcet sans Poulies.
 Deux Tailles de Guindal à deux œils chacune.
Douze Tailles à deux œils pour les Couladoux.
Douze Tailles à un œil pour lesdits couladoux.
Douze Guinçonneaux pour lesdits couladoux.
Deux Tailles à deux œils pour les Anquis.
Deux Guinçonneaux pour lesdits Anquis.
Une Taille à deux œils pour la Cargue-devant.
Une autre Taille à un œil pour l'Orse nouvelle.
Une Taille à un œil pour la Cargue-devant.
Trois Guinçonneaux ; sçavoir un pour l'Orse nouvelle, un pour la Cargue-devant, & l'autre pour le Mouton.
Deux grands Guinçonneaux pour les Escottes.
Deux Massaprés pour la Carnal.
Deux Massaprés pour les Ostes.
Deux Massaprés pour les Orses à Poupe.
Quatre Guinçonneaux pour les Ostes & Orses à Poupe.
Une Taille de quatre œils pour le Prodou, & une de deux.
Un Guinçonneau pour ledit Prodou.
Deux Pasteques d'Arborer.
Deux Pasteques d'un œil pour le Retour.
Deux Pasteques pour l'Orse à Poupe.
Une Pasteque pour la Carnal.
Trente-deux Patrés pour les Trosses.

Deux Bigotes pour lesdites Trosses.
Douze Patrés pour les Bastardins.
Un Guinçonneau pour les Bastardins.
Deux Massaprés pour les Palanquis du Casse-écote à deux œils chacun.

Pour l'Arbre de Trinquet.

UN Calcet sans Poulies.
Une Taille de Guindal de quatre œils pour en bas.
Une autre Taille de Guindal de deux œils pour le haut.
Huit Tailles de deux œils pour les Couladoux.
Huit Tailles d'un œil pour lesdits Couladoux.
Deux Tailles de deux œils pour les Anquis.
Deux autres d'un œil pour lesdits Anquis.
Dix Guinçonneaux pour les Couladoux & Anquis.
Une Taille à quatre œils pour le Prodou.
Une Taille à deux œils pour le Prodou.
Deux Pasteques pour le Retour du Trinquet.
Deux Massaprés pour la Carnal.
Deux Massaprés pour les Ostes.
Deux Massaprés pour les Orses à Poupe.
Cinq Guinçonneaux pour la Carnal, Ostes & Orses à Poupe.
Un Massaprés pour la Cargue-devant.
Deux Pasteques pour les Orses à Poupe.
Deux Massaprés pour le Casse-escote.
Deux Massaprés pour les Gourdinieres.
Quatre Bigotes pour les Gourdinieres.
Deux Pasteques pour la Carnal.
Vingt-quatre Patrés pour les Trosses.
Dix Patrés & un Guinçonneau pour le Bastardin.
Cinquante Guinçonneaux pour les voiles du Trinquet.

Tailles, Pasteques, & Massaprez, pour divers services.

UNe Taille à quatre œils pour la Casse de la Tante.
Deux autres Tailles d'un œil pour la mesme
Deux Pasteques pour le Caicq.
Deux Massaprés à deux œils pour les Palanquinets du Timon.

Deux autres d'un œil pour le mesme.
Deux Maſſaprés d'un œil pour iſſer les Eſchelles de Poupe.
Quatre Maſſaprés pour les Carnalettes, ſervant à iſſer la Tante.
Une Paſteque pour le Canon de Courcier à deux œils.
Deux Paſteques à deux œils pour les Baſtardes.
La Maſque du Caïcq.
Quarante Bigotes pour les embroüilles des Tantes.
Dix Pommes pour les Aſtes des Bandieres de Maiſtre, Trinquet, Flames & Peneaux.

Poulies de bois pour divers ſervices.

Deux petites Poulies pour la Partuguette de Poupe.
Deux Poulies pour les Maſſaprés des Eſchelles de Poupe.
Une Poulie pour la Maſque du Caïcq.
Deux Poulies pour les Oſtes de Maiſtre.
Deux pour les Orſes à Poupe.
Deux autres pour les Oſtes de Trinquet.
Deux autres pour les Orſes à Poupe, idem.
Trente-ſix Poulies pour les Caladoux de Maiſtre.
Vingt-quatre Poulies pour les Couladoux de Trinquet.
Deux Poulies pour les Gourdinieres.
Quatre Poulies pour les Maſſaprés des Carnalettes ſervant à iſſer la Tante.
Six Poulies pour les Palanquinets du Timon.
Une Poulie pour la Caſſe-eſcote du Trinquet.
Deux Poulies pour les Arganeaux de Troupy.

Poulies de fonte pour la Maiſtre.

Deux Poulies pour le Calcet.
Quatre Poulies pour les Tailles guindereſſes.
Quatre Poulies pour les Moiſſelats.
Deux Poulies pour la Carnal.
Deux Poulies pour la Paſteque d'arborer.
Quatre Poulies pour le Caſſe-eſcote.
Deux Poulies pour les Paſteques des Orſes à Poupe.
Une Poulie pour la Paſteque de la Carnal.
Six Poulies pour les Anquis.

Six

Six Poulies pour le Prodou.
Trois Poulies pour la Cargue-devant.
Une Poulie pour l'Orfe nouvelle.
Deux Poulies pour le Retour de la Vetté.
Deux Poulies pour les Pasteques de Retour.

Pour le Trinquet.

DEux Poulies pour le Calcet.
Quatre Poulies pour la Taille d'embas.
Deux Poulies pour la Taille d'en-haut.
Six Poulies pour le Prodou.
Deux Poulies pour la Carnal.
Six Poulies pour les Anquis.
Une Poulie pour la Cargue-devant.
Une Poulie pour la Pasteque de la Carnal.
Deux Poulies pour la Pasteque de Retour.
Deux Poulies pour les Pasteques des Orfes à Poupe.

Poulies de fontes pour divers services.

DEux Poulies pour les Pasteques du Caïcq.
Six Poulies pour la Casse de la Tante.
Deux Poulies pour le Canon de Courcier.
Quatre Poulies pour les Bastardes.
Deux Poulies pour les Arganeaux de Serper.
Deux Bronsins pour la Masque du Caicq.

Ferremens pour équiper l'Arbre de Maistre, Tailles, & autres choses.

VNe bande pour le Calcet.
Un Cercle pour le mesme.
Une Bande pour le Minchon de trois quart de pan de largeur.
Une Bande pour mettre au tour du pied de l'Arbre.
Deux Codelande pour le pert du Calcet.
Vne Petugue pour l'Afte de Bandiere.
Deux Rigaux pour le quart de Maistre.
Deux Cercles, Idem.
Deux Bandes pour garnir les Tailles du Prodou.
Deux Bandes pour garnir les deux Tailles Guinderesse.
Un Pert pour les poulies du Calcet.

S

Quatre Pers pour les poulies de la Taille Guindereſſe.
Quatre Pers pour les Moiſſelas.
Deux Pers pour les Bouſſeaux de la Carnal.
Deux Pers pour les paſteques d'arborer.
Deux Pers pour les Bouſſeaux du Caſſe-eſcote.
Deux Pers pour les Paſteques des Orſes à poupe.
Un Pert pour la Paſteque de la Carnal,
Six Pers pour les Tailles des Anquis.
Trois Pers pour la Taille du Prodou.
Deux Pers pour la Taille de la Cargue-devant.
Un Pert pour la Taille de l'Orſe nouvelle.
Deux Pers pour le Retour des Vettes.
Deux Pers pour les Paſteques du Caïcq.
Quatre Pers pour les Tailles de la Caſſe de la Tante.
Quatre Anneaux pour les Tac de l'Entaine.

Ferremens pour équiper le Trinquet.

UNe Bande pour le Calcet.
Un Cercle pour le meſme.
Deux Anneaux pour l'Aſte de Bandiere, idem.
Une Bande de demy pan de large pour le Minchon.
Un Cercle pour entourer le pied du Trinquet.
Deux Codelandes pour le Pert du Calcet.
Deux bandes pour garnir les deux Tailles du Prodou.
Une bande pour garnir la Taille d'embas.
Une autre bande pour les Taillons d'en-haut.
Une bande avec ſon Croq pour la Taille de la Cargue-devant.
Un Pert pour les Poulies du Calcet.
Un Pert pour la Taille d'en-bas.
Un Pert pour la Taille d'en-haut.
Deux Pers pour les Bouſſeaux de la Carnal.
Six Pers pour les Tailles des Anquis.
Deux Pers pour la Taille de la Cargue-devant
Un Pert pour la Paſteque de la Carnal.
Deux Pers pour les Paſteques de retour.
Deux Pers pour les Paſteques des Orſes à poupe.
Un Ganche pour le caſſe-eſcote.

Deux Pers pour la Pasteque du Canon de Courcier.
Quatre Pers pour les Pasteques des Bastardes.
Deux Pers pour les Arganeaux de Serper.
Deux Pers pour les Arganeaux des Groupis.
Un Pert pour la Pasteque de la Masque du Caicq,
Deux Ganges pour les Barbettes, idem.

Fers à donner Fonde.

QUatre Ancres à donner Fonde, chacun de 450 livres.
Un autre petit Ancre ou fer d'Andrineau, de 205 livres.
Un autre petit Per pour le Caicq.

Timons.

DEux Timons de bois de noyer avec leurs Orgeaux, Palanquins, & Bragnes necessaires, l'un en service & l'autre de reserve.

Cordage à donner Fonde.

UNe Gume de unze pouces d'épaisseur & de cent brasses.
Trois Gumes ordinaires de dix pouces & de huitante brasses.
Deux Caps de postes de sept pouces & de huitante brasses.
Deux Groupis de col de six pouces, & de huitante brasses.
Une Piece cordage de quatre pouces & de cent brasses pour le Fer d'Andriveau.
Un Cap de quarante brasses & de trois pouces & demi pour le Fer du Caicq.

Cordages pour l'Arbre & Antaine de Maistre.

DEux Sartis colonnes de six pouces & de quatorze brasses chacune faites en Tortisse.
Dix Sartis ordinaires de quatre pouces & demy, & de douze brasses chacune.
Un Aman de huit pouces & demy, & de trente-deux brasses.
Deux Iambes de Prodou de cinq pouces & de huitante brasses.

Deux Vettes de Maistre de quatre pouces & demy, & de huitante brasses chacune.

Deux Escotes faites en queüe de rat de six pouces & demy au gros bout, & de deux & demy au petit, & de vingt-cinq brasses chacune.

Deux Pieces de Cordage pour deux Ourses à poupe, de trois pouces & demi, & de quarante brasses chacune.

Deux Ostes de trois pouces & de quarante brasses chacune.

Une Piece de cordage pour le Gourdin de la Voile de deux pouces d'épaisseur & de vingt-cinq brasses.

Deux Bragots pour les Ostes & Orses à poupe de quatre pouces & de douze brasses chacun.

Une Piece cordage de trois pouces & de soixante brasses pour la Carnal.

Une Cargue-devant de trois pouces & de cinquante brasses.

Une Orse nouvelle de trois pouces & demy & de trente brasses.

Un Mouton de cinq pouces & de quinze brasses.

Deux Anquis de trois pouces & de trente brasses chacun.

Une Piece cordage de deux pouces & demy, & de quarante brasses pour les Palanquinets du Casse-escote.

Une Piece cordage de quatre pouces, & de soixante brasses pour faire les quatre ligadures à l'Entaine.

Une Piece cordage de deux pouces, & de quarante brasses pour faire la Ceinture.

Une Piece cordage de trois pouces, & de cent brasses pour faire les douze Couladoux.

Un Cap de trois pouces, & de quinze brasses pour faire la Trinque des Vettes à l'Arbre.

Une Sagle d'un pouce, & de cinquante brasses pour l'Aste de Bandiere de Maistre.

Une Piece Sagle de cinquante brasses pour faire ligadures des Lapasses.

Quinze livres Merlin pour lier les Sartis.

Une Piece cordage de deux pouces & demy, & de quarante brasses pour faire la Carnalette.
Un Cap de deux pouces & demy, & de trente brasses pour les Trosses.

Cordages pour garnir le Trinquet.

Huit Sartis de quatre pouces & demy, & de dix brasses chacune.
Huit Couladoux de deux pouces, & de sept brasses & demy chacun.
Un Aman de six pouces & de vingt-quatre brasses.
Les Issons de trois pouces & demy, & de huitante brasses.
Un Prodou de trois pouces & demy, & de huitante brasses.
Deux Anquis de deux pouces & demy, & de trente brasses chacnn.
Deux Ostes de trois pouces, & de quarante brasses chacune.
Deux Orses à Poupe de deux pouces & demy, & de quarante brasses chacune.
Une Carge-devant de cinq pouces, & de vingt-cinq brasses.
Deux Carguettes de deux pouces & demy, & de dix-huit brasses chacune.
Une Escote de cinq pouces & demy, & de vingt-cinq brasses faite en queuë de rat.
Deux Bragots de trois pouces & demy, & de dix brasses chacun.
Une Carnal de deux pouces & demy, & de quarante-cinq brasses.
La Maire des Gourdinieres de deux pouces, & de trente brasses.
Une Piece de Sagle de quarante brasses pour faire les Ligadures de la passe.
Vingt brasses de Sagle pour la Senturette.
Une Piece cordage de deux pouces, & de trente brasses pour faire la Casse-escote.

Un Cap de deux pouces, & de vingt brasses pour faire les Trosses.

Cordages pour divers services.

UNe Piece cordage de deux pouces, & de vingt brasses pour les Palanquinets du Timon.

Sept brasses d'Aman de Maistre pour faire les Estrops des Tailles à arborer & desarborer.

Une Piece cordage de trois pouces, & de trente brasses pour faire les Estrops des autres petites Tailles.

Une Piece cordage de deux pouces & demi, & de soixante brasses pour faire les Estrops des Rames.

Deux Barbettes de Caicq de quatre pouces, & de trente brasses de long chacune.

Une Piece cordage de deux pouces, & de quarante brasses pour faire les Risses du Caicq.

Une Vette pour le Canon de Courcier de trois pouces & de quarante brasses.

Deux Vettes de Bastardes de deux pouces & demi, & de vingt-cinq brasses chacune.

Une Piece cordage de deux pouces & demi, & de quarante brasses pour la Casse de la Tante.

Un Cap de deux pouces & demi, & de huitante brasses pour faire les queuës des Cabris.

Une Piece cordage de deux pouces & demi, & de soixante brasses, pour faire les Fournelladoux.

Deux Sangles pour la Bande de vingt-cinq brasses chacune, pour faire secher les Robes.

Un Cap de cinq pouces & demi, & de quarante brasses pour faire les Bosses.

Un Cap de deux pouces & demi, & de dix brasses pour isser les Eschelles de poupe.

Cordages vieux pour diverses Maneuvres.

VN Aman de Maistre pour faire Petarras.

Trois Groupis de col pour faire les Paillets.

Une Iambe de Prodou pour lesdits Paillets.

Une Iambe de Vette pour faire les Guirlandes aux quatre Fers.

Une autre Iambe pour faire Groupis de Gativeaux.
Un Aman de Maiſtre pour faire Trenelles & Moüiſſeaux.
Un Amant de Trinquet, idem.
Dix Braſſes cordage de trois pouces pour amarrer les moyennes.
Un Iſſon pour faire les quatre Trinques à l'Entaine du Trinquet.
Une Vette de Maiſtre pour faire la Trinque d'en bas du Trinquet.

Voiles.

LE grand Marabout de Cotonnine ſimple blanche tirant cinq cens cannes.
Vingt-cinq cannes toile riette pour faire le Mantelet & la Bande.
Dix livres Merlin.
Trente livres Fil de Voile.
Une Piece cordage faite en queuë de rat pour le Garniment, peſant deux cens vingt-cinq livres.
Une Piece de Sagle de cent braſſes pour faire les Matafions.
Une Piece plus petite pour faire les Tiercerols de huitante braſſes.
Cinq livres Cire jaune.
Deux Bruines Daufte pour faire les Meoullas.

VN Maraboutin de Cotonine double blanche tirant quatre cens trente cannes.
Vingt-cinq cannes toile eſtoupiere pour le Mantelet & la Bande.
Huit livres Fil de Merlin.
Trente livres Fil de Voile.
Cinq livres Cire jaune.
Une Piece cordage faite en queuë de rat pour le Garniment, peſant deux cens livres.
Une Piece Sagle de huitante braſſes pour les Matafions.
Une Piece Sagle plus petite pour faire les Tiercerols de

septante brasses.
Deux Bruines Dauffe.

VNe Voilette ou Misenne de Cotonine blanche double, contenant deux cens huitante-cinq cannes.
Vingt-deux cannes toile estoupiere pour le Mantelet & Bande des Tiercerols.
Sept livres Merlin.
Vingt livres Fil de Voile.
Quatre livres Cire jaune.
Un Garnimant fait en queuë de rat pesant cent septante livres.
Une Piece Sagle de huitante brasses pour les Matafions.
Une autre Piece plus petite de soixante brasses pour les Tiercerols.
Deux Bruines Dauffe.

VNe Voile de Treou de Cotonine double blanche, tirant cent huitante cannes.
Douze cannes toile estoupiere pour le Mantelet.
Quatre livres Merlin.
Seize livres Fil de Voile.
Une livre Cire jaune.
Un Garnimant de vingt-quatre brasses pesant huitante livres.
Une Piece de Sagle de trente brasses pour les Matafions.
Une Piece cordage de deux pouces & demi, & de soixante brasses pour faire les deux bras de l'Entaine.
Une autre Piece cordage de deux pouces & de trente brasses pour faire les Ligadures de l'Entaine.

LE grand Trinquet de Cotonine simple blanche, composé de trois cens quarante cannes.
Vingt-deux cannes toile estoupiere pour le Mantelet & Bandes.
Huit livres Merlin.
Vingt-cinq livres Fil de Voile.

Quatre

LIVRE SECOND. 147

Quatre livres Cire.
Un Garnimant fait en queüe de rat pesant cent septante livres.
Une Piece Sagle de soixante brasses pour faire les Matafions.
Une autre Piece plus petite de quarante brasses pour faire les Tiercerols.
Deux Bruines Dauffe.

LE petit Trinquet de Cotonine double tirant deux cens septante cannes.
Vingt-quatre cannes toile estoupiere pour le Mantelet & bandes.
Six livres Fil de Merlin.
Vingt livres Fil de Voile.
Deux livres Cire.
Un Garnimant fait en queuë de rat pesant cent trente livres.
Une Piece Sagle de soixante brasses pour les Matafions.
Une autre plus petite pour les Tiercerols.
Deux Bruines Dauffe.

LA Voile du Caicq de cotonnine double tirant dix-huit cannes.
Deux livres Fil de Voile.

Tendes & Tendelets.

VNe Tende d'Herbage estroit tirant quatre cens septante cannes.
Vingt cannes toiles estoupieres pour faire le Mantelet.
Cinquante livres fil de voile.
Deux livres cire.
Cinq bruines dauffe.
Une piece cordage de trois pouces, & de cent brasses pour le Garnimant.
Vingt-deux brasses d'un vieux prodou pour le Mesanin.
Deux autres pieces de cordage d'un pouce & demy, & de cent brasses chacune pour faire les gourdins & Gourdinieres.

T

Vne Tende de cotonnine blanche double, tirant quatre cens soixante & dix cannes.
Vingt cannes toile estoupiere pour le mantelet.
Trente-cinq livres fil de voile.
Deux livres cire.
Cinq bruines Dausse.
Vingt-deux brasses d'un vieux prodou pour la mesanin.
Une piece cordage de deux pouces, & de cent brasses pour le garnimant.
Trois pieces cordages d'un pouce & demy, & de deux cens cinquante brasses pour faire les embroüilles.
Une piece cordage d'un pouce & demy, & de quatre-vingt brasses pour faire les gourdins de la bande.

VNe autre tende de cotonnine double, blanche & bleuë de mesme que celle cy-dessus.

VN Tendelet d'herbage de deux pans de large, composé de soixante-cinq cannes.
Trente-cinq cannes toille estoupiere pour la doubleure.
Huit livres fil de voile.
Deux cannes cordillat rouge pour les bordures.
Demie livre cire jaune.

VN Tendelet de cotonnine double, blanche & bleuë, tirant soixante & dix cannes.
Dix cannes de Frange grande de fil bleu & blanc,
Quinze cannes de petite frange de la mesme couleur.
Sept livres fil.
Trois cannes cotonnine pour les gaines.

VN Tendelet de drap rouge, tirant vingt-neuf cannes.
Quarante cannes de toille bleuë pour la doubleure.
Douze cannes de grande frange de soye cramoisine.
Quinze cannes petite frange.

Une livre & demie fil rouge.
Demie livre de soye.

VN tendelet de cordillat rouge pour la gueritte, tirant trente-quatre cannes.
Trente-quatre cannes de Toile bleuë de trois pans pour la doubleure.
Quinze cannes frange filouzelle rouge.
Une livre & demie fil rouge.
Une once de soye.
Trois cannes toile bleuë pour faire les gaines.

VN petit tendelet de cotonnine double & blanche pour la timonniere tirant neuf cannes.
Demie livre fil de voile.

VN autre tendelet d'herbage de neuf cannes pour la timonniere.

VN tendelet pour le Caïc de cotonnine double, blanche & bleuë tirant vingt cannes.
Dix cannes frange de fil.
Demie livre de fil.

Paressols, Portieres, Parefumée, Ancirades & Cheminée.

DEux paressols de cotonnine blanche & bleuë, tirans quarante-huit cannes.
Vingt cannes frange de fil.
Demie livre de fil.

QUatre portieres de cordillat rouge pour la poupe, tirans quatorze cannes & demie.
Trois pieces boucassin rouge pour la doubluer.
Une livre de fil rouge.
Quatre cannes galon rouge de filouzelle.
Une once de soye.
Dix cannes frange filouzelle.

QUatre portieres d'herbage pour la poupe & proüe, tirans trente-trois cannes.
Seize cannes & demie toile estoupiere pour la doublure.
Six livres fil de voile.

VN Parefumé de cotonnine blanche simple, tirant trente cannes.
Deux livres fil de voile.

VNe cheminée de toile estoupiere, tirant vingt-cinq cannes.
Une livre fil de voile.

VNe Ancirade pour la poupe de cotonnine double, blanche, tirant quarante-cinq cannes.
Septante livres cire jaune.
Six livres suif.
Dix livres therebantine.
Cinq livres verdet.
Deux Lanades.
Une Partegue.
Cinq livres fil de voile.
Cinquante livres charbon.
Quinze cannes toile estoupiere pour faire les Enguitranades.
Deux livres fil de voile.

Pavezades, Bandieres, Flames, Cordons & Houpes.

DEux pieces Pavezades de Cordillat rouge pour les Bandes & Rembades de quarante-quatre cannes.
Quarante-quatre cannes de Cotonnine blanche simple pour les bordures.
Deux livres fil de lin.

DEux Bandieres de sarge d'Escop pour la Maistre & Trinquet tirans cinq cannes & demies.

LIVRE SECOND.

Une canne toile bleuë pour les Gaines.
Un quart de livre Soye.

Trente pieces Eſtamines, rouge, blanche & bleuë, pour faire les deux Flâmes, les deux Gaillardets de Maiſtre, Trinquet & Peneaux des Eſpalles.
Deux livres fil rouge & blanc.
Trois cannes toille de Lin pour faire les Gaines.
Six Sacs de Cordat pour conſerver les Tendelets, Pavezades, Flâmes & Ancirades.
Douze Cordons avec ſes Houpes de Filouzelles, ſçavoir quatre pour la partuguette du Tendelet, & huit pour les flâmes de Maiſtre & Trinquet.

Autres Appareaux pour pluſieurs ſervices.

Cinquante-un cuirs de Vache pour couvrir les Bancs.
Cinquante-une chevilles de fer pour les Eſtrops des Rames.
Deux platines de plomb pour les Calcets de Maiſtre & Trinquet.
Cent cinquante Eſtouperols pour leſdites platines.
Deux douzaines Couffes d'oſier.
Deux grandes rapes de fer.
Quatre autres petites.
Deux Faſquieres de fer.
Une grande Fourchette de fer, ſervant à arborer & déſarborer le Trinquet.
Quatre partegues pour faire des manches.
Un grand chaudron de cuivre pour la poix.
Un autre petit chaudron de meſme.
Deux cuillieres de fer, l'une perſée & l'autre non.

Uſtanciles de Cuiſine.

Une grande chaudiere avec ſon couvercle & cuilliere de cuivre pour la Chiourme peſant nonante-cinq livres.
Une autre chaudiere pour l'équipage avec ſon couvercle & cuilliere, peſant quarante-quatre livres.

Une autre petite chaudiere avec son couvercle pour les malades, pesant vingt livres.
Une cuilliere & un ecumoir de fer pour ladite chaudiere.
Une poësle à frire.
Un gril.
Un Ganche à croc de fer.
Une pinte.
Une Miege.
Une pichonne.
Sept tiers de pinte.
Deux grands antonnoirs.
Six petits antonnoirs, le tout de cuivre.
Deux grandes trombes de bois pour le vin.
Deux petites trombes pour l'huile & vinaigre.
Vne huiliere de fer blanc.
Une grande balance pour peser le biscuit.
Une grande balance pour peser le sel.
Deux grands couffins.
Quatre petits couffins.
Quatre pelles de bois.
Une manche de cuir pour antonner le vin.
Quatre pieces de nates pour mettre sous le biscuit.
Douze grands sacs de cordat pour le biscuit.
Demie livre fil de Voile.
Une livre Merlin pour faire ligadures.
Un civadier de bois pour mesurer les féves.
Un carteron de fer blanc pour mesurer l'huile.
Deux lampions pour les chambres.

Fustailles.

Deux cens millerolles d'estives pour le vin.
Quatorze millerolles pour l'huile & vinaigre.
Trente millerolles pour la viande salée.
Quatro cens barils pour l'eau.
Deux tinasses.
Deux auvalles.
Six broquets.
Cinquante-une pintes de bois.

Trente petits Boüiols.
Quatre grand boüiols pour l'aigade.
Six boüiols pour le suif.
Deux fontaines.
Douze canons de bois.
Cinquante-une gavette.
Deux cages à tenir volailles.

Ferremens de l'Argousin.

Cinquante-une brancades de fer de cinq branches chacune.
Deux cens cinquante-cinq menilles garnies de leurs pairs & clavettes.
Deux enclumes.
Deux marteaux.
Deux éguilles.
Deux taille-fer.
Deux ayssadons.
Deux ayssades.
Six pelles de fer.
Six razoirs.
Six lampions.
Vingt chauffettes.
Deux brancades de rechange.
Vingt-cinq menilles avec leurs pairs, *idem*,
Trente pairs de menilles.
Une petite enclume.
Un marteau.
Une éguille.
Cinquante pairs de menottes garnies.
Deux pieds de porc.
Huit grandes haches pour couper le bois.
Deux petites haches, *idem*
Un quintal liege pour faire les taps des barils.
Vingt livres fil de merlin.
Deux gros bruines Dauffe.
Quinze pairs de souliers.

Armes.

Cent dix mousquets.
Douze mousquetons.
Douze pistolets.
Six pertuisannes.
Six espontons.
Quatre halebardes pour les Sergens.
Cent bandolieres.
Douze piques.
Vingt-quatre haches d'armes.
Vingt-quatre sabres.
Douzes corps de cuirasse.
Douze rondaches.
Deux baguettes de fer.
Cinquante baquettes de bois pour rechange.
Cent pierre de fuzil.
Quatre caisses de bois blanc pour fermer les bandolieres.

Canons, & Perriers.

Un canon de courcier du calibre de trente-six livres.
Deux Bastardes du calibre de huit livres.
Deux moyennes du calibre de quatre livres.
Lesdits canons montez sur leurs affus garnis de tous ses ferrements.
Douze perriers de fonte, garnis de leurs fourchettes & queuë de fer.
Vingt-quatre boëtes de fonte.
Quatorze coings de fer pour les perriers.

Attirails desdits canons & Perriers.

Deux gardes-feu de courcier de fer blanc.
Six gardes-feu de bastardes.
Six gardes-feu des moyennes.
Deux mesures couvertes.
Deux mesures découvertes.
Vn Antonnoir pour la poudre.
Deux Cache-meche.
Vn Fanal pour la Soute à poudre.

LIVRE SECOND.

Vne Cueilliere de cuivre rouge garnie de son Aste & Bouton pour le Courcier.
Quatre autres Cuillieres aussi de Cuivre pour les Bastardes & Moyennes garnies de leurs Astes & Boutons.
Vn Tire-bourre de fer pour le Courcier.
Quatre autres pour les bastardes & moyennes.
Cinq Platines de plomb ; sçavoir une pour le Courcier, & quatre pour les bastardes & moyennes.
Douze autres petites Platines pour les perriers.
Vn moule de bois pour le Courcier.
Deux autres pour les bastardes & moyennes.
Vn baril à bource garni d'une peau de basane.
Huit douzaines de peaux de parchemin pour faire des Cartouches pour le Courcier.
Huit mains de papier pour faire Cartouches des bastardes & moyennes.
Deux livres fil de voile.
Deux livres fil à coudre.
Deux livres fil d'airain.
Quatre peaux de mouton.
Vne peau de vache pour la soute à poudre.
Six Partegues.
Deux livres de Merlin.
Deux Chevrons.
Vne livre Amidon.
Douze livres de Liege.
Vn Cap de quinze brasses pour amarrer les moyennes.
Quinze brasses de cordage vieux pour faire les ligadures aux Perriers.
Quatre cannes vieille Cotonnine pour faire des sachets pour les Perriers.
Deux sacs pour mettre la meche.
Six Boutons de refouloir, deux pour le Courcier, & quatre pour les bastardes & moyennes.
Six Fumelles pour les lanades des canons.
Six brasses d'une vieille gume pour faire des estoupins.
Deux cens cinquante clous Tachette.

V

Cinquante gros clous renard.
Douze Maſſolles.
Quatre Manuelles.
Douze Goupilles.
Douze Redanches.
Six Anneaux de fer.
Deux petits crocs pour les petites pieces.

Boulets.

Cent boulets de Courcier.
Deux cents boulets pour les baſtardes.
Cent boulets pour les moyennes.
Vingt boulets à deux teſtes pour le Courcier.
Quarante boulets à deux teſtes pour les Baſtardes.
Deux cens bales de pierre pour les Perriers.
Cinq cents boulets d'Eſtive.
Trois lanternes de bois pour le Courcier remplies de vieilles ferrailles.
Six autres des Baſtardes, idem.

Munition de Guerre.

Vingt quintaux poudre de Canon.
Deux quintaux poudre fine.
Quatre quintaux bales de mouſquet.
Quatre quintaux meche.
Quatre Trombes à feu.
Douze pots à feu remplis de miſteres.
Deux chemiſes à feu.

L'Aumoſnier.

Vne Caiſſe où ſont les Ornemens de la ſainte Meſſe, ainſi que s'enſuit.
Un Lavabo.
Vne Croix de leton.
Deux Chandeliers de leton.
Un Miſſel couvert de peau baſane.
Un Te Igitur de papier.
Un Evangile de ſaint Jean.
Une Chaſuble de brocart à fleurs.

Un manipule de mesme.
Un Coussin de mesme.
Une Bourse pour mettre les Corporaux.
Un Voile pour le Calice.
Un voilet de mesme pour le dessous du Calice.
Une Aube de toile de Troyes.
Deux Amics de mesme toile.
Un Cordon de fil blanc.
Six Purificatoires de toile.
Deux Corporaux de toile d'Hollande garnis de dantelles autour.
Une Etole de même la Chasuble.
Une pierre Sacrée.
Deux Napes d'Autel de toile de Venize ouvrées, de sept pans & demy de large, & douze de long.
Une autre Nape pour la sainte Communion de mesme.
Deux Serviettes de toile ouvrées.
Une petite boëte de bois peinte pour mettre les Hosties.
Un Rituel couvert de Basane.
Un devant d'Autel.
Un petit Benitier de cuivre.
Un Calice d'argent avec sa patene.
Un Etuy de cuir-boüilly pour mettre ledit Calice.
Un petit Ciboire d'argent avec son étuy.
Un Tableau de toile.
Un bonnet quarré.
Un Surplis.
Un Vase d'argent avec son étuy pour mettre les saintes Huiles.
Une Clochette de fonte.
Deux Flambeaux.
Six Cierges.
Une paire de Burettes & sous-coupe d'Estain.

Chirurgien.

UNe Caisse garnie de ce qui s'ensuit.
Un Trepan.
Deux Elevatoires.

V ij

Un Criſtagally.
Trois Regime.
Deux Couronnes.
Un Perforatif.
Vn Esfuillatif.
Vn Maningafilas.
Vn Lanticulaire.
Vn Tire-fons.
Vne Scie.
Vn Couteau courbe.
Vn Tire-bale à viz.
Vn Tire-bale à cizeau.
Vne Eſpatule.
Une Tenaille inciſive.
Vne Sonde.
Vn Pouliquand.
Vn Davier.
Trois Botons à feu.
Vne Platine.
Vn Bec de Cane.
Vn Bec de Corbin.
Vne Pincette.
Vn Mortier de fonte avec ſon pilon.
Vne balance avec ſon poids de marc.
Vne grande Seringue avec ſon étuy.
Vne petite Seringue.

Remedes ou Medicamens.

Deux onces confection d'Alchermes.
Trois onces confection d'Hyacinthe.
Douze onces Theriaque fine.
Demy livre Conſerve de Roſe.
Trois livres Catholicum fin.
Trois livres Diaprunis ſolutif.
Deux livres Triffera-perſica.
Demy livre confection Hamec.
Cinq onces Diacarthamy.
Six livres Catolicum à Cliſtery.

Sirops.

Vne livre Sirop de Chicorée.
Vne livre Sirop de pavot rouge.
Deux livres Sirop rozat folutif.
Trois livres Sirop de Capillaire.
Trois livres Sirop de Limon.
Vne livre & demie Sirop de coing.
Trois livres Miel rozat.
Douze livres Miel commun.

Eaux.

Quatre onces Eau de canelle.
Neuf livres eau cordiale.
Huit livres Eau de vie.
Deux livres Eau roze.
Trois livres eau de plantain.
Vne once Efprit de Vitriol.
Vne once Efprit de fouffre.

Huiles.

Deux onces huile d'Efcorpion de Mathiol.
Deux onces d'huile d'amande douce.
Trois livres d'huile rozat.
Une livre d'huile de Camomille.
Deux livres d'huile Ypericum.
Une livre d'huile de Mertille.
Quatre onces d'huile de Therebentine.

Onguents.

Trois livres Onguent Bafilic.
Deux livres Onguent d'Althea.
Deux livres Onguent Album Rafis.
Une livre Onguent Pompholis.
Une livre Onguent rozat.
Une livre Onguent mondicatif de refine.
Demie livre Onguent Apoftolorum.
Une livre Onguent Aurum.
Trois livres Onguent Populeum.
Deux livres Onguent Egyptia.
Deux livres Therebentine fine.

Deux livres Onguent de galle.

Emplaſtres.

UNe livre Emplaſtre pro contuſione.
Huit livres Emplaſtre Diapalma.
Deux livres Emplaſtre Diachilum cum gomis.
Deux livres Emplaſtre Diachilum-magnum.
Deux livres un quart Emplaſtre Betonica.
Quatre onces Emplaſtre de Virgo cum Mercurio.
Demie livre Emplaſtre de Melicot.
Vne livre Emplaſtre pro Facturis.
Deux livres Emplaſtre Paraxelce.
Demie livre Emplaſtre de Muſcilages.
Demie livre Emplaſtre de Aſſicrum.

Truchiques.

DEux onces Tutie preparée.
Une once & demie Truchiſque d'Album-raſis.
Deux onces Corail preparé.
Deux onces corne de Cerf.
Quatre onces Calcantum.
Une once poudre de Mercure doux.
Une once Cantarides.
Une once & demie Mercure precipité.
Deux onces Aloé en poudre ſicotrin.
Deux onces Encens en poudre.
Deux onces Maſtic.
Deux onces Myrrhe en poudre.
Deux onces Alun bruſlé.
Deux onces Vitriol blanc.
Une livre poudre de Nertille.
Six livres poudre aſtringentes.
Demie livre Sang de Dragon.
Quatre onces Criſtal de Tartre.
Trois onces Coſtie.
Deux livres Anis vert.
Deux livres Sené.
Demie livre Rubarbe.
Trois livres Tamarin.

Livre Second.

Deux livres Mane.
Demie livre Semen-contra.
Demie livre des quatre Semences froides.
Trois livres d'Orge.
Trois livres Rigalice.
Une livre Jujubes.
Deux livres Aristoloche ronde.
Quatre livres fleurs & herbes Carminatives.
Six livres de quatre Farines.
Dix livres Estoupe.
Cinq linceuls.
Deux douzaines d'écuelles.
Trois écuelles à bec.
Six petits pots de terre.
Quatre grands Pots.
Deux Coquemars.
Six Ventouses.
Une douzaine de fioles.
Deux Estamines pour couler les medicamens.

Le Caicq.

UN Caicq avec son Timon, Orgeau, Arbre, Entaine, Voile, Batayoles de bois garnies de ses Verges de fer pour le Tendelet, & douze rames en service.

Rechange du Comite.

DIx Cannes de Cotonnine double.
Dix Cannes de Cotonnine simple.
Dix livres fil de Voile.
Quatre quintaux Joncs.
Huit quintaux Suif, y compris un quintal pour rechange.
Deux douzaines Sasses.

Rechange des Tailles & Massaprez pour la Maistre.

DEux Tailles Guinderesses de deux œils chacune.
Quatre Tailles de deux œils & deux d'un pour le Couladoux.
Vn Massaprés pour Oste.
Vn Massaprés pour Orse à poupe.
Vn Massaprés pour la Carnal.

Vn Maſſaprés de deux œils pour le Caſſe-eſcote.
Vn Maſſaprés de deux œils pour le Palanquinet du Timon.
Vn autre d'vn œil pour le meſme.
Trente-deux Patrés pour les Troſſes.

Rechange des Tailles & Maſſaprez pour le Trinquet.

VN Maſſaprés pour Oſte.
Vn Maſſaprés pour Orſe à Poupe.
Vn Maſſaprés pour la Carnal.
Vn Maſſaprés pour les Gourdinieres.
Vn Maſſaprés pour la Cargue-devant.
Trois Tailles de deux œils pour les Couladoux.
Trois Tailes d'un œil pour leſdits.
Vingt-quatre Patrés.
Deux Bigottes.
Vn petit Maſſaprés pour les Gourdinieres.
Vn Timon de Rechange garny de tous ſes ferremens.

Rechange des Poulies de bois.

TRois Poulies pour les Palanquinets du Timon.
Vne Poulie pour la Maſque du Caicq.
Huit Poulies pour le Couladoux de Maiſtre.
Six Poulies pour le Couladoux du Trinquet.
Vne pour l'Oſte de Maiſtre.
Vne pour l'Orſe à poupe, idem.
Deux de meſme pour l'Oſte & Orſe à poupe du Trinquet.
Vne pour les Gourdinieres.
Deux Poulies pour les Maſſaprés des Carnalettes.

Rechange des cordages pour la Maiſtre.

UN Aman.
Deux Vettes.
Deux pieces de cordage pour Oſte, Orſe à Poupe, & Anquis.

Pour le Trinquet.

VN Aman.
Les Iſlons.
Deux pieces de cordage pour Oſte, Orſe à Poupe & Anquis.

Rechange

Rechange de cordages pour divers services.

TRente brasses de cordages de deux pouces & demy d'épaisseur pour Estrops de Rame.
Deux pieces menu cordages d'un pouce.

Rechange du Pilote.

VN Fanal de fortune.
Deux Gijolles, une grande & une petite.
Quatre Boussoles.
Huit Empolettes.
Vingt-quatre lampes de verre.
Vingt-quatre Natons.
Un quart de livre de cotton.
Un quart de livre de bougie.
Une ligne à sonder avec son plomb.
Une livre Merlin.

Rechange du Remolat.

DOuze Rames de Galere.
Sic Rames du Caicq.
Quatre Galavernes.
Six Menilles.
Vingt livres Merlin.
Vingt-cinq livres clous de Galaverne.
Deux cens clous de Menilles.
Douze plombs pour le contre-poids des rames.
Douze Chapons de fer pour les pêles des rames

Rechange du Charpentier.

TRente Escaumes.
Trois Banquettes.
Deux Bancs.
Six Pedaignes.
Six Chevrons.
Six Tables refenduës.
Deux Tables de Flandre.
Vingt Goües de bordage de chesne ou pin.

Rechange du Calfat.

CEnt livres clous de poids.
Cinq cens clous gros bastards.

X

Cinq cens clous petits baſtards.
Cinq cens clous gros barque vieille.
Cinq cens clous petite barque vieille.
Cinq cens clous double-porte.
Cinq cens clous ſimple-porte.
Mille clous eſtoupeirols.
Huit cens clous de plomb.
Cinquante livres eſtoupe.
Cent livres poix.
Dix platines de plomb pour les coups de canon.
Un Rouleau de plomb en fuſtaine peſant cinquante liv.

Rechange du Barrillat.

Vn millier & demi Cercle de ſept ans.
Demi millier Cercle de Caregue.
Deux douzaines de fonds de barril.
Quatre Tables Fauquettes.
Mille Clous Tachettes.
Trente Manon d'Oſier.

OFFICIERS NECESSAIRES POVR LA DEFFENSE
d'une Galere preſte à nauiger.

OFFICIERS ORDINAIRES.

Le Capitaine.
Le Lieutenant.
Le Sous-Lieutenant.
L'Aumônier.
L'Ecrivain.
Le Chirurgien.
Le Comite.
Le Pilote.
Le Maiſtre Canonier.
Le Sous-Comite.
Le Sous-Comite Demigenin.
L'Argouſin.
Le Sous-Argouſin.
Le Remoulat.
Le Barrillat.
80. Mariniers de rame, l'un deſ-
quels tire double Ration, & s'apelle le capitaine d'iceux.
Six Proyers.
Huit Gardiens.
Cent huitante Forçats ou Turcs.

OFF. EXTRAORDINAIRES.

Le ſous-Pilote
Trois aides canoniers
Quatre Timoniers.
Quatre Caps. de Garde.
Le Calfat.
Le Maiſtre d'Ache.
Le Patron du Caïcq.
Le Major-d'homme.
Quatre Sergens.
Quatre Caporaux.
Nonante-deux Soldats.
30. Mariniers de Rambade.

LIVRE SECOND.

ESTAT DES VITVAILLES
qu'il faut pour vne Galere.

	Pour un mois.	Pour 2.	Pour 3.	Pour 4.	Pour 5.	Pour 6.
Biscuit.	23565 livres.	47130 l.	70695 l.	94260 l.	117825 l.	141390 l.
Vin.	108 mil. & d.	217 mil.	325 m.	434 m.	542 m.	651 mil.
Viande salée.	2038 livres.	4076 l.	6114 l.	8152 l.	10191 l.	12228 l.
Moluë.	1461 livres.	2922 l.	4383 l.	5844 l.	7305 l.	8766 l.
Fromage salé.	830 livres.	1660 l.	2490 l.	3320 l.	4190 l.	4980 l.
Ris.	600 livres.	1200 l.	1800 l.	2400 l.	3000 l.	3600 l.
Faiols.	623 livres.	1246 l.	1869 l.	2492 l.	3115 l.	3738 l.
Pois.	100 livres.	200 l.	300 liv.	400 l.	500 liv.	600 l.
Anchois.	3 Barrils.	6 bar.	9 bar.	12 bar.	15 bar.	18 bar.
Sardines.	30 Barrils.	60 bar.	90 bar.	120 bar.	150 bar.	180 bar.
Huile.	3 Millerolles.	6 mil.	9 mil.	12 mil.	15 mil.	18 mil.
Vinaigre.	4 Millerolles.	8 mil.	12 mil.	16 mil.	20 mil.	24 mil.
Moutos en vie.	9.	18	27	36.	45.	54.
Féves.	30 Emines.	60 emin	90 em.	120 em.	150 em.	180 em.
Sel.	1 Minot.	2 minots	3 min.	4 min.	5 min.	5 minots
Bois à brusler.	60 quintaux.	120 q.	180 q.	240 q.	300 q.	360 q.
Chandelles.	25 livres.	50 livr.	75 liv.	100 liv.	125 l.	150 l.
Charbon.	3 quintaux.					
Foin.	3 quintaux.					
En argent pour frais d'un embarquement.	15 livres.	30 liv.	45 liv.	90 liv.	75 liv.	90 liv.
En argent pour menuës dépenses.	30 livres.	60 liv.	90 livr.	120 liv.	150 l.	180 liv.

ESTAT DES RATIONS
qui doivent eſtre diſtribuées par jour ſur chacune des Galeres du Roy qui vont ſervir en Mer.

PREMIEREMENT.

Biſcuit.

L'Escrivain, le Chirurgien, le Comite, le Pilote, le Maiſtre Canonier, à chacun par jour deux livres biſcuit. 10 livres.

Au Sous-Comite, au Sous-Comite de Meſanie, à l'Argouſin, le ſous-Argouſin, ſous-Pilote, Remolart, Barrillat, Charpentier, Calfat; les quatre Timoniers, les trois Aydans de Canoniers, le Major-d'Homme, les quatre Caps de Garde, le Patron du Caïcq, & les quatre Sergens, à chacun par jour une livre trois quarts. 45 l. & demi.

A quatre Caporaux, quatre-vingts douze Soldats, ſix Proyers, trente Matelots de Rambade, & huit Gardiens, à chacun une livre & demie par jour. 110 livres.

A quatre-vingts Mariniers de rame, & cent quatre-vingt Forçats, à chacun deux livres par jour. 520 livres.

Total du Biſcuit pour un jour. 585 liv. & demie.

Vin.

Aux cinq Officiers cy-deſſus nommez, à chacun par jour deux pintes, 10 pintes.

Aux autres vingt-ſix Officiers, à chacun une pinte par jour, 6 pintes.

Aux quatre Caporaux, à chacun une pinte, 4 pintes.

A quatre-vingts douze Soldats, ſix Proyers, trente Matelots de Rambade, huit Gardiens, & treize Mouſſes de Chambre ou Eſpaliers & Counilliers, à chacun par jour deux tiers de pinte, 35 p. 2. tiers.

Total pour un jour, 3 mil 13 pintes.

Livre Second.

Aux cinq Officiers cy-devant nommez, à chacun deux livres & demie.   12 liv. & demie.   *Viande de Bœuf ou Lard.*

Aux vingt-six autres Officiers, à chacune une livre & demie.   39 livres.

Aux quatre Caporaux, à chacun une livre,   4 liv.

A quatre-vingt douze Soldats, six Proyers, trente Matelots de rambade, huit Gardiens, & treize Mousses, à chacun un tiers de livre,   49 liv. 2 tiers.

A quatre-vingts Mariniers de rame, y compris le Capitaine, à chacun un tiers de livre,   27 liv. 3 quarts.

Total de viande pour un jour,   133 livres.

A Tous les Officiers, à chacun un quart de livre les jours maigres.   8 livres.   *Fromage.*

A quatre-vingts douze Soldats, trente Matelots, six Proyers, huit Gardiens, treize Mousses, & quatre-vingts Mariniers de rame, à chacun un quart de livre les jours gras,   *Total* 57 livres.

LA Ration qu'on distribuë le Lundy est differente aux autres jours de la semaine ; Sçavoir, aux Officiers & Caporaux, il leur faut donner de la viande ; & aux Soldats Matelots, Proyers, & autres cy-dessus nommez, ont de la moluë, & c'est ainsi que s'ensuit.

Aux cinq Officiers, à chacun deux livres & demie de viande.   12 liv. & demie.

Aux autres vingt-sept Officiers, y compris le Capitaine des Mariniers de rame, à chacun une livre & demie,   40 liv. & demie.

Aux quatre Caporaux, à chacun une livre,   4 livres.

Total de la viande dudit jour,   57 livres.

LEs quatre-vingts douze Soldats, trente Matelots de Rambade, six Proyers, huit Gardiens, quatre-uingt Mariniers de Rame, & treize Mousses ou Espaliers, à chacun un quart de livre de moluë le Lundy,   57 livres.

X iij

168 L'ARCHITECTURE NAVALE.

Legumes.   AUx cinq Officiers cy-deſſus nommez, à chacun demie livre,   2. liv. & demie.

Aux autres vingt-ſept Officiers, y compris le Capitaine des Mariniers de rame, à chacun un quart de liv.   6 l. 3 qu.

Aux quatre Caporaux, quatre-vingts douze Soldats, 30 Mariniers de Rambade, ſix Proyers, huit Gardiens, & treize Mouſſes, à chacun un quart de liv.   38 l. 1 quart.

Total de legume pour un jour,   47 liv. & demie.

Féves.   POur deux-cents ſoixante hommes de Chiourme, on donne tous les jours une Emine de feves,   1 Emine.

Anchois.   A tous les Officiers, les jours maigres, on leur donne à chacun une Anchoie pour le dejeuné, par jour,   36 Anch.

Sardines.   Aux Soldats, Matelots, Proyers & autres, à chacun deux Sardines, les jours maigres; Sçavoir le Lundy, Mercredy, Vendredy, & Samedy, & il s'en conſume par jour,   2 barils.

Bois à brûler.   Il en faut tous les jours deux quintaux pour faire boüillir les Chaudieres,   2 quintaux.

Sel.   On donne tous les jours deux livres à la Chaudiere de la Chiourme, & pour le reſte de l'équipage trois livres, & pour un jour,   5 livres.

Moutons.   Les cinq Officiers ont chacun une livre de Mouton les jours gras, & le reſte s'employe pour les malades,   5 livres.

Chandelles.   L'on doit diſtribuer à l'Argouſin une chandelle de deux jours en deux jours, à cauſe des viſites qu'il doit faire la nuit pour éviter l'évaſion des Forçats; & quant aux autres Officiers, leur en ſera auſſi donné lors qu'on prendra port de nuit, & quand il ſera beſoin pour le ſervice de la Galere, & non autrement.

Comme auſſi l'on doit diſtribuer à chaque Forçat une pichonne ou quart de pinte de vin, lors que la Reale ou la Commendante en fait le ſignal, & non autrement, & revient pour chaque fois à cent quatre-vingts Forçats, 45 p.

L'on paſſe pour dechet cinq millerolles de vin ſur cent, deux quintaux de viande, un quintal de fromage ſur un embarquement de deux mois. Auſſi le vin qui ſe donne à la

LIVRE SECOND. 169

Chiourme, & pour les malades, est passée à raison de sept millerolles par mois.

Le Biscuit sera distribué avec le Machemort qui en provient aux Officiers, Soldats, Mariniers de rambade, & generalement à toute la Chiourme.

Les Rations seront distribuées journellement à chacun des Officiers, Soldats, Mariniers, & à tous autres, à l'heure assignée par l'Escrivain, & lors que le service de la Galere le permettra, autrement ils en seront décheus, & ne leur sera rien donné, ledit Escrivain ne le pouvant garder d'un jour à autre, ce qui luy est deffendu, pour éviter les abus & embarras que cela peut faire naistre.

Moluë.

AVx cinq Officiers cy-dessus nommez, chacun une livre un quart, 6 liv. 1 quart.
Aux autres 26 Officiers, à chacun une livre, 26 liv.
Aux quatre Caporaux, à chacun trois quarts de livre, 3 l.
A quatre-vingts douze Soldats, six Proyers, trente Mariniers de Rambade, huit Gardiens, & treize Mousses, à chacun un quart de livre, 37 livr. 1 quart.
A quatre-vingts Mariniers de rame, y compris le Capitaine, à chacun un quart de livre, 20 liv. 3 quarts.
Total de la Moluë pour un jour, 93 l. 1 quart.

DESPENSE D'VNE GALERE
dans le Port pendant quatre mois.

PREMIEREMENT.

AU Capitaine pour ses apointemens, à 250 l. par mois, & pour 4 mois, la somme de 1000 liv.
Au Lieutenant, à 83 liv. 6 s. 8 d. par mois, & pour quatre mois, la somme de 333 l. 6 s. 8 d.
Au sous-Lieutenant, à 41 l. 3 s. 4 d. par mois, & pour quatre mois, la somme de 166 l. 13 s. 4 d.

A l'Aumosnier, à 18 l. par mois, 72 l.
A l'Escrivain, à 30 liv. par mois, 240 liv.
Au Chrirurgien, idem, 120 liv.
Au Comite, idem, 120 liv.
Au Capitaine Maistre Canonier, idem, 120 liv.
Au Sous-Comite, à 18 liv. par mois, 72 l.
Au Sous-Comite de Miegenier, à 15 l. par mois, 60 l.
A l'Argousin, à 20 l. par mois, 80 liv.
Au Sous-Argousin, à 12 liv. par mois, & pour quatre mois, la somme de 48 liv.
A dix Gardes dits Compagnons, à 9 liv. chacun par mois, la somme de 360 l.
Au Remolat, à 30 l. par mois, cy 120 l.
Au Barillat, à 15 l. par mois, 60 liv.
Au Pilote, à 30 l. par mois, 120 l.
A 40 Mariniers de rames volontaires, à 6 l. chacun par mois, & pour quatre mois, 960 l.
A vingt Bonnevoglies, à 6 l. chacun par mois, 480 l.
A deux Sergents, à 15 l. par mois chacun, 120 l.
A deux Caporaux, à 10 l. 10 s. chacun par mois, la somme de 84 liv.
A un Tambour, à 9 l. par mois, 36 l.
A 48 Soldats, à 7 livres 10 sols chacun par mois, la somme de 1440 l.
A un Forçat, pour une paire de bas, deux chemises, deux calçons, un bonnet, & en deux ans une casaque & un capot, le tout estimé à 11 l. 7 s. par an, & pour 230, y compris 20 Bonnevoglies, 2497 l.
Pour renouvellement Dagrez par an, la somme de 4000 l.
Pour une main de pain, par jour à un Forçat, pesant 36 onces, revenant à 2 s. 3 d. par jour, pour un mois 3 l. 7 s. 6 d. pour 200 Forçats par mois, 675 livres, & pour quatre mois, la somme de 2700 liv.
Pour les féves, à raison de 2 l. 16 s. 9 d. par jour, par mois 85 l. & pour quatre mois, la somme de 341 l. 10 s.
Pour le bois à brûler, à 7 s. 6 d. par jour, par mois 11 l. 5 s. & pour quatre mois, la somme de 45 l.

Pour

Pour l'huile, sçavoir deux quarterons pour le potage des fèves, & deux quarterons pour les lampions qui servent la nuit, à cause de la garde, revenant à 11 sols par jour, par mois 16 l. 10 sols, & pour quatre mois, la somme de   66 liv.

Pour le pain des 40 Mariniers volontaires, à raison de 2 s. 3 deniers la main par jour, 4 l. 10 s. par mois 135 liv. & pour quatre mois la somme de   540 l.

Pour la nourriture d'un Bonnevoglie, à une main de pain & miege de vin par jour à 4 liv. 17 s. & pour vingt bonnevoglies, la somme de   390 livres.

Pour la chaudiere de la charité que l'on fait pour les Forçats & Bonnevoglies convalescens, par estimation à cinquante livres par mois, & pour quatre mois la somme de

DEPENSE EXTRAORDINAIRE
d'une Galere en mer, pendant huit mois.

SCAVOIR,

AU Capitaine pour ses appointemens, à 250 l. par mois, & pour huit mois, la somme de   2000
Pour sa table a 500 liv. par mois,   4000 liv.
Au Lieutenant pour ses appointemens, à 83 l. 6 s. 8 d. par mois, & pour huit mois la somme de 666 livres 13 s. 4 den.
Au Sous-Lieutenant pour ses appointemens à 41 l. 13 s. 4 d. par mois, & pour 8 mois,   333 l. 6 s. 4 d.
A l'Aumosnier à 18 l. par mois,   144 l.
A l'Escrivain à 30 liv. par mois,   240 liv.
Audit pour sa nourriture à 12 s. par jour, par mois 18 l. & pour 8 mois,   144 l.
Au Comitte pour ses appointemens, à 30 livres par mois, & pour 8 mois,   240 l.
Audit pour sa nourriture à 12 s. par jour,   144 l.
Au Capitaine Maistre Canonier pour ses appointemens, à

30 l. par mois, & pour 8 mois, 240 l.

Audit pour sa nourriture, à 12 s. par jour, 144 l.

Au Pilote pour ses appointemens, à 30 l. le mois, & pour 8 mois, la somme de 240 l.

Et pour sa nourriture à 12 s par jour, 144 l.

Au Sous-Comitte pour ses appointemens, à 18 l. le mois, & pour huit mois, 144 l.

Audit pour sa nourriture à 8 s. par jour, 96 liv.

Au Sous-Comitte miegenier pour ses appointemens, à 15 l. par mois, 120 l.

Audit pour sa nourriture à 8 s. par jour, 96 liv.

A l'Argousin pour ses appointemens, à vingt livres par mois, 160 l.

Audit pour sa nourriture à 8 s. par jour, 96 liv.

Au Sous-Argousin pour ses appointemens à 12 l. par mois, la somme de 96 l.

Audit pour sa nourriture, idem 96 l.

Au Sous-Pilote, pour ses appointemens à 30 liv. par mois, n'estant payé à terre que de la demie solde, ¡ pour huit mois, la somme de 240 liv.

Pour sa nourriture estimée à 12 l. par mois, & pour 8 mois, la somme de 96 liv.

A quatre Timoniers, payez à terre dans les clases des Mariniers à la demie solde, montant à 10 l. 10 s. à la Mer, à raison de 20 livres par mois, & pour huit mois, la somme de 612 l.

Pour leur nourriture, estimée comme dessus à 12 l. par mois pour chacun 96 l. pour 8 mois, & pour les 4 la somme de 384 l.

A trois Aydes canoniers, payez à terre de la demie solde, & à la mer à raison de 24 l. par mois chacun, & pour 8 mois pour les 3 576 l.

Pour leur nourriture estimée à 12 l. pour chacun par mois, pour 8 mois 96 livres, & pour les trois la somme de 288 l.

A 4 Caps de garde payez comme dessus, à terre dans les classes & en mer, à raison de 15 liv. par mois, pour 8 mois pour les 4 480 liv.

Pour leur nourriture à 12 l. chacun par mois, 384 l.
A un Patron de Caiq de la demie solde à terre, à la Mer à 15 liv. par mois, pour 8 mois, 120 l.
Audit pour sa nourriture pendant les 8 mois, la somme de 96 l.
Au Remolat pour ses appointemens, à 30 l. par mois, & pour 8 mois la somme de 240 liv.
Pour sa nourriture à 12 l. par mois, 96 liv.
Au Barillat pour ses appointemens, à 15 l. par mois, la somme de 120 liv.
Pour sa nourriture, estimée comme dessus 96 livres.
Au Maistre Dache, estant payé de la demie solde à terre, & à la Mer à 30 l. par mois, 240 l.
Pour sa nourriture estimée comme dessus, 96 l.
A un Calfat pour ses appointemens, payé de la demie solde à terre, & à la Mer à 30 liv. par mois, & pour 8 mois la somme de 240 liv.
Pour sa nourriture à 12 l. par mois, & pour 8 mois, 96 l.
A un Major-d'homme, à 12 l. par mois, & pour 8 mois, 96 l.
Pour sa nourriture, idem 96 l.
A trente Mariniers de rembade de la demie solde à terre, & à la Mer à 12 liv. par mois chacun, pour tous 360 liv. & pour 8 mois la somme de 2880 l.
Pour leur nourriture estimée à 4 s. 6 d. chacun par jour, par mois 6 l. 15 s. pour tous 202 liv. 10 s. pour 8 mois, la somme de 1620 l.
A dix Compagnons dits Gardiens, pour leur nourriture à 4 s. 6 d. par jour, chacun pour un mois 6 liv. 15 s. pour tous 67 liv. 10 s. & pour 8 mois la somme de 540 l.
Ausdits Compagnons pour leur solde, à 9 l. par mois chacun pour 90 liv. & pour 8 mois la somme de 720 liv.

Pour la solde de cent hommes d'Infanterie.

SÇAVOIR,

A Quatre Sergents, à 12 l. 15 s. par mois chacun, deduction faite de 2 l. 5 s. pour la nourriture, reve-

nant à 51 liv. pour les quatre, & pour 8 mois la somme
de 408 l.
Pour sa nourriture pendant un temps, à 12 liv. chacun par
mois, 384 liv.
A 4 Caporaux pour leur solde, à 8 liv. 5 s. par mois chacun, deduction faite de 2 l. 5 sols pour leur nourriture, revenant à 33 l. le mois pour tous, & pour huit mois la somme de 264 liv.
Pour leur nourriture pendant un temps, estimée à 9 livres par mois chacun, & pour 8 mois la somme de 388 liv.
A quatre vingts douze soldats pour leur solde, à 5 liv. 5 s. par mois chacun, pareille deduction faite de leur nourriture, revenant à 483 livres, pour tous, & pour huit mois, 3864 liv.
Pour leur nourriture, à 6 l. 15 s. par mois chacun pour tous, revenant à 621 l. & pour huit mois, la somme de 4968 l.
A vingt Bonnevoglies, pour leur solde à raison de 6 liv. par mois chacun, revenant à 120 livres, & pour 8 mois la somme de 960 l.
Pour leur nourriture, à raison de 5 s. 3 d. par jour, attendu que leur ration de pain est plus forte de demie du rolle des Mariniers, revenant à 7 liv. 17 s. 6 deniers par mois pour chacun, pour tous à 157 l. 6 d. par mois, la somme de 1260 l.
Pour le vin qui se donne à la Chiourme lors qu'elle a fatigué par estimation pendant lesdits huit mois, y compris celuy que l'on donne aux malades convalescens, la somme de 380 liv.
Pour les frais de l'embarquement des victuailles, menuës dépences & rafraichissement, à 42 l. 10 s. & pour huit mois, la somme de 340 l.
Pour l'achapt des moutons pour les malades, lors qu'il y en a quantité, par estimation à   par mois,
& pour huit mois la somme de
Pour le coffre des medicamens, à 28 liv. par mois, pour huit mois la somme de 224 liv.
Pour lespalmage de la Galere, à   par

mois, & pour 8 mois la somme de
Pour le Biscuit de 200 Forçats, à raison de 2 liv. chacun par jour, 400 liv. & à 120 quintaux par mois, à 7 l. le quintal, 840 liv. & pour lesdits 8 mois, la somme de 6720 l.

ESTAT DANS LEQUEL EST UNE GALERE desarmée dans le Port, & de ce qui reste dedans.

SÇAVOIR,

LE corps de la Galere couverte de deux tentes, une derbage, l'autre de toile de cordat amarée de Prouë, avec deux vieilles gumes traînant à deux fers aux ancres dont on a donné fonte & de Poupe, avec deux vieux cables appellez Gumenetes, lesdites tentes arborées sur 24 cabriones de bois.

La Chiourme reste dans la Galere gouvernée par les Comittes, & gardée par l'Argousin.

Les trois Canons, celuy du Coursier, & les deux bâtardes.

Les Arbres de Maistre & Trinquet, avec leurs entenes, des-arborez & couchez dans le Coursier de la Galere.

Les ferremens, comme marteaux, enclumes, brancades & menotes, & avec chaisnes servant à l'Argousin, pour enchaisner & déchaisner les Forçats.

Une grande chaudiere de cuivre avec son couvercle & sa cueillere, dans laquelle on fait cuire le potage de féves pour la Chiourme.

Une autre petite chaudiere de cuivre avec son couvercle, sa cuillere & son écumoir, servant à faire cuire le potage des Forçats convalescens.

Soixante gamelles de bois.

Quatre-vingts barils à tenir l'eau.

Deux pertuisanes servant aux Compagnons qui font la garde la nuit à la Poupe & à la Prouë de la Galere.

Six lampions que l'on allume la nuit.

Vingt facs fervant à porter le pain de la Boullangerie à l'Arcenac dans la Galere.

VITVAILLES QVE L'ON DISTRIBVE journellement fur ladite Galere dans le Port.

Deux cens foixante quatorze mains de pain du poids de 36 onces, diftribuées à 200 Forçats, 40 Mariniers volontaires, vingt Bonnevoglies, dix mains pour dix Compagnons gardes, & 4 mains du quatriéme pour gratificats aux Forçats efpaliers voguevents du quartiers conilliers, Barberot ou Ayde Chirurgien & Mouffes des Chambres, à caufe de leur travail extraordinaire.

Une émine de fèves.

Quatre quarterons d'huile, fçavoir 2 pour le potage, & 2 pour les lampions allumez la nuit.

Deux livres de fel.

Un quintal de bois à brûler.

Trois livres chair de mouton par jour pour le potage des convalefçans.

Plus chopine ou miege de vin à chacun des Bonnevoglies de la Galere.

FONCTIONS DES OFFICIERS d'vne Galere.

L'Aumofnier, chacun fçait la fonction de fa Charge, & ce qu'il doit faire, comme un Curé de Paroiffe.

L'Ecriuain, fa fonction eft d'avoir foin de tout ce qui fe paffe dans la Galere, de tenir un regiftre des Forçats, de veiller fur la fonction des autres bas Officiers, de fçavoir à quoy ils employent ce qui leur eft commis, felon leur

LIVRE SECOND.

Charge, de recevoir toutes les choses necessaires pour le radoub de la Galere, tenir un journalier des ouvriers qui travaillent audit radoub, & des journées qu'ils y employent ; faire embarquer les vituailles necessaires pour la subsistance de l'équipage pendant une campagne, de les faire distribuer suivant les ordres qui luy sont donnez, tenir registre de tout ce qui se consomme dans la Galere, tant des vituailles, agréez, aparaux, autres choses qui se peuvent, le tout pour sur icelle par l'usage à la navigation, & mesme à un combat veiller à la distribution des pieces & munitions de guerre; comme aussi de celles qui s'employent pour ledit service, que en ladite campagne, afin d'en pouvoir compter à son retour. Il a 30 l. de gages par mois.

Le Chirurgien ; Quoy que l'on sçache sa fonction, neanmoins on l'employe icy ; Il est obligé de visiter tous les jours deux fois la Chiourme, & s'il y a quelqu'un blessé de les pencer, & ne mentir, lors qu'ils sont malades d'en advertir l'Ecrivain & l'Aumosnier, pour leur faire administrer ce qui leur peut estre necessaire ; avoir soin de faire embarquer la quaisse garnie de tous les instrumens qui concernent la Chirurgie, & qui peuvent servir pour la campagne ; de faire donner le boüillon & la subsistance aux malades en sa presence. Il a 30 liv. de gages par mois.

Le Comitte. Sa fonction est de commander les Forçats pour leur faire faire le manœuvre de la Galere, soit à ramer ou autrement ; Il est chargé & a le soin de tous les cordages de la Galere en campagne. Le Pilote donne la route que l'on doit tenir, a le soin de faire ramer les Forçats & des maneuvres de service. Il a 30 l. de gages par mois.

Le Sous-Comite de Proüe a le soin de faire tenir toûjours tous les cordages qui sont necessaires prests, la Galere navigeant. Il a à commander la Chiourme, depuis l'Arbre de Mestre jusques à Proüe, pour les faire ramer, & a la conduite du maneuvre, de la voile du trinquet, & le petit mats ; commande les Mariniers de rambade pour cet effet, suivant la parole qui luy est postée avec le sifflet par le Comitte. Il a 18 liv. par mois.

Le Sous-Comite de Mizenin, la Galere navigeant, son poste est d'estre toûjours au milieu de la Galere, depuis le Fougon un endroit où se fait le feu jusques à l'Arbre de Mestre, recevant le commandement du Comitte qui se tient toûjours sur la timoniere pres de la Poupe, pour se faire entendre avec le sifflet au Sous-Comite qui est à Prouë. Il a 15 l. par mois.

Les Argousins, sous-Argousins, ont soin de la Chiourme de la Galere, de laquelle ils sont chargez ; & il y a dix Compagnons sur la Galere qui font la Garde des Forçats sans eux. L'Argousin à 20 liv. & le Sous-Argousin 12 liv. par mois.

Le Pilote a le soin du chemin que la Galere doit tenir, & de la conduite d'icelle ; de sçavoir les endroits ou ports où elle peut moüiller, & du temps qui luy peut estre propre pour faire le voyage qu'elle entreprend.

Le Sous-Pilote est embarqué pour donner son advis conjointement avec le Pilote selon la conjoncture du temps, & pour servir à la place du Pilote en cas qu'il vienne à manquer.

Le Canonier est celuy qui a le soin des Canons & Periers, & des munitions de guerre qui s'embarquent dans la Galere ; Il y a trois Aydes Canoniers au dessous de luy.

Les quatre Timonniers ont soin du Timon ou Gouvernail de la Galere pour le faire joüer d'un costé & d'autre, selon la route que l'on veut tenir. Ils ont le soin de divers services, assistent à changer l'entaine de Mestre de costé & d'autre, selon le commandement du Comitte ; ce que l'on appelle faire le quart de la Mestre. Ils ont dix-huit livres chacun.

Les 4. Caps de gardes ont le soin des maneuvres, des ostes, & sur costé auprés du fillerets sur l'aubarestiere où lesdits cordages viennent passer ; deux aux deux costez de la Galere pour les ostes de Mestre, & deux pour les ostes du Trinquet du costé dextre, des deux costez de la Galere, & ils ont 15 liv. chacun, ont le soin de faire la garde conjointement jour & nuit.

Le Patron du Caïq a soin de la conduite du Caïq, qu'il soit embarqué toutes les choses necessaires dans une Galere. Il a 15 livres.

Les Mariniers de Rambade servent à faire les manœuvres de la voile du Trinquet, selon le commandement des Comittes, à ramer dans le Caïq lors qu'il est necessaire pour le service de la Galere. Ils ont 12 liv. chacun par mois.

Vn Maistre d'Hache ou un Charpentier, gagne par jour 24 sols ; mais de ces gens, les uns gagnent plus les autres moins.

TABLE DES CAPITAINES,
Lieutenans & Sous-Lieutenans des Galeres de sa Majesté.

Monsieur le Mareschal de VIVONNE, General des Galeres de sa Majesté.

Galeres.	Capitaines.	Lieutenans.	Sous-Lieutenans.
Realle.	M. de Manse.	Le S. Duchon.	Le S. Passe-bon.
Patrone.	M. de la Brossardiere.	Le S. Mareuil.	Le S. Vidaut.
Dauphine.	M. de Ville-neuve.	Le S. de Seguiran	Le S. Mosnier Benet.
Perle.	M. Doppede.	Le S. Tisacq.	
Madame.	M. de Gardane.	Le S. de sainte Croix.	Le S. Garnier.
Princesse.	M. de la Breteche.	Le S. de la Borde.	Le S. Gombault.
Invincible.	M. de Bethomas.	Le S. Garnier.	Le S. Savonniere.
Forte.	M. de Bret. üil.	Le S. Ricart.	Le S. Imbert.
Victoire.	M. de Ianson.	Le S. de sainte Croix.	Le S. Congy.
Reine.	M. de Montaulieu.	Le S. de sainte Mesme	Le S. Colo.
Valeur.	M. de Vivier.	Le S. Rousset.	Le S. Icart.
Ferme.	M de la Motte.	Le S. Guerin.	Le S. de la Sare.
Galante.	M. de la Raynarde.	Le S. Mosnier.	Le S. Negre.
Sirenne.	M. de Forville.	Le S. Gaillard.	Le S. Lapeur.
Brave.	M. de Mirabeau.	Le S. de Pille.	Le S. Andoque.
Grande.	M. de Maubousquet.	Le S. Giraudy.	Le S. Marquet.
Belle.	M. le Comte de Bueil.	Le S. la Vidace.	Le S. Bernard.
Favorite.	M. Despennes.	Le S. Rousset.	Le S. Dardenne.
Renommée.	M. Espanet.	Le S. la Girarde.	Le S. Bernage.
Heureuse.	M. de Foreste.	Le S. Slotte.	Le S. de S Paul.
Hardie.	M. de S Heran.	Le S. Dusson.	Le S. Cambay.
Fleur-de-Lis.	M. de Mandes.	Le S. de Boursouville.	Le S. Gueydon.
Superbe.	M. de Rance.	Le S. de Sacco.	Le S. de Lossan.
France.	M. de Roche-chouart.	Le S. de Sabran.	Le S. la Combe.
		Le S. Congy.	Le S. de Clermont.
Galliotes.			
Vigilante.	M. de Monfuron.		
Subtile.		Le S. Espanet.	

ORDRE ET REGLEMENT

TOVCHANT CE QUE LE ROY desire estre doresnavant observé à la Mer, entre les Vaisseaux & Galeres de sa Majesté, & les Vaisseaux & Galeres des autres Provinces & Estats, à l'égard des honneurs & saluts qui doivent estre rendus reciproquement, tant aux Places maritimes qu'aux Pavillons, Estendarts, Cornetes, & autres marques de commandement que lesdits Vaisseaux & Galeres portent à la Mer.

PREMIEREMENT.

TOUTES les Places maritimes appartenant à sa Majesté, mesmes les principales, & toutes les Forteresses, continuëront les premiers de saluer le pavillon Admiral de sa Majesté, & l'étendart Royal de ses Galeres.

II.

Tous les Vaisseaux de sa Majesté & toutes ses Galeres, quelque marque de commandement que ceux-là & celles-cy portent à l'exception dudit pavillon Admiral & de l'étendart de ses Galeres, passant devant les Places maritimes & principales Forteresses de sa Majesté, ou arrivant dans les Ports, ou moüillant dans les rades, saluëront les premiers lesdites places & forteresses, lesquelles leur rendront le salut; A sçavoir au Vice-Admiral, Patrone & contre-Admiral, coup pour coup, & aux autres avec un moindre nombre de coups qu'elles regleront à proportion du commandement, plus ou moins digne qu'auront lesdits Vaisseaux & Galeres.

III.

Comme sa Majesté sçait que les autres Rois ont donné leurs Ordres que tous leurs Vaisseaux & Galeres, mesmes leur Pavillon Admiral & leur étendart Royal, saluënt les premiers les places maritimes & les forteresses de sa Majesté passant devant elles, ou arrivant devant elles, ou arrivant dans leurs ports, ou moüillant dans leurs rades, & de se contenter pour la rendition du salut, qu'il soit rendu coup pour coup seulement audit Pavillon & à l'Etendart Royal, & à tous les autres avec un moindre nombre de coups, selon la dignité de leur commandement. Sa Majesté veut bien aussi qu'il en soit vsé de mesme par ses Vaisseaux & Galeres, à l'égard des places maritimes ou forteresses principales de tous les Rois, quand lesdits Vaisseaux ou Galeres passeront devant elles, arriveront dans leurs ports, ou moüilleront dans leurs rades, sans excepter non plus de cette regle, ny son Pavillon Admiral, ny son Etendart Royal, lesquels devront aussi estre saluëz coup pour coup, & des autres qui auront un commandement inferieur, se contenteront du moindre nombre de coups.

IV.

Sa Majesté ne détermine rien quand à present sur ce sujet à l'égard des Anglois, se reservant de donner cy-apres aux Commandans de ses Armées Navales, des ordres particuliers pour ce qui les concerne, tant à l'entrée des ports qu'aux rencontres de la Mer, lesquels cependant ses Vaisseaux & Galeres éviteront autant qu'il leur sera possible.

V.

Mais à l'égard des Vaisseaux du Roy d'Espagne, sadite Majesté entend que dans les rencontres des Pavillons & Etendart égaux, celuy de France se fasse toujours saluër le premier, en quelque Mer que se fasse le rencontre, mesme sur les costes d'Espagne.

VI.

Le Vice Admiral de France, la Galere patrone & le contre-Admiral rencontrans le pavillon Admiral ou l'étendart Royal d'Espagne, ne feront aucune difficulté de les saluer les premiers.

VII.
Les Vaisseaux de sa Majesté estans separez en Escadre, ou un Chef à la teste de chacun avec sa flame ou sa cornete au grand mast, s'ils rencontrent en mer des Vaisseaux d'Espagne avec le pavillon Admiral de vice-Admiral ou contre-Admiral, celuy des Vaisseaux de sa Majesté qui arborera ladite flame ou cornete au grand mast, ne fera point de difficulté de saluer le premier lesdits pavillons d'Espagne, & qu'il ne luy soit rendu pour le salut qu'un moindre de coups.

VIII.
Pareillement les Vaisseaux qui n'auront pavillon cornete ny autre marque de Commandant, s'ils rencontrent en mer des Navires de guerre du Roy d'Espagne de pareille qualité, sa Majesté entend que les siens se fassent saluer les premiers par les autres, & qu'ils les y contraignent par la force s'ils en faisoient difficulté.

IX.
A l'égard des Holandois, Genois, Hambourquois, & autres Estats, sa Majesté ayant esté informée de l'accord qui fut fait avec les Provinces-Unies des Païs-bas en l'année 1634. portant que l'Admiral d'Holande rencontrant en mer l'Admiral de France, celuy d'Holande plieroit son pavillon & salüeroit de son Artillerie, & qu'ensuite celuy de France ayant rendu le salut du canon seulement, celuy d'Holande remettroit son pavillon, & que le vice-Admiral & contre-Admiral feroient la mesme chose à l'égard du vice-Admiral & contre-Admiral de France, sadite Majesté approuvant de nouveau ce reglement, desire qu'il soit observé presentement de la mesme maniere à l'égard des susdits Estats Generaux & des autres Republiques; & que ce qui est de son pavillon Admiral, soit entendu aussi à l'égard de son étendart Royal des Galeres, comme aussi à l'égard de la Patrone de ses Galeres, ainsi qu'il est dit du vice-Admiral de France.

X.

Entend sadite Majesté que les trois pavillons d'Admiral, vice-Admiral, & contre-Admiral de France, se fassent saluër par l'Admiral d'Holande, & que neanmoins celuy-cy ne soit obligé de plier son pavillon que pour l'Admiral de France, leur vice-Admiral & leur Admiral, que pour l'Admiral & le vice-Admiral, & ainsi du contre-Admiral ; En sorte que cette difference de plier le pavillon ne soit renduë par les Holandois qu'aux pavillons superieurs en qualité ou égaux de nom.

XI.

Si l'Admiral d'Holande est rencontré par un Vaisseau du Roy portant cornete seulement, ledit Vaisseau du Roy ne fera difficulté de saluër.

XII.

Mais pour les Vaisseaux du Roy commandans en quelques mers, qu'ils portent le pavillon ou la cornete, se feront saluër les premiers par le vice-Admiral & contre-Admiral d'Holande.

XIII.

Comme aussi dans les rencontres de Vaisseaux à Vaisseaux de guerre de l'une & de l'autre Nation, le François se fera saluër le premier par l'Holandois, & l'y contraindra s'il en fait difficulté.

XIV.

Sa Majesté entend que tout ce qui est dit d'Holande dans les articles cy-dessus obseruez, aussi à l'égard de tous les autres Estats, comme Gennes, Hambourg, villes Anciatiques & autres.

XV.

Et comme par abus ou par l'ignorance des ouvriers, il est arrivé que les cornetes qu'on donne aux Chefs d'Escadres, qui sont apresent taillées de maniere qu'elles ne different de guere des pavillons quarrez que de la coupe & ouverture du milieu, qui separe & fait terminer en pointe les deux extremitez de la cornete; en sorte que l'on a peine à les distinguer de loin, lors que le vent fait battre lesdites

LIVRE SECOND. 185

cornetes, ou qu'elles sont à demy usées ; Sa Majesté voulant y apporter l'ordre & le reglement necessaire pour empescher la confusion & prevenir toute méprise,

ORDONNE que doresnavant lesdites cornetes auront plus de guidans & debattans que lesdits pavillons quarez, & plus d'ouverture à proportion, qu'elles n'en ont eu cy-devant.

XVI.

Quant aux saluts des Galeres, si le Vaisseau Admiral de France rencontre en mer celuy d'Espagne avec l'étendart Royal d'Espagne, il se fera saluër le premier par ledit étendart.

XVII.

Pareillement l'étendart Royal des Galeres de France, rencontrant en mer l'étendart Royal des Galeres d'Espagne ou leur pavillon Admiral, celuy de France se fera le premier saluër par les autres.

XVIII.

Mais lors que l'étendart Royal d'Espagne sera rencontré en mer par le vice-Admiral patrone des Galeres du contre-Admiral de France, ou par quelque escadre de Vaisseaux François, avec cornete ou flame, lesdits Vaisseaux & patrons saluëront les premiers l'étendart Royal d'Espagne.

XIX.

Les autres Escadres des Galeres de Naples, Sicile, Sardaigne, & autres appartenant au Roy d'Espagne, quoy que portant l'étendart Royal, ne seront traitées que comme Galeres patrones, & ne seront saluëes par le Vice-Admiral & les Galeres patrones de France, mais seulement par le contre-Admiral ; & au contraire, ledit vice-Admiral & Galere patrone de France se feront saluër les premieres.

XX.

Dans les rencontres des Galeres de mesme qualité, celles de France se feront saluër les premieres par celles d'Espagne.

XXI.

L'étendart Royal des Galeres de France, rencontrant en mer les Galeres de Malthe ou entrant dans le port dudit Malthe, traitera l'étendart de Malthe comme il a esté pratiqué à la fonction desdits deux étendarts pour l'entreprise de Gegery.

XXII.

L'étendart Royal des Galeres de France rencontrant le pavillon Admiral du Roy, saluera le premier ledit pavillon, & le salut luy sera rendu coup pour coup.

XXIII.

Mais il sera saluë le premier par le vice-Admiral.

XXIV.

Le vice-Admiral & la patrone des Galeres de France venant à se rencontrer, la patrone saluera la premiere le vice-Admiral, qui luy rendra le salut coup pour coup.

XXV.

La Patrone des Galeres & le contre-Admiral de France venans a se rencontrer, le contre-Admiral saluera le premier, ladite Patrone luy rendra le salut coup pour coup.

XXVI.

Les places maritimes du Royaume saluëront l'étendart Royal du Roy sur quelque Galere qu'il puisse estre arboré, sans qu'elles puissent s'en excuser sous pretexte que la Reale fust restée dans le port.

Mande sa Majesté au Grand Maistre, Chef & Sur-Intendant General de la navigation & commerce de France, & au Capitaine General de ses Galeres, & à tous ses Officiers de Marine, Gouverneurs de Places & Forteresses, de faire observer de point en point & chacun en droit soy le present reglement selon sa forme & teneur, sans y contrevenir ny permettre qu'il y soit contrevenu, pour quelque cause ou occasion que ce soit. Fait à saint Germain en Laye le premier jour de May 1665. Signé LOUIS, & plus bas, DE LIONE.

Sa Majesté ne desirant pas qu'il soit apporté aucune difficulté

culté entre les Places du Royaume de Portugal & celles d'Espagne, Elle veut & ordonne que les Ordonnances faites à S. Germain en Laye le 26 Fevrier dernier, que les Vaisseaux de guerre que la tempeste, que d'autres causes & occasions indispensables obligeroient d'entrer dans la riviere de Lisbonne ou en quelqu'autre lieu des costes de Portugal, à l'égard des Places & Forteresses maritimes dudit Royaume, la mesme chose qui a esté reglée & resoluë pour celle d'Espagne. Signé LE DUC DE BEAVFORT.

REGLEMENT QUE LE ROY veut estre observé, concernant les saluts que doivent recevoir ou rendre ses Vaisseaux, par les Villes & Places maritimes.

LE ROY s'estant fait representer son Reglement du mois de May 1665. concernant les saluts que doivent recevoir ou rendre ses Vaisseaux par les principales Villes & Forteresses maritimes de son Royaume & des païs étrangers, par lequel elle auroit ordonné que ses Pavillons d'Admiral, vice-Admiral, & contre-Admiral ; Ensemble tous ses Vaisseaux saliüeront les principales Places & Forteresses maritimes des Roys, sans rien décider à l'égard des Places & Forteresses maritimes des moindres Estats, à quoy estant necessaire de pourvoir, Sa Majesté a declaré & declare, veut & entend que ses pavillons d'Admiral, vice-Admiral & contre-Admiral, saliüeront les Places & principales Forteresses des Roys ; Et à l'égard des moindres Estats, qu'ils se fassent saliüer les premiers, & que son pavillon d'Admiral rende le salut par un moindre nombre de coups, & les autres pavillons coup pour coup. Mande & ordonne sa Majesté à Monseigneur le Comte de Vermandois Admiral de France, & à ses vice-Admiraux, Lieutenans Generaux, Chefs d'Escadres, & autres Officiers de marine, d'executer chacun en droit soy le present Reglement. Fait au Camp devant Mastrich, le 27. Juin 1673. Signé LOUIS : Et plus bas, COLBERT.

LE Roy s'estant fait representer son Reglement du mois de May 1665. concernant les saluts que doivent recevoir ou rendre ses Vaisseaux par les principales Villes & Forteresses maritimes de son Royaume & des païs étrangers, par lequel elle auroit ordonné que ses pavillons d'Admiral, vice-Admiral & contre-Admiral, l'étendart Royal de ses Galeres; Ensemble tous ses Vaisseaux & Galeres salüeront les principales Places & Forteresses maritimes des Roys, sans rien decider à l'égard des Places & Forteresses maritimes des moindres Estats; A quoy estant necessaire de pourvoir, Sa Majesté a declaré & declare, veut & entend que ses pavillons d'Admiral, vice-Admiral & contre-Admiral, & les Estendarts Royal, & des Capitaines d'escadres & patrones des Galeres de France, salüent les places & principales forteresses des Roys, & à l'égard des moindres Estats, qu'ils se fassent salüer les premiers, & que ses pavillons d'Admiral & étendart Royal des Galeres, rendent le salut par un moindre nombre de coups, & les autres pavillons & étendarts coup pour coup; Mande & ordonne sa Majesté à Monsieur le Comte de Vermandois Admiral de France General des Galeres, & à ses vice-Admiraux, Lieutenans Generaux, Chefs d'escadres, & autres Officiers des Navires & des Galeres, de tenir la main chacun en droit soy à l'execution du present Reglement. Fait au Camp de Muy sur la Meuse, le 8 Iuillet 1673. Signé LOUIS, Et plus bas, COLBERT.

ORDONNANCE DU ROY,
pour la subsistance des Officiers, Mariniers, & Soldats estropiez.

Reglement que le Roy veut estre observé dans ses Arcenaux de Marine, pour la subsistance, entretien, & récompense des Officiers, Mariniers, Matelots, & Soldats qui seront estropiez en servant sur ses Armées Navales, Escadres, & Vaisseaux de guerre.

PREMIEREMENT.

SA MAIESTÉ veut qu'à l'avenir, à commancer du premier jour du mois d'Octobre prochain, il soit retranché six deniers pour livre sur les appointemens & solde de tous les Officiers Generaux de marine, Officiers particuliers des Vaisseaux, & solde des équipages qui seront entretenus en la marine, qui seront retenus par le Tresorier de marine, pour estre par luy employez ainsi qu'il est dit cy-apres.

Sa Majesté veut qu'il soit étably deux Hospitaux generaux de marine, l'un à Roche-fort pour le Ponant, & l'autre à Toulon pour le Levant.

Que le fonds qui proviendra desdits six deniers pour livres, soit employé aux bastimens à faire dans lesdits deux Arcenaux de marine pour lesdits Hospitaux, suivant les places & desseins qui en seront arrestez & resolus par sa Majesté.

Apres que les bastimens seront entierement achevez, Sa Majesté veut que le mesme fonds serve perpetuellement à l'entretien & subsistance desdits estropiez.

Et outre, Sadite Majesté fera venir ausdits Hospitaux du revenu en benefices, suffisamment pour leur dotation, outre les autres bien-faits & graces que ſadite Majeſté accordera, ſuivant les Lettres patentes qu'elle en fera expedier.

Sadite Majeſté veut que dés à préſent les Officiers, Mariniers, Matelots & Soldats qui feront eſtropiés ſur ſes Armées Navales, ſoient mis dans les Hoſpitaux des Villes de ſon Royaume qui feront les plus proches des lieux où ils auront eſté eſtropiez, pour y eſtre traitez & medicamentez juſques à leur entiere gueriſon, apres laquelle ſadite Majeſté veut qu'il leur ſoit donné un mois entier de leurs gages, pour ſe rendre dans l'Arcenac de Roche-fort pour le Ponant, & dans celuy de Toulon pour le Levant.

Et en cas qu'ils ſoient eſtropiez en ſorte qu'ils ne puiſſent plus ſervir à aucune fonction, ſa Majeſté veut qu'ils ſoient nourris & entretenus leur vie durant.

Et en cas qu'ils puiſſent ſervir à quelqu'une des fonctions de Marine, ſa Majeſté veut qu'il leur ſoit donné à chacun des Officiers mariniers, ſix livres par mois pour leur aider à vivre, outre & par deſſus ce qu'ils pourront gagner en ſervant.

A l'égard des Matelots & Soldats, ſa Majeſté veut qu'il leur ſoit donné quatre livres dix ſols par mois.

En cas que quelqu'un deſdits Officiers, Matelots & Soldats veulent ſe retirer chez eux, ſa Majeſté veut que du fonds deſdits Hoſpitaux il leur ſoit payé trois années entieres de leur ſubſiſtance, ainſi qu'il eſt dit, cy-deſſus reglé: ſçavoir deux-cent ſeize livres aux Officiers mariniers, & cent ſoixante & douze livres aux Matelots & Soldats, & que les Intendans & Commiſſaires generaux de Marine, prennent les precautions neceſſaires pour empeſcher que ces récompences ne ſoient point diſſipées, & qu'elles ſervent à l'entretien de leur famille.

Leſdits eſtropiez ne ſeront point receus dans leſdits Hôpitaux, qu'en rapportant par eux l'extraict de leur enrollement, le certificat de leur ſervice ſigné par l'Admiral, vice-Admiral, & autres Officiers generaux ou particuliers, des Vaiſſeaux ſur leſquels ils auront eſté eſtropiez, voir du

Commiffaire general ou ordinaire de marine, fervant à fa fuite defdites Armées ou Efcadres.

Lefdits Hofpitaux feront fous la direction defdits Intendans & Commiffaires de marine, & les Officiers fervans en iceux feront pourveus par fa Majefté.

A l'égard des Officiers principaux commandans les Vaiffeaux de fa Majefté, qui feront eftropiez, fa Majefté pourvoira à leurs récompences.

Fait à Nancy le 23. Septembre 1673. Signé LOUIS, & plus bas, COLBERT.

ARTICLES ET CONDITIONS
accordées par le Roy à Maiftre Nicolas Villette Bourgeois de Paris, pour la fourniture des victuailles aux équipages des Vaiffeaux que fa Maiefté a armé aux Mers de Ponant & Levant, en l'année 1673.

PREMIEREMENT.

LEDIT Villette fera tenu de fournir les vivres aux équipages des Vaiffeaux du Roy, dans tous les ports où fa Majefté fera armer; fçavoir en Ponant, à Dunkerque, le Havre de Grace, Breft, la Rochelle & Rochefort : & en Levant, à Toulon & Marfeille pendant le temps de trois années confecutives, commençant au premier Ianvier 1673. & pour tel nombre de Vaiffeaux qu'il plaira à fa Majefté de mettre en mer; & à cet effet fa Majefté donnera fes ordres dés le mois d'Octobre precedent, de la fourniture, contenant le nombre & qualité defdits Vaiffeaux, du nombre d'hommes dont les équipages feront compofez, & du temps qu'ils feront en mer; & en cas que fa Majefté vouluft tenir fes Vaiffeaux outre le temps marqué par lefdits ordres, ou en armer plus grand nombre dans le courant de l'année, sa Majesté en donnera ses ordres audit Villette ; Sçavoir pour un Escadre de 12 Vaisseaux, trois mois auparavant, six ou de trois, six semaines seulement.

II.

Lesdits vivres seront fournis de bonnes qualités ; Sçavoir le biscuit de farine de froment épurée de son, & de paste bien levée, le vin rouge couvert, franc de pourriture, poussé & aigreur, à l'exclusion des vins de l'Isle de Ré, Poictou, Nantes, & vin vrillé de la Rochelle qui ne pourront estre fournis : le gru ou ris, pois, féves, ou fayols de la derniere recolte : les viandes sans pieds ny testes, & le poisson des plus fraîches salaisons.

III.

La portion de chacun Matelot par jour sera de dix-huit onces de biscuit poids de marc, trois quarts de pinte de vin mesure de la Rochelle, qui est pareille à celle de Paris, abbreuvée d'autant d'eau, pour faire trois chopines de boisson qui serviront aux trois repas aux Officiers & Matelots qui feront la garde du breuvage composé d'eau & de vinaigre.

IV.

Sera pareillement donné le Dimanche, Lundy, Mardy, & Jeudy de chaque semaine, à chacun nombre de 7 hommes qui composeront un plat à disner, quarante onces de lard crud, ou trois livres & demie de bœuf salé, & à souper 28 onces de pois, ou ris cuit ; & les Mercredis, Vendredis, & Samedis à dîner, quarante onces de moluë cuite, aussi pour plat de sept hommes ; & à souper 42 onces des feves ou fayoles cuites, lesquelles viandes, poisson & legumes, seront assaisonnées ; sçavoir la viande, d'une pinte de boüillon dans laquelle elle aura cuit, pour en faire du potage. La moluë d'un demi quart de pinte d'huile d'olive, & un quart de pinte de vinaigre en chaque plat ; & les pois, feves, ou fayols, ris ou gru, de sel & d'une chopine d'huile d'olive sur la ration de cent hommes, qui sera versée dans la chaudiere sur le boüillon, lequel sera distribué avec les legumes.

V.

Sera pareillement donné aux Officiers mariniers, sçavoir au Maiſtre Capitaine deſdits Matelots, Pilotes, Maiſtre Canonier, & ſix Canoniers principaux, aux contre-Maiſtre Quartier, Maiſtre de Chaloupe, Boſſemens, Maiſtre Charpentier des Charpentiers, aux Calfateurs, Ecrivains de fonds de Calle, Maiſtres valets, Cocqs, Tonneliers, Voiliers, & Armuriers, aux Capitaines d'armes, Sergens, Caporaux, & au Prevoſt, leſquels compoſent la ſixiéme partie de l'équipage, outre la ration ordinaire cy-deſſus exprimée, une demie ration en vin, viande & moluë ſeulement, & en outre à leur déjeuner une ſardine à chacun, ou un haranc à deux, avec un peu d'huile ou beurre, & leur ſera donné à part dans un bidon le vin pur, ſans eſtre trempé d'eau, & à l'égard des Vaiſſeaux qui ſeront armez dans les lieux où il ne croiſt pas de vin; ſçavoir depuis S. Malo juſques à Dunkerque, ledit Villette ſera tenu donner de la biere ſans mixtion, ou du cidre, ainſi qu'il eſt accoûtumé.

VI.

Et en cas que ſa Majeſté faſſe équiper quelque eſcadre de Vaiſſeaux pour paſſer le Tropique, attendu que le vin François déchoit de force, & le bœuf, la moluë, & la pluſpart des legumes ſe corrompent plus facilement & nourriſſent beaucoup moins: ledit Villette ſera tenu de faire proviſion de vin des Canaries, & eauës de vie qui ſeront diſtribuez au lieu de vin, à proportion de la valeur, ainſi qu'il eſt accoûtumé, & d'augmenter celle du lard, du ris, & autres legumes, dont la diſtribution ſera faite pour remplacer celle du bœuf ou de la moluë, auſſi à proportion de la valeur.

VII.

La diſtribution deſdites viandes, poiſſon & legumes, ſe fera par plat compoſé de ſept rations pour ſept hommes qui mangeront enſemble, & ſeront peſées cruës à une ſeule fois, en preſence d'un Officier de chacun Vaiſſeau, & de l'Eſcrivain du Roy, & diſtribuez au Cocq pour les mettre à la chaudiere.

VIII.

Sa Majesté pourvoira à la table des Capitaines, qui nourriront les Lieutenans, Enseignes, Aumôniers, Escrivains & Chirurgiens, ausquels ledit Villette ne sera tenu de donner aucune chose, soit par gratification ou autrement.

IX.

Ledit Villette payera les gages des Commis, Maistre valets, & Coqs preposez pour la distribution des vivres, consistans en bidons, corbillons, gamelles, barils à l'eau, pompes de bois, de cuivre, & fer blanc: mesures & entonnoirs de bois & fer blanc, les huilliers, lampes & lampions, le cotton filé, le liege, les poësles, poëslons, grils, broches, coins de fer à fendre le bois, masses: & à l'égard des marmites, chaudieres, chenets, & autres ustancilles servant à faire cuire les viandes & à la cuisine, elles seront fournies par sa Majesté, comme faisant partie des aggreez des Vaisseaux, comme aussi les bouttes ou tonnes à mettre l'eau & le vin necessaire pour les boissons desdits équipages, monclées de fer, barils, seillaux, & liege pour les bouttes, à la charge de les entretenir à ses dépens pendant le voyage, & les mettre lors du desarmement entre les mains des Escrivains du Roy.

X.

Ledit Villette fournira l'eau necessaire pour le voyage dans les tonnes & fustailles cy-dessus mentionnées, & les fera rafraichir en cas de besoin, lorsque les Vaisseaux aborderont à une lieuë de terre où il y aura quelque source d'eau douce: Auquel effet les Capitaines commandans lesdits Vaisseaux luy feront fournir les grandes barques ou chaloupes avec les Matelots dont il aura besoin: comme aussi pour chercher les rafraichissemens necessaires & les apporter aux Vaisseaux: Sa Majesté enjoignant aux Capitaines & autres Officiers d'y tenir la main.

XI.

Sera aussi fourny audit Villette toutes les soutes des Vaisseaux, chauffées, brayées & goudronnées, sans que les Capitaines commandans iceux en puissent retenir aucune,

sous

sous quelque pretexte ou occasion que ce soit: comme aussi luy seront fournis le fonds de calle desdits Vaisseaux, & les autres lieux depuis le derriere & dessous lesdites soutes jusques en avant l'archi-poupe, pour mettre les vivres dont les Commis que ledit Villette établira sur chaque Vaisseau feront la distribution aux heures & en la maniere accoûtumée, en la presence de l'Escrivain que le Roy tiendra sur chacun desdits Vaisseaux : & sera fait tres-expresses deffenses aux Capitaines & Officiers de se mesler en aucune façon de la distribution desdites vivres, & de troubler ny molester ledit Villette & les Commis qu'il établira sur les Vaisseaux, à peine de punition : & à eux enjoint au contraire de leur faire porter toute sorte d'honneur par tout l'équipage, & arrivant que lesdits Commis soient mal traitez par les Officiers, Mariniers & Matelots, Veut & ordonne sa Majesté aux Capitaines & Officiers en leur absence, qu'il en soit fait châtiment sur le champ, suivant qu'il est porté par l'article sixiéme du Reglement du quatriéme Juillet 1670.

XIII.

Ledit Villette pourra tirer les vins & denrées necessaires pour la fourniture desdits vivres, de tous les endroits du Royaume que bon luy semblera, & les faire transporter en tel temps & par telle voye qu'il voudra, soit par terre, par mer, ou sur les rivieres, sans pour ce payer aucuns droits d'entrée ny de sortie, appartenans à sa Majesté, ny aucuns droits, peages, & autres appartenans aux Villes & particuliers de quelque nature qu'ils puissent estre, pour raison desdites denrées, barques, bateaux, charettes & chevaux, qui les porteront, en donnant par luy ou ses Commis les certificats comme lesdites denrées sont pour employer à la fourniture desdits vivres, & faisant la soumission de rapporter un certificat de l'Intendant de la marine ou des Commissaires qui seront pour ce etablis dans les ports de mer & lieux où sont les magazins du Roy, comme lesdites denrées auront esté ammenées dans lesdits ports, & mises dans lefdits magazins, fans avoir efté venduës ny expofées en vente.

XIV.

Ne pourra auffi ledit munitionnaire fe fervir d'aucunes viandes ny denrées venant des païs étrangers pour la fufdite fourniture, ains de celles du cru de France, à peine de confifcation de tout ce qui fe trouvera n'en eftre pas.

XV.

Et afin que fa Majefté foit affeurée de trouver les vivres dont elle aura befoin pour fes armemens, & qu'ils foient de la qualité requife, ledit Villette fera tenu de faire fes provifions dans les faifons convenables, & de les faire voiturer inceffamment dans les lieux où fa Majefté aura ordonné lefdits armemens, & les mettre dans les magazins du Roy qui luy feront donnez à cet effet, & où fa Majefté n'en auroit point dans aucun defdits lieux, ou qu'ils ne fuffent fuffifans pour les loger, il fera obligé de s'en pourvoir à ces dépens.

XVI.

Et où fa Majefté feroit quelque armement, comme à Breft où le païs des environs ne produit point de bleds & legumes, comme ceux qui fe trouvent dans les Provinces de Guienne & d'Aunis, non plus que des vins, vinaigres & huiles, ledit Villette eftant obligé de les tirer defdites Provinces, & les faire porter par mer audit lieu de Breft, Sa Majefté fera tenuë de luy fournir des efcortes neceffaires pour en affeurer le tranfport; & arrivant que les Navires ou barques dans lefquelles lefdits vivres auront efté chargez, vinffent à eftre pris par les ennemis ou fiffent naufrage, fa Majefté en fera le rembourfement audit Villette, fur le pied qu'ils luy auront coûté rendus dans lefdits Vaiffeaux: comme auffi en cas que fa Majefté ne puiffe fournir les efcortes audit Villette dans le temps qu'il fera obligé de faire ledit tranfport, arrivans pareils accidents, fa Majefté fera auffi tenuë de le rembourfer, en rapportant une atteftation de l'Intendant General de la marine, ou du Commiffaire étably dans le lieu où il aura fait embarquer lesdits vivres, du nombre & qualité qui aura esté chargée dans lesdits Vaisseaux, & en cas qu'il n'y eust point de Commissaire audit lieu, une attestation des Iuges.

XVII.

Ledit Villette sera tenu de délivrer lesdits vivres à bord des Vaisseaux, à l'effet desquels sa Majesté luy fera fournir toutes les barques & chaloupes necessaires pour les y porter du bord de la mer, & de faire faire la fourniture sur le pied des reveuës des Commissaires generaux & particuliers, qui seront ordonnez par sa Majesté à la suite des Armées Navales & Escadres, & le compte desdites fournitures sera fait lors des desarmemens, sur le pied desdites reveuës.

XVIII.

Les vivres seront visitez par les Intendans ou Commissaires generaux de la marine ou par les Escrivains du Roy ou Officier major du Vaisseau qui sera pour ce commis, avant que de pouvoir estre embarquez, pour reconnoistre s'ils sont de la qualité requise, les fustailles & barils bien conditionnez, & s'il y a nombre suffisant d'ustancilles pour la distribution desdits vivres, dont sera dressé bon & fidel inventaire, & le Capitaine qui commandera ledit Vaisseau sera tenu de donner son certificat de la quantité & qualité des vivres qui seront embarquées sur son bord.

XIX.

Les Maistres valets, Coqcs & Cuisiniers qui feront aux gages dudit Villette, & qui serviront sur lesdits Vaisseaux, passeront à la monstre ainsi que les Matelots, & sera tenu compte au dit Villette de leurs vivres, & leur solde luy sera payée ainsi qu'il est accoutumé, & du jour qu'il aura commencé à fournir lesdits vivres à bord, jusques au jour du desarmement & licentiement de l'équipage.

XX.

Et arrivant que sa Majesté donnast ordre audit Villette d'achepter des vivres pour un plus grand armement qu'il ne se fera pendant l'année, en sorte qu'il en restast une quantité considerable qu'il faudroit revendre pour en éviter le déperissement, sa Majesté sera tenuë au cas que cela aille plus loin que le fourniffement de deux Vaiffeaux, de porter la perte qui se trouvera dans le prix de l'achapt à celuy de la revente qui s'en fera en prefence des Commiffaires de fa Majefté.

XXI.

Et en cas que quelqu'un des Vaiffeaux de fa Majefté foit pris ou coulé à fonds, ou perdu par tempefte ou fortune de mer, les vivres qui auront efté embarquez feront comptez audit Villette comme s'ils avoient efté entierement confommez par les équipages : comme auffi arrivant que fa Majefté vouluft tenir fes Vaiffeaux plus long-temps à la mer qu'elle n'auroit refolu lors de l'armement, & que ledit Villette fuft obligé d'y envoyer des vivres, fa Majefté fera fournir à fes dépens les Vaiffeaux & efcortes neceffaires, & fera tenu de mefmes rifques que deffus, mefme fi ledit Villette & fes Commis eftoient pris par les ennemis, fa Majeft les fera retirer à fes frais & dépens.

XXII.

Sa Majefté ayant fixé les Officiers mariniers de chacun de fes Vaiffeaux à la fixiéme partie des équipages dont ils feront compofez : fait deffences à tous Capitaines & Officiers commandans iceux, d'augmenter ledit nombre des rations & demie, ny en faire donner plus de demie aufdits Officiers & Matelots, que celles ordonnées par fa Majefté, fous quelque pretexte que ce foit, à peine d'en répondre : fa Majefté voulant que ce qui fe juftifiera avoir efté donné de plus par leur ou autrement, foit retenu fur leur folde au defarmement, par le Treforier de la marine ou fes Commis, & payé au Municionaire, laquelle demie ration ne fera donnée aufdits Officiers, qu'au jour que l'équipage fera complet, & apres la reveuë.

XXIII.

Le fel fera fourny au Municionaire pour le prix reglé par le confeil, de Fermier à Fermier.

XXIV.

Sera fourny audit Villette deux chalouppes ou plus s'il eft befoin, pour porter journellement les rafraichiffemens necessaires aux Vaisseaux en rade, lesquelles seront montées des équipages des Vaisseaux.

XXV.

Les Commis employez actuellement aux vivres seront exempts de garde & logement de gens de guerre, pendant le temps de leur service.

XXVI.

Les flutes, brulots, & fregates legeres que sa Majesté fera armer, dont les équipages seront de 40 à 50 hommes seulemens d'iceux se chargeront de l'economie & distribution des vivres, attendu qu'il n'y aura pas une fonction suffisante pour employer un Commis.

Moyennant lesquelles conditions sa Majesté fera payer audit Villette 5 sols 6 deniers par jour, pour chacun homme, dont les équipages seront composez, & le compte sera fait au desarmement, ainsi qu'il est dit cy-devant, & pour luy donner moyen de satisfaire au present traité, le premier tiers de ce à quoy montera la fourniture de toute l'année, luy sera payé au premier jour d'Octobre precedant la fourniture : un autre tiers au premier Fevrier ensuivant, un demy tiers au premier Juillet, & l'autre demy tiers lors des desarmemens, & pour l'execution du present traité ledit Villette sera tenu de fournir bonne & suffisante caution domiciliée à Paris.

Fait au Conseil Royal des Finances tenu à S. Germain en Laye le 20. jour de Decembre 1672. Collationné, signé BERCHAMEIL.

TRAITE' DES MARE'ES EN GENERAL.

COVRS ET DISTANCES, des principaux Ports des quatre parties du Monde; des dangers & écueils; Les longitudes & latitudes.

LIVRE TROISIE'ME.

Chapitre Premier.

LE mouvement general de l'Ocean, de l'Orient à l'Occident, incline vers le Septentrion, quand le Soleil a paſſé la ligne vers le Nord, & ce tant qu'il occupe les ſignes Septentrionaux, & à proportion de la declinaiſon du Soleil : mais le Soleil repaſſant la ligne du coſté de Sud, les eſpaces de mer qui ſe trouvent oppoſées directement au Soleil, tendent directement de l'Orient à l'Occident.

Quand ce mouvement general eſt changé, le flux journalier eſt pareillement changé : C'eſt pourquoy les marées affluent une partie de l'année & en refluent l'autre, comme aux rivages de la Nordvegue, aux Indes, à Goa, à Cochin, à la Chine, & autres lieux : car quand le Soleil eſt dans les ſignes de l'Eſté, la mer court au rivage : mais quand il eſt dans les ſignes de l'Hyver, le flux s'éloigne du rivage. Aux coſtes les plus meridionales de Tunquin & de la Chine, pendant les ſix mois de l'Eſté, le flux journalier court du

C c

coſté du Nord avec l'Ocean ; mais le Soleil ayant repaſſé la ligne vers le Sud, le flux decline du coſté de Sud.

Ceux qui vont du coſté du Perou vers l'Occident, le Soleil eſtant ſur la ligne Equinoxiale, les vents & marées tendent directement de l'Orient à l'Occident, entre les eſpaces qui ſont ſcituées en la Zone Torride, & en peu de temps on arrive des Molucques au Perou. Que ſi le Soleil eſt ſur les ſignes Septentrionaux, le cours de la mer & le ſouffle des vents tendent du coſté du Nord. Le Soleil eſtant en ſa plus grande declinaiſon & au Tropique du Cancer, les vents & marées d'Orient s'étendent juſques au trentiéme degré de latitude Septentrionale, & quelquefois plus loin. Au contraire, ceux qui font voile dans l'Hemiſphere du Sud, pour rencontrer ce vent d'Orient, ſont obligez de s'approcher de la ligne pour rencontrer les vents de l'Eſt.

Quand le Soleil a paſſé la ligne du coſté du Sud, les vents & marées d'Orient s'eſtendent juſques au quarantiéme degré de latitude Sud; & au contraire, ceux qui font voile dans l'hemiſphere du Nord, ſont contraints dans cette mer pacifique de decliner au Sud vers la ligne, pour rencontrer les vents & marées d'Orient, aux Molucques & aux Philippines. Les vents & marées ſont reglez de la ſorte auſſi bien que dans le milieu de cette mer du Sud : car depuis Mars juſques en Octobre, la Mer eſt pouſſée vers le Nord, & depuis le mois d'Octobre juſques au mois de Mars du coſté du Midy ou du Sud. Il en arrive de meſme en la mer Atlantique.

Le mouvement general de l'Occean depuis la ligne juſques au deſtroit de Gibaltar, court vers l'Orient continuellement par ce deſtroit vers les coſtes de Barbarie : Le reflux eſt ſeulement de cinq à ſix heures, au lieu que le flux eſt de 18 heures.

Au coſtes du deſtroit qui joignent l'Eſpagne, le cours de la mer y eſt la pluſpart du temps contraire, & les eaux y ſortent de la Mediterranée pendant huit heures,

& rentrent feulement dans l'Ocean pendant quatre heures.

Les rivages de l'Europe qui font expofez à l'Ocean, ont le flux du cofté de l'Occident.

Depuis quelques années on a trouvé un mouvement à l'Ocean qui donne un leger mouvement à tout l'Ocean en general, non qu'il fe voye, mais il fe fait connoiftre fenfiblement aux Pilotes : car les Anglois ont obfervé qu'ils voguent plus vifte au mefme vent pour aller d'Angleterre en Efpagne, que non pas d'aller d'Efpagne en Angleterre.

Les Efpagnols ont auffi remarqué qu'ils alloient quelquefois d'Efpagne aux Indes Occidentales en vingt-quatre heures ; mais ils ne pouvoient point revenir quelque temps favorable qu'ils euffent, en moins de quatre mois.

Neanmoins aux endroits où il y a des montagnes interpofées il arrive le contraire : car vers Goa & le Royaume de Malabar, l'Hyver eft d'un cofté & l'Efté de l'autre, parce que le vent d'Occident donnant contre les montagnes, & reflechiffant caufe des tempeftes & des orages, & eftant arrefté par les hautes montagnes, cela fait que la cofte de Coromandel qui luy eft oppofée ils ont le calme, & l'Efté eft ainfi aux endroits où il y a des hautes montagnes interpofées, bien que la diftance d'un cofté à l'autre ne foit que de quatre-vingts lieuës.

L'Efté commence à Goa au mois de Septembre jufques à la fin d'Avril : En ce temps-là foufflent les vents d'Orient depuis la minuit jufques à midy, comme il a efté dit ; mais leur force ne s'eftend qu'à l'efloignement de dix lieuës de terre : car apres depuis midy jufques à minuit, les vents du cofté de l'Occident commencent à fouffler.

Aux Indes Orientales depuis le dix & onziéme degré de latitude Auftrale, jufques au vingt-huitiéme degré, l'on ne trouve qu'un mefme vent & une mefme marée jufques aux coftes d'Affrique & l'Ifle de Madagafcar.

Mais le Soleil ayant paſſé la ligne du coſté du Nord, ces vents & marées s'eſtendent dix ou douze degrez plus outre du coſté du Nord, juſques à ce que le Soleil ſoit revenu à la ligne au 22. Septembre : & lors que le Soleil eſt du coſté du Sud & dans les ſignes Auſtraux ou Meridionaux, pour lors les vents & marées declinent du coſté du Sud, comme il a eſté dit cy-devant, & pour lors les meſmes vents & marées s'eſtendent juſques au trentiéme degré de latitude Sud.

On a remarqué par experience que les marées ſont plus grandes aux conjonctions & oppoſitions de la Lune, qu'au premier & dernier quartier, aux equinoxes qu'aux ſolſtices : & qu'en l'eſpace de 25 heures le flux & reflux arrivent chacun deux fois : que le flux commence au lever & coucher de la Lune, & le reflux quand la Lune a paſſé la partie ſuperieure ou inferieure du Meridien : de maniere que la Lune eſtant au plan du Meridien, au deſſus ou au deſſous l'horiſon, le flux de la mer eſt en ſa plus grande hauteur. Il y a pourtant pluſieurs lieux auſquels la Lune ou ſon point oppoſé eſtant parvenu au plan du Meridien, le flux de la mer n'eſt pas en ſa plus grande hauteur. La cauſe de ce retardement provient ſans doute de ce que les lieux avancent fort avant dans la terre & ſont eſloignez de la mer, & que les paſſages des entrées ſont fort ſerrez & eſtroits. Or le flux des mers ſont differents en pluſieurs endroits de la mer, les marées arrivent pluſtoſt aux pointes qui avancent dans la mer qu'aux coſtes, & aux coſtes pluſtoſt que dans les rivieres & aux havres, ſelon que les golfes & bayes ſont grands, & que leſdits havres & rivieres avancent dans la terre; & ainſi le croiſt & deſcroiſt n'eſt pas égal en tous lieux au meſme temps & heure.

Il y a auſſi des flux & marées particulieres qui ne s'accordent pas avec les naturelles, comme celles des coſtes de Jutland, de la Friſe tant Orientale qu'Occidentale, & d'Holande juſques à Amſterdam, devant le Texel, devant Emden & Narden, devant l'Elbe, devant Hambourg & Breme, comme il ſe peut voir par la Table des marées : car bien que le flux & reflux de la mer s'accommode en quelque façon au periode de la Lune, neanmoins ils ne dépendent pas d'elle abfolument; mais auſſi de la difpofition de la terre & de l'eau, des differents détours & efloignemens des rivages, du different afpect & influences des diverfes eſtoiles, & des exhalaifons & qualitez foufterraines qui en fortent.

DES MARÉES PARTICVLIERES, faifons & vents de la mer.

CHAPITRE II.

QUAND le Soleil eſt aux ſignes Septentrionaux, les peuples de la Guinée ont l'Hyver, les vents de la mer y foufflent inceſſamment de l'Oueſt & Sudoueſt: la mer y eſt pouſſée de l'Occident à l'Orient jufques au Cap de Copo Gonçalves: mais le Soleil repaſſant la ligne du coſté du Sud, pour lors ils ont l'Eſté, particulierement au mois de Decembre & de Ianvier, & pour lors les vents de la terre gagnent le deſſus ſur les vents de la mer, particulierement celuy de Sudeſt qui ſouffle la pluſpart du temps trois ou quatre heures apres midy juſques à minuit. Pour lors les eaux font pouſſées de l'Orient à l'Occident: & comme ces vents ne font pas fixes, le flux de la mer y eſt auſſi inconſtant.

Quant la mer qui moüille les coſtes Orientales du Breſil, la mer court du Nord au Sud. Aux coſtes qui luy font oppoſées, comme de Congo & d'Angola, la mer fait le contraire; car elle court du Midy au Nord.

Comme auſſi lors que la mer qui moüille les coſtes Septentrionales du Breſil, comme de la Caienne, Venefvele, des Hondures & du Iucatan, court de l'Orient à l'Occident: pour lors la mer qui moüille les coſtes de Benin & de la

Guinée, court de l'Occident à l'Orient.

Quand la mer depuis les Hondures & le Iucatan jusques au destroit de Baama, court du Sud au Nord, sçavoir vers la Floride & la Virginie : alors les mers d'Affrique courent du Nord au Sud. Le courant de la mer est continuel quand le Soleil est du costé du Nord; mais revenant à passer la ligne vers le Sud, il devient tout contraire.

Les costes du Perou, de Nicaragua, & de la nouvelle Espagne, reçoivent un double accroissement d'eau, l'un accourt du costé de Midy, & l'autre du costé du Septentrion ou du Nord. Le courant du Septentrion est égal depuis l'Isle de Californie jusques aux costes de Nicaragua : celuy de Midy qui moüille les costes de Chily & du Perou, pousse incessamment ses flots du Sud au Nord, jusques à la hauteur de l'embouchure du fleuve Tombes : de sorte qu'aux costes du Perou le vent du Sud y regne continuellement, & pousse les flots du costé du Nord.

Ces marées venant à se rencontrer, elles sont entraînées par le flux general qui vient du costé d'Orient, & tendent ensemble du costé d'Occident. Cette jonction se fait au cap de Copogonçalves.

Depuis Lima, Panama, & Acapulco, les vents d'Occident & les courans tendent à l'Orient, jusques aux Molucques & costes des Indes.

Dans le destroit qui est entre Sumatra & Malaca, la mer court du Sudest au Nordouest, lors que le Soleil est du costé du Nord : mais quand le Soleil est du costé du Sud, elle court du Nordouest au Sudest.

Depuis la fin d'Avril jusques à la fin d'Octobre, entre l'isle de Sumatra & l'isle de Java, la mer court d'Orient vers Occident : alors l'entrée est difficile en ce destroit; & au contraire, fort aisée à ceux qui partent de Batavia pour s'en retourner en France : Mais depuis Novembre jusques à la fin de Mars, l'entrée est aisée à ceux qui viennent du costé d'Occident; & au contraire, difficile à ceux qui partent de Batavia. De maniere qu'ils font contrains de faire le tour de l'ifle de Java, & faire un cours de quatre cens cinquante lieuës, au lieu que dans les veritables faifons, on paffe ce deftroit en peu d'heures.

L'entrée du deftroit de Magellan du cofté de l'Occident eft facile & on le traverfe fort aifément ; mais du cofté de l'Orient eft fort difficile.

Les vents ordinaires au païs de Congo font le Nordoueft en hyver : mais en Efté le Nordeft & Sudeft.

En Mars & Avril depuis l'ifle de Madagafcar jufques au Cap de bonne Efperance, les vents de Nord & Nordeft y fouflent ordinairement, & plus on s'approche dudit Cap, plus on a les vents du Nord : mais fi le vent de Nord vient avec les broüillards, vous aurez bien-toft le vent d'Oueft.

Les Saifons de l'Année aux Indes Orientales, font de mefme qu'aux coftes de la Guinée : car quand le Soleil a paffé la ligne du cofté du Nord, & que les marées & les vents accourent des rivages de l'Ethiopie & de l'Affrique vers les coftes de l'Arabie & des Ifles, pour lors aux endroits qui font entre l'Equateur & le Tropique du Cancer, l'Hyver y regne par tout, ou les vents d'Oueft & de Sudoueft foufflent, qui commencent à la fin d'Avril & finiffent en Septembre ; mais l'Efté commence en Septembre, & finit en Avril, & pour lors les vents de Nordeft foufflent, fçavoir depuis minuit jufques à midy : mais depuis midy jufques à minuit, les vents de Sudoueft commencent à regner.

En la mer Mediterranée, depuis Mars jufques en Septembre, les vents du Ponant regnent ordinairement depuis midy, & calment au Soleil couchant.

Entre l'Inde & les Molucques, les vents Orientaux foufflent depuis Juin jufques en Octobre, & au refte de l'année fouvent les vents du Ponent.

A Malaca, depuis Novembre jufques au mois d'A-
vril, regnent les vents de Nord, & depuis May jufques au mois d'Aouft, fuccedent les vents de Sud &
de Sudeft.

Depuis Java jufques bien avant dans les coftes de la
Chine, les vents entre le Sudeft & le Nordeft regnent
depuis Septembre jufques en Avril : mais depuis Avril
jufques en Septembre, foufflent les vents d'Oueft & de
Sudoueft.

En Canada, le Nordeft & le Sudoueft regnent alter-
nativement, & quelquefois le Nordoueft qui dure peu :
le Nordeft commence fur la fin d'Automne, & dure
tout l'Hyver.

TABLE

TABLE DES MAREES.
CHAPITRE III.

Sud Nord & Sud ou 12 heures.

jours	heu.	min.		
0	12	8	Aux Isles de Jutland: devant Palos & Queluc: devant le Hever, Oder, & Elve.	Cheute des courans à cet air de vent.
1	12	48	A Embden & Delf. Devant Enchuysen, Horn, Vrk, &en toute la coste de Flandres.	
2	1	36		
3	2	24	En Voorland & devant les isles de Fero.	De Nesse jusques à Boulogne.
4	3	12	Devant Dronthem & Norvege.	
5	4	0	A Douvres.	
6	4	48	Au rivage de Beuesier.	
7	5	36	A Hampton, au Quay, & à Barvich.	
8	6	24	Devant Chédebourg, & le Ras de Blanquet.	
9	7	12	Blanquet.	
10	8	0	A Olfersnes.	
11	8	48	A Condat.	
12	9	36	En France, à Honfleur & à Caen.	
13	10	24	A Gibraltar en rade.	
14	11	12	En Affrique depuis le Cap de Cantin jusques au Cap Bojador.	
15	12	0		

Sud, quart au Sudouest & Nord, quart au Nordest, ou 12 heur. 45 min.

jours	heu.	min.	
0	12	45	Dans la Meuze.
1	1	33	A Trever ou Canpher au dedans.
2	2	21	A Vlessingen.
3	3	9	Ioignant Bevesier en mer.
4	3	57	A la Camer.
5	4	45	A Vvinckelzée.
6	5	33	A Garn-zée.
7	6	21	
8	7	9	

Dd

TABLE DES MARÉES.

jours	heu.	min.	
9	7	57	Sous Heiligeland.
10	8	45	Devant Terveer à Armuyen.
11	9	33	Devant Rammekens sur le Vlac.
12	10	21	
13	11	9	
14	11	57	
15	12	45	

jours	heu.	min.	Sud Sudouest & Nord Nordest, ou 1 heure 30 minutes.
0	1	30	Au Norkap en Norvege.
1	2	18	Devant la Meuse & Gorée.
2	3	6	A Bergue.
3	3	54	Devant Vvieling.
4	4	42	Devant Iarmuyen aux Dunes en rade.
5	5	30	A Parrais.
6	6	18	Ioignant le Cingel.
7	7	6	A l'Ouest de l'isle de Vvich.
8	7	54	Hors de Calais & Grisnez.
9	8	42	A Blavet.
10	9	30	A Belle-isle.
11	10	18	Depuis le destroit jusques au cap de Cantin.
12	11	6	
13	11	54	
14	12	42	
15	1	30	

Cheute des courans à c rumb de ve

De Calais Boulogne.

TABLE DES MAREES.

jours	heu.	min.	Sudouest quart au Sud, & Nordest quart au Nord, ou 2 heures 15 min.	
0	2	15	Hors de Blavet.	Cheute des courans à cet ait de vent.
1	3	3	Sous Belle-Isle.	
2	3	51	Devant les Vvielingen.	
3	4	39	En dehors Fontenay.	
4	5	27	A la pointe de Nordouest, de Calis, & vers	Dans le pas de Calais de Dunkerque à Gravelines, d'Estape à Fecamp, de Dortmuy à Eymuy.
5	6	15	le détroit.	
6	7	3	Dans le pertuis de Goerée.	
7	7	51	Devant Hellevoet.	
8	8	39	A Marquatte & deux Seurs.	
9	9	27		
10	10	15		
11	11	3		
12	11	51		
13	12	39		
14	1	27		
15	2	15		

jours	heu.	min.	Sudouest & Nordest, ou 13 heures.	
0	3	0	A Amsterdam, devant Neuf-Chastel, en	Cheute des courans à ce rumb de vent.
1	3	48	la Baye de Robenoost, devant la teste en	
2	4	36	Hartepol, entre Timbuy & saint Abben-	
3	5	24	hoost, hors des bancs de Flandres, le Pas	
4	6	12	de Calais, devant Conquest, Pley, Mar-	Du cap de la Hague à Ornay, le travers du Ray & Ornay & Garnexé, aux casquets de Muylfart à Ramsey. De Vaigats en la riviere d'Oby.
5	7	0	ques, Groy, Armentiers, l'Isle-Dieu,	
6	7	48	Pertuis Breton Antioche, la riviere de	
7	8	36	Bordeaux, la coste du Sud de Bretagne,	
8	9	24	Gascogne & Poictou, la coste de Bis-	
9	10	12	caye, Galice, Portugal, d'Espagne.	
10	11	0	A toutes les costes à l'Ouest de l'Irlande,	
11	11	48	Iusques à Boquenes & Orcanes. En Hit-	
12	12	36	lant & Fayerhil à la pointe de saint Ma-	
13	1	24	thieu.	
14	2	12		
15	3	0		

TABLE DES MARÉES.

jours	heu.	min.	Sudoüest, quart à l'Oüest & Nordest, quart à l'Est, ou 3 heures 45. min.	
0	3	45	Entre le Pas de Calais & la Meuse, devant	Cheute des cou-
1	4	33	Rotterdam, aux Sorlingues, à Roüen, à	rans à cet ai
2	5	21	Brest & Crodon, devant la pointe de saint	de vent.
3	6	9	Mathieu, au Ras de Fontenay.	
4	6	57	Devant la Rochelle & devant le Broüage.	De Struffart
5	7	45	Dans le passage de Oüessant à Chedebois.	Dieppe, du Le-
6	8	33	En la riviere de Bordeaux.	sart à Gous-
7	9	21	En la coste du Sud de Bretagne.	teert, du cap s
8	10	9	A S. Martin.	Claire à Lon-
9	10	57	En toutes les embouchures des costes	day.
10	11	45	d'Espagne, Portugal & Galice.	
11	12	33		
12	1	21		
13	2	9		
14	2	57		
15	3	45		

jours	heu.	min.	Oüest, Sudoüest & Est-Nordest, ou 4. he. 3 mi.	
0	4	30	Dans le Havre de Sorlingues.	Cheute des
1	5	18	Depuis le Texel jusques au Pas de Calais.	courans à ce
2	6	6	Devant le Homer de Hul.	rumb de vent
3	6	54	Devant Dort.	D'Ostende à sain-
4	7	42	Devant Flamborg & Scherenburg.	te Catherine,
5	8	30	Devant Abbreyac.	Barfleur à Siouy
6	9	18	En Val-muy.	sard, de Breson
7	10	6	Dans Muys-hol.	dedans & deho
8	10	54	Les 7 Isles. S. Paul hors le Havre.	du cap de Clere
9	11	42	Entre Garnesay & les 7 isles.	Oüessant, Salte
10	12	30	Dans le Bresont.	entre Londres
11	1	18	A Vaterfort, hors du Four.	Holme jusques
12	2	6	Dans Monsbay & au bout d'Angleterre.	Bristol, de Serli-
13	2	54	Au cap de Cornoüaille & au cap de Hat-	gues au bout d'A-
14	3	42	lant: A toutes les costes du Sud d'Irlande.	gleterre, & de
15	4	30		Goustteer à Poor-
				lant vers le cap
				trois pointes jus-
				ques au cap de
				Lopo Gonsales.

TABLE DES MARÉES.   213

jours	heu.	min.	Ouest, quart Sudouest, & Est quart Nordest, ou 5 heur. 15 min.	
0	5	15	En Torbay & Dormude.	Cheute des
1	6	3	A Plymouth & Foye.	courans à ce
2	6	51	En la mer des Galles.	rumb de vent,
3	7	39	En Valmude, à Milford.	
4	8	27	A Ramsey, en Valles d'Angleterre.	De l'Isle de
5	9	15	A l'opposite de Londres.	Has au Four,
6	10	3	Devant Lint en Angleterre.	de Dorsay au
7	10	51	En tous les Havres de la coste de Sud d'Ir-	cap de Claro, de
8	11	39	lande, depuis Brehac jusques aux 7 Isles.	Sorlingues.
9	12	27	Entre les Isles, le long de la coste, vers la	u cap de Le-
10	1	15	Monmiliaux, S. Paul de Lion, à l'Isle de	zart, de Poort-
11	2	3	Bas jusques au Four.	lant à Vvicht,
12	2	51		le Vvicht à
13	3	39		Benesier.
14	4	27		
15	5	15		

jours	heu.	min.	Ouest & Est ou 6 heures.	
0	6	0	Devant Hambourg.	Cheute des
1	7	48	Devant Bremen.	courans à ce
2	8	39	Devant le Mazsdiep ou Texel.	rumb de vent,
3	9	24	A Hul.	
4	9	12	A Blancquey & Ouelet.	De Casquet à
5	10	0	Devant Anvers, Tergoes.	Barfleur, du
6	11	48	A Concalle & saint Malo.	bout d'Angle-
7	12	36	S. Paul dans le Havre.	terre jusques
8	2	24	Hors les Sorlingues.	au Lezard.
9	1	12	Dans la Manche.	
10	2	0		
11	2	48		
12	3	36		
13	4	24		
14	5	12		
15	6	0		

Dd iij

TABLE DES MAREES.

jours	heu.	min.	Ouest, quart-Nordouest, & Est quart Sud-est, ou 6 heur. 45 min.	
0	6	45	Entre Foye & Valmuy en la Manche.	Flots qui courent à ce rumb de vent.
1	6	33	A Bristoc, au Quay.	
2	7	21	Devant S. Nicolas & Podessemque.	
3	8	9	A Oüemuyen, au Quay.	
4	9	57	Dans les Nes prés Vvieringue.	De l'Isle de Bas à Maroüanne le long de la terre.
5	10	45	Au Texel sur la rade des Navires marchands.	
6	10	33		
7	11	21	A Quilduin.	
8	12	9	En moitié de la Manche dans la route.	
9	1	57		
10	2	45		
11	2	33		
12	3	21		
13	4	9		
14	5	57		
15	6	45		

jours	heu.	min.	Ouest, Nordouest & Sudest, ou 7 heures 30. min.	Cheute des courans à ce rumb de vent.
0	7	30	Joignant Goutstart dans la Manche.	
1	8	18	Entre Muyshol & Valmuyen en mer.	
2	9	6	Joignant Plymouth en mer.	
3	9	54	Au cap de Lezart pres de la terre.	De l'Isle de Briacq jusques à S. Malo, de Barfleur au cap de Seine.
4	10	42	A Granville.	
5	11	30	Le long de Laxcette.	
6	12	18		
7	1	6		
8	1	54		
9	2	42		
10	3	30		
11	4	18		
12	5	6		
13	5	54		
14	6	42		
	7	30		

TABLE DES MARE'ES.

iours	heu.	min.	Nordouest, quart à l'Ouest & Sudest quart à l'Est, ou 8 heures 15. min.	
0	8	15	Hors des Casquets dans la Manche.	Cheute des courans à ce rumb de vent.
1	9	3	Joignant Vvich dans la Manche.	
2	9	51	De Vvicht jusques à Bevesier pres de terre.	
3	10	39	A la coste à Ouest de Noorlant.	
4	11	27	Hors le Vlie.	
5	12	15		Derriere Garnzé en la route hors les 7 Isles.
6	1	3		
7	1	51		
8	2	39		
9	3	27		
10	4	15		
11	5	3		
12	5	51		
13	6	39		
14	7	27		
15	8	15		

jours	heu.	min.	Nordouest & Sudest ou 9 heures.	
0	9	0	Devant les Emes Oriental & Occidental.	Cheute des courans à ce rumb de vent.
1	9	48	Devant le Vlie.	
2	10	36	Devant Scholbagh.	
3	11	24	A la coste de Frise.	Dans la baye de Benuit entre Morlaix & les Driaques du Nord cap, le long des costes de Laponie iusques à Orlogonés, & le long de la Fimmarchie iusques au Nord cap.
4	12	12	Sur le Vlac de Frise & Vvieringen.	
5	1	0	Devant Crammer.	
6	1	48	Vvinterduyn & Yarmouth.	
7	2	36	Dans la riviere de Seine à Honfleur.	
8	3	24	Au bout Oriental de l'isle de Vuicth.	
9	4	12	Dans le raz de Porlant.	
10	5	0	Entre Garnzey & les Casquettes.	
11	5	48	A Cherebourg.	
12	6	36		
13	7	24		
14	8	12		
15	9	0		

TABLE DES MAREES.

jours	heu.	min.	Nordouest, quart au Nord, & Sudest quart au Sud, ou 9 heures 45 min.	
0	9	45	Aux aiguilles de l'Isle de Vvicht.	Cheute des
1	10	33	Dans la Manche joignant Vvicht.	courans à ce
2	11	21	Les Casquets.	rumb de vent.
3	12	9	Ioignant Garnee dans la Manche.	
4	12	57	Ioignant Leystaf & Iarmouth.	Deuant Can-
5	1	45	Hors des bancs.	calle, deuant
6	2	33	A Tergouve.	S. Michel,
7	3	21	A Vvolfshorne.	dans l'Anse
8	4	9		ou Baye.
9	4	57		
10	5	45		
11	6	33		
12	7	21		
13	8	9		
14	8	57		
15	9	45		

jours	heu.	min.	Nord-Nordouest ou Sud-Sud-Est, ou 10 h. 30 m.	
0	10	30	A Olfornes & Herouits.	Cheute des
1	11	18	Au dehors les bancs.	courans à ce
2	12	6	A Leystaf en rade.	rumb de vent.
3	12	54	A Yarmouth en rade.	
4	1	42	Devant le canal de Vvinckelzée.	Du cap de
5	2	30	Devant la Tamise.	Barfleur à la
6	3	18	A la Rie & le long de la coste.	Hougue, du
7	4	6	A Margat.	cap d'Orsi jus-
8	4	54	Contre Porsant dans la Manche.	ques à l'Isle
9	5	42	A Dieppe, Bologne & Caën dans la Seine.	Dardan.
10	6	30	A Struysart & toute la coste de Picardie &	
11	7	18	de Normandie.	
12	8	6	A Sainte Heleine & Calshor.	
13	8	54	A S. Valery. A Fesquam.	
14	9	42	A Senegal & dans la Baye de Calis & la	
15	10	30	rade de Gibraltar.	

Iours

TABLE DES MAREES.

jours	heu.	min.	Nort quart Nordouest & Sud quart Sudest, ou 11 heures 15 min.	
0	11	15	Entre Crupelzant & le Kreil.	Cheute des
1	12	3	A Olsersnes en dedans.	courans à ce
2	12	51	A Hamton.	rumb de vent.
3	1	39	A Portsmuyen & à Ouolfshorne.	
4	2	27	A Calveroort & l'Isle de Vvicht.	De la pointe
5	3	15	Devant le havre de Caën.	de S. Mathieu
6	4	3	Dans la riviere de Londres.	jusques au
7	4	51	Dedans Calais.	Four de Fonte-
8	5	39	A Estream.	nay jusques à
9	6	27	Proche Grinez.	la pointe de S.
10	7	15	Boulogne.	Mathieu.
11	8	3	A l'entrée de Monstreüil.	
12	8	51	Estapes.	
13	9	39	Devant la Somme.	
14	10	27		
15	11	15		

COURSES DES MAREES
depuis le havre du Lyth en Escosse, jusques au fleuve Humber.

CHAPITRE IV.

AU havre du Lyth la marée court quand regnent les vents Sud Sudouest, & Nord Nordest.

De la pointe de sainte Ebbes jusques au fleuve Humber, une lieuë loin de terre, la marée court Ouest Sudouest & Estsudest, & trois lieuës loin de terre de l'Est à l'Ouest, entrées & sorties de mer.

Du petit Lyth à la pointe sainte Ebbes, quand la Lune est au Sud quart de Sudouest, il y a pleine mer.

De Bambourg jusques à la pointe de Flambourg, la Lune estant au Sud quart à l'Ouest, il est pleine mer.

De Flambourg jusques au fleuve Humber, la Lune estant à l'Est & Ouest il est pleine mer.

Courses des marées depuis le havre du Lyth jusques à la pointe de Dungesby en Cathnes.

En la course de la rade du Lyth jusques à l'Isle de May, la marée court Sud Sudouest, & Nord Nordest.

De la pointe de Fismes à la pointe nommée Redde, au long de la coste d'Aberdon jusques à Buquenesse, la marée court Sud Sudouest, & Nord Nordest.

De la coste d'Aberdon & Buquenesse, tirant à la pointe de Dungesby, la marée court Sud & Nord.

Entrées & sorties de la marée depuis le havre du Lyth jusques à la pointe de Dungesby en Cathnes.

Entre le Lyth & Kyngorne, estant la Lune au Sud quart Sudouest, il est pleine mer.

A la pointe de Siff la Lune eſtant au Sudoueſt, tirant au au Sud, il eſt pleine mer.

A Dondé la Lune eſtant Sudoueſt quart de Sud, il eſt pleine mer.

En la rade de Mouray la Lune Sud quart de Sudoueſt, il eſt pleine mer.

En Inverneſſe la Lune eſtant au Sud quart au Sudoueſt, il eſt pleine mer.

Au long de la coſte de Cathnes, la Lune eſtant au Sud quart au Sudoueſt, il eſt pleine mer.

Au Vik en Cathenes, la Lune eſtant au Sud quart à l'Eſt, il eſt pleine mir.

Courſes & marées depuis la pointe de Dungelby en Cathnes, juſques à la Mule de Kinteir.

Entre la pointe de Dungeſby & la pointe de Quhiniknap, la marée court Sud Sudeſt & Nord Nordoueſt.

Entre les Iſles d'Orknay ou Orchades & Zetlande, la marée court Sud & Nordoueſt.

Entre la pointe de Quhiniknap & la pointe de Vvraith, au long de la coſte de Cathnes & de Stranaverne, la marée court Eſt Sudeſt & Oueſt-Nordoueſt.

Du lac Byne juſques à Gairlogh & le lac Terſiurde, la marée court & Sud quart à l'Oueſt & du Nort quart à l'Eſt.

Entre Revera & Kyrlak au long de la coſte, la marée court Eſt & Oueſt.

De l'Iſle de Leviſe & Bairray, la marée court Eſt & Oueſt.

De Kylra juſques à Ardemurthe, par les Iſles nommées Egé Rum, Muke & Cannay, la marée court Eſt & Oueſt.

D'Ardemurthe juſques à Comkil au long de la coſte de la Mule, Vulnay, Cardemburge, Col & Teray, la marée court du Nord quart à l'Eſt, & du Sud quart a l'Oueſt.

Du lac Quhabir, au long de la coſte parmy les Iſles de Carneray, Luung, Coill, Scarbay, Dura, Oronſay & Coulaus, la marée court eſt, Nordeſt, & Oueſt Sudoueſt.

E e ij

Dedans la rade de l'Isle, la marée court Sud & Nord.

Entre l'Isle & la Mule de Kynteir, la marée court Sud quart de Sudest & Nord quart Nordouest.

Entrées & sorties de la marée, depuis la pointe de Dungesby jusques à la Mule de Keinter.

En Pentlande Firth & les Isles d'Orknay, la Lune estant Sudest quart de Sud, il est pleine mer.

Entre Arquhytin & le Steir d'Assin, au Sud Sudest, il est pleine mer.

De Steyr d'Assin au lac Byrne & par le costé de Leuvis, la Lune estant au Sud quart de Sudest, il est pleine mer.

Du lac Byrne jusques à Kylarke & Kyrla, & au long de la coste de Skye, Vuist & Barray, la Lune estant au Sud, il est pleine mer.

De Ardemurthe au long de la coste de la Mule Coill & Terray, la Lune estant au Sud quart de Sudouest, il est pleine mer.

De la Mule au long de la coste de Lorne & des Isles du Cauvay, Long, Ceuuil & Scarbay, il est pleine mer, la Lune estant au Sudouest quart au Sud.

En la rade de Yla, la Lune estant au Sudouest, il est pleine mer.

De Yla au long de la coste de Knapdel & Kynter jusques à la Mule de Quinteir la Lune estant au Sudouest, il est pleine mer.

Courses des marées depuis la Mule de Keinteir jusques à la Mule de Gallouuay.

Entre la Mule de Kinteir & l'Isle de Rableyn, la marée court le Sudest & Nordouest.

De Kynteir à la pointe d'Arglas la marée court Nord Nordest & Sud Sudouest.

A Sanday la marée court Sud Sudest & Nord Nord-Ouest.

De l'Isle de Sanday au long des costes d'Arren, Buit & Camradsc, jusques à la bouche de la riviere de Clyd, la marée court Sud quart de Sudest, & Nord quart de Nord-Ouest.

De Sanday au lac Reyan & Gallouvay, la marée court Sudest & Nordouest.

A la Mule de Gallouvay la marée court Sud quart au Sudouest, & Nord quart au Nordest.

Entrées & sorties des marées depuis la Mule de Keinter au long de la coste de Carrik & Gallouvay jusques au fleuue Soluay.

A la Mule de Kynteir la Lune estant au Sudouest, il est pleine mer.

En la coste d'Arren & Buit au Sud, il est pleine mer.

A Vuruyn & Are, au long de la coste de Karrik, la Lune estant au Sud quart de Sudest il est pleine mer.

De la Mule de Gallouvay au long de la coste, jusques à Solvay, la Lune estant au Sud quart de Sudouest, il est pleine mer.

DES COVRANS D'EAV
qui se trouvent entre Malaca & la Chine, au temps du Monson.

CHAPITRE IV.

DEPUIS l'Isle Pulo Caton en la coste de Camboia, jusques à Varella, au chemin qui conduit en Malaca, les courans ont leur cours violent vers le Sud. Depuis la mesme Isle l'espace de cinq lieuës, ils ont un cours fort roide jusques à l'Isle Campello & au Golfe de Cochinchinne, quand l'on part de Malaca aux mois d'Octobre, Novembre, & Decembre, les courans ont leurs cours au Nordoueſt, depuis le mois de mois de Janvier ils courent au Sudoueſt vers les bancs qui ſont le long de la coſte de Camboia.

Des marées de la coſte de Malaca.

Depuis le havre de Patane qui eſt à l'Eſt de la coſte de Malaca, juſques à l'Iſle de Bintao pres du détroit de Sincapura ſous la ligne, les courans ont toujours leurs cours vers le Sud és mois de Novembre & Decembre.

Depuis Pulo Condor vis-à-vis du Havre de Camboia juſques à Pulo Timao au coſté Oriental de la coſte de Malaca, ſçavoir quand on vient de la Chine au temps du Monſon, ils ont leur cours vers l'Iſle de Borneo, & venant au Sudoueſt ils prennent leur cours vers la coſte de Pan du coſté Oriental de Malaca.

Depuis Pulo Condor à Pulo Ceſir, vis-à-vis la coſte de Camboia, ils courent vers l'Eſt, & apres qu'on a Pulo Ceſir, tenant le chemin de la Chine, ils courent vers la coſte de Camboya.

Depuis la fauſſe Varella diſtante ſeize lieuës de la vraye Varella en la coſte de Camboia, ils courent vers l'Eſt, à ſçavoir ſix lieuës loin de la coſte, aux mois de Juillet & Aouſt.

Au Monſon des trois vents, c'eſt à dire du troiſiéme rumb, au temps qu'on fait le voyage de Malaca vers la Chine, ils prennent leur cours au Golfe de Pulo Catao vers l'Iſle d'Aynao devers le Golfe de Cochinchinne juſques à la fin de Decembre, depuis Janvier ils commencent à courir vers les bancs qui ſont vis-à-vis de la coſte de Champa & de Camboia, à ſçavoir de l'autre coſté, & plus on avance dans l'année, ce meſme cours devient plus rapide.

Depuis le 28 Juillet juſques au quatriéme Aouſt, lors que les vents ſoufflent de terre de l'Oueſt & du Nordoueſt, & ceux de la mer devers l'Eſt Sudeſt & Nordeſt, arrive incontinent un calme, ce qui n'arrive qu'à 2 lieuës de la coſte.

En paſſant l'Iſle de Lequeo Piquero pour aller au païs de Bungo au Japon, les courans prennent leurs cours vers l'Eſt juſques à l'Iſle de Tanaxuma. Depuis le 30 degré vers le Nord, quelque peu plus avant que la moitié du chemin du Japon, ils ont le cours vers le Nord juſques au Golfe de Nanquin, ſçavoir au temps du Monſon des vents de Sud & Sudoueſt. En ce temps ils courent depuis Pulo Tayo qui eſt pres de l'Iſle d'Anao vers le Sudeſt, juſques à l'Iſle de Sanchoan, & aux Iſles de Catao.

Au havre de Macao il y a haute marée à dix heures quarante minutes devant midy, le premier jour de la nouvelle Lune.

OBSERVATION DES DANGERS & écueils depuis le cap du Lezard en Angleterre, juſques à la mer Baltique.

CHAPITRE V.

AU port de Phalmut il y a un rocher à l'entrée qu'il faut laiſſer à Babord en entrant.

Depuis Douvres juſques au cap de Soinet, la coſte eſt dangereuſe à cauſe des bancs du Godoüin & des Bracques, il y faut aller entre deux. La route eſt Nord Nordeſt, & Sud Sudoueſt, & faut aller par Marques.

Paſſe le cap de Toinet, tourne la coſte Oueſt & Oueſt Nordoueſt juſques à la riviere de Londres, le paſſage eſt fort dangereux.

Du cap de Lezard juſques au cap Cornoüaille, la marée en la route eſt fauſſe, car elle fait quelquefois le tour au contraire.

Au cap de Cornoüaille qu'on appelle Longumeau, une lieuë dans la mer eſt une roche appellée Pupuë qui eſt dangereuſe.

Entre Londey & Caldey au milieu du Canal, il y a des roches nommées les calmes, c'est la Manche de S. George, fort dangereuse à cause des marées qui sortent hors leur cours.

Apres avoir passé Bristou tourne la coste Ouest Nord-ouest, & à l'Ouest jusques à Marie Spirituelle, qui est une roche en la manche de Soüange.

Le banc de Maye dure 18 lieuës, il commence dés le banc du Hulin, & est tout le premier, à l'entrée de la manche du costé d'Irlande.

A la coste Occidentale d'Irlande il y a quantité de rochers qui paroissent sur l'eau.

Du cap Dicqueay jusques à l'Isle de Dalqueay entre les deux à deux lieuës dans la mer, il y a une roche dangereuse & couverte, il ne la faut point rencontrer hors le banc.

Entre Calais & Zelande la coste gist Est Ouest, fort dangereuse des bancs, & entre autres les bancs de Gravelines puis les bancs de Nieuport, le banc de Caraque, puis les bancs de l'Ecluse ; à travers de Blanchbergues il y a un rocher, passé l'Ecluse l'on trouve les bancs de Zelande.

Toute la coste d'Hollande est dangereuse, à cause des bancs : depuis Gorre au delà de l'embouchure du Rhin jusques au détroit du Dannemark, la coste est dangereuse à cause des bancs & des sablons.

La mer du Dannemark est dangereuse & ua plus de cent lieuës vers l'Orient.

Entre la pointe de Lescaut & l'Isle de Lezot, distants l'un de l'autre sept lieuës, il y a une montagne de pierre cachée dans l'eau : C'est un écueil tres-dangereux appellé le Tingre, il se remarque par un tonneau qui flotte sur l'eau.

A trois lieuës de Lezot à main droite, est l'Isle de Trenot fort basse, & du costé de Sud Sudest de ladite Isle il y a un banc.

La route du passage du détroit de Belt est dangereuse
à cause

à cause que la mer y est peu profonde; sçavoir entre l'isle de Funen appartenant aux Danois, & entre un bras de mer contenant deux lieuës & approchant de Nieubourg, lequel passage on doit éviter pour trois raisons, la premiere à cause que la route est traversée par les isles de l'Oland, l'Angeland, Falster, Femeren, Froo, Funen, Aurue & Bogue. La seconde, c'est que la mer y est peu profonde, & les Vaisseaux chargez courent fortune de s'échoüer. La troisiéme, c'est que la mer estant peu creuse, est sujette aux moindres vents pour les jetter à droit ou à gauche à travers ces isles. La coste de Finlande est dangereuse à cause des rochers, vers le Nord de l'isle de Bornhom sont les écueils.

OBSERVATION DES DANGERS de la mer Mediterranée.

CHAP. VI.

LE port de Palme en Catalogne a une roche à l'entrée. Le golfe de Lyon est dangereux, la mer y est perpetuellement agitée, elle y forme des grands tourbillons d'eau & des gouffres épouventables, quand la mer y est fort tranquille, les Matelots le passent à force des rames.

Le golfe de Venise est dangereux.

Aux costes de Dalmatie les écueils y sont frequens.

Au port Olivero de Solti en Dalmatie il y a un rocher.

Proche de l'isle Melada il y a des écueils dangereux, cette isle appartient à la Republique de Raguse.

La porte des bouches de Stagno fort dangereuse à cause des tourmentes, elle appartient à ceux de Raguse.

La coste de Raguse est remplie de rochers.

Ff

DECLARATION DES PRINCIPAVX
écueils, bancs & rochers, depuis la coſte de France Septentrionale, iuſques à la ligne.

CHAPITRE VII.

La riviere de Seine eſt dangereuſe, à ſon entrée il y a un rocher nommé le Ratier qu'il faut eviter, la marée y eſt fort rapide.

Depuis la riviere de Cean qui diviſe la baſſe Normandie d'avec la Bretagne, prens la coſte au Nordoueſt juſques apres avoir paſſé le cap de la Hougue, car en cette coſte il y a des bancs une lieuë en la mer.

Depuis le cap de Billafret juſques au cap du Four, tourne la coſte à l'Oueſt & l'Oueſt Sudoueſt, car il y a quantité de rochers & iſles.

Inchantes eſt une iſle ſcituée à 49 degrez 20 minutes, elle eſt dangereuſe environ une lieuë dans la mer, à cauſe des roches qu'on nomme les Boulines.

Le Sein eſt une iſle ſcituée ſur les 48 degrez 20 minutes, tout autour elle eſt pleine de dangers.

De Ras à Groye la coſte eſt dangereuſe à cauſe des rochers, ſa coſte eſt ſcituée à l'Eſt & Oueſt.

Proche Belle-iſle, entre l'iſle de Groye & la terre, il y a un rocher qu'il faut eviter.

Depuis le Ras de Fonteneau juſques à la riviere de Nantes, vire la coſte à l'Oueſt à cauſe des roches.

A l'entrée de la riviere de Loire il y a pluſieurs bancs & roches.

A la ſortie de l'iſle de Ré du coſté de l'Oueſt Nordoueſt, il y a des roches nommées les baleines, & vont trois lieuës dans la mer.

A l'entrée de la riviere de Bourdeaux il y a des endroits

dangereux à cause des bancs qui vont 4 ou 5 lieuës dans la mer, qu'on nomme les Asnes de Bordeaux.

Le Passage est un port en Biscaye, il a une roche au milieu qu'il faut éviter.

Entre la Coulogne & Cizarque en Biscaye il y a dix rochers une lieuës dans la mer nommez Mallepicques.

Au port de Mongie il y a des rochers au milieu du havre, mais l'on entre par des costes où il y a des marques.

A l'entrée du port Daurosse se trouve une isle où il y a plusieurs roches, & au long de la coste en tirant vers le cap Finis-terre, il y a quelques dangers.

L'entrée de la riviere de Mino scituée à 42 degrez 15 min. dans le Portugal, a deux entrées du costé du Nord & du costé du Sud, qui est dangereuse à ceux qui ne la sçavent naviger.

L'entrée de la riviere de Davero en Portugal est dangereuse à cause de beaucoup de roches.

La Berlinque est une isle en Portugal où il y a beaucoup de roches dangereuses.

La riviere de Taio en Portugal est fort dangereuse à celuy qui ne sçait point le passage, car il y a plusieurs bancs & roches.

A l'entrée de Calis du costé de l'isle est la roche de la Truie, en entrant faut la laisser à Stribor.

L'entrée du port de sainte Marie est dangereuse au vent de Sudest.

A l'entrée du détroit de Gibraltar il y a une roche environ demie lieuë dans la mer, l'on passe entre la roche & la terre sur les 36 degrez.

En Guinée les Abroilhos sont fort dangereuses & difficiles à passer à cause des écueils, elles durent en longueur 70 lieuës, elles sont scituées en longitude à 346 degrez & demy, & en latitude Sud trois degrez.

Il est tres dangereux de passer entre les isles Maldives où il n'y a que bancs & rochers, & on en doit fuir ces bancs à cent lieuës si l'on peut.

L'isle de Malieut à trente-cinq lieuës de Maldives,

Ff ij

est environnée de bancs tres-dangereux.

Pour aller aux Molucques on entre par trois canaux qui durent 20 lieuës, & prenant un plus du Nord que du Norest, on passe la pointe des Molucques, où il faut sonder, & alors qu'on trouve sept brasses d'eau, ou court à l'Est pour y aller, jusques au rencontre de deux isles, dont la plus grande est laissée à Babort & l'autre à Stribor : Il faut prendre garde à la plus grande car elle est dangereuse, & l'on va à l'Est Sudest jusques à se mettre sous la ligne pour gagner les quatre isles du Clou, ausquelles l'on n'y doit aller que de jour à cause des sables & des rochers.

De la Chine au Cartar la coste est fort dangereuse, car à la mer de la Chine y a quantité de bancs & roches.

Sur la riviere de Jave il y a un banc de sable qui dure deux lieuës dans la mer, jusques à la riviere de Begny.

OBSERVATION DES DANGERS
en la mer des Indes Occidentales ou Orientales, dans leur route depuis le Cap verd.

CHAP. VIII.

TROIS ou quatre degrez de l'Equateur l'inconstance des vents transporte les Vaisseaux tantost à l'Est, tantost à l'Ouest, & tantost au Nord.

Au port d'Arguin aux Portugais, il y a des bancs qui entrent vingt lieuës dans la mer.

Depuis onze degrez jusques à neuf est le Royaume de Mandingo, en sa coste il y a une riviere navigeable, au travers de laquelle il y a plusieurs isles, bancs & roches qui tiennent jusques à la riviere de Palme.

Depuis neuf degrez jusques à 8 est la coste du Royaume des Jaloffes, cette coste est pleine d'écueils.

Depuis 8 degrez jusques à 6 le long de la coste des Neigres, sont les bancs de sainte Anne qui durent 15 lieües dans la mer en sept degrez & demi, pour reconnoistre ces bancs au costé de la coste de l'Est on void trois isles assez hautes où il n'y a que des rochers où on va quand il est pleine mer, pour se pourvoir d'eau douce à une fontaine qui est au pied d'une pierre, en la plus haute des isles pres de la mer.

De la riviere du Jonc jusques à la riviere de Pestoe, navigeant 14 lieües, la coste est couverte des roches, le cap de la riviere de Pestoe se remarque aux grands arbres & roches qui avancent en la mer.

Du cap de la riviere de Pestoe jusques au cap de Palme, la coste est dangereuse de roches, car à un quart de lieüe de la riviere de Cagade, y a une roche couverte du costé de Sudest où on void des sablons en maniere d'anse.

La riviere de Voulte à 60 lieües au delà de S. George de la Mine en la Guinée, est dangereuse, & faut ancrer trois lieües en la mer.

Au Nort du cap saint Jean est l'isle de Fernauduport, on n'y va que rarement à cause que sa coste est pleine de bancs où il y a des endroits fort dangereux, les courans de l'eau y sont fort rapides jusques à quinze lieües en la mer; c'est pour cela qu'on va à un degré de la ligne vers le Nord, pour marque du lieu c'est que la terre est plus haute, où il fait un cap à un degré, faut mettre l'ancre en l'anse, sans se fier aux gens de ce païs qui vous trahissent.

Au port de Carpunt aux Terres neufves il y a deux entrées, l'une du costé de l'Est & l'autre du costé de Sud, il faut prendre garde du costé de l'Est à cause de plusieurs bancs, il faut aller à l'entour de l'isle vers l'Ouest de la longueur d'un demi cable, puis prendre vers le Sud au port de Blanc-sablon vers le Sudouest, l'on void durant trois lieües un banc qui paroist sur l'eau.

Le golfe de S. Lunaire vers les Tefres neuves, il est environné de sablons & lieux bas durant dix lieües.

A la riviere de S. Laurens sur le 51 deg. 20 min. apres le cap de Montmorency on trouve beaucoup de rochers & écueils.

Passé le cap de Tienot les terres sont basses & environnées

de sablons, à 4 ou 5 lieües en la mer il y a plusieurs bancs dangereux.

A l'isle sainte Marthe à une lieüe & demie dans la mer, il y a un écueil dangereux ou un banc entre sainte Marthe & le cap S. Germain.

Le long de la coste du havre S. Nicolas est fort dangereux, elle est pleine de bancs ou sables.

Au travers des sept isles rondes plus de deux lieües dans la mer, il y a plusieurs bancs de sablons fort dangereux.

A l'entrée de la riviere sainte Marguerite il y a un banc de sable.

Le port de Lesquemin est environné de rochers.

Du havre S. Esprit jusques aux isles S. Pierre, la coste est dangereuse en l'Est-Sudest, & l'Ouest Nordouest depuis 2 jusques à quatre lieües en la mer.

La riviere S. Jean, son entrée est dangereuse à qui ne sçait point éviter les rochers, qui ne paroissent pas lors qu'il est basse mer, à laquelle entrée apres avoir fait une lieüe, l'on trouve un saut effroyable lors que la marée est basse.

La coste depuis le cap de Lepogonsalves jusques à Manicongo est dangereuse.

La coste d'Angola jusques au cap de bonne Esperance est dangereuse.

A Soffalla hors la coste de la mer au Sudest, il y a beaucoup de bancs & roches qui durent 14 ou quinze lieües.

La coste de l'isle est fort dangereuse, notamment du costé de Sud & de Sudest, à l'entour il y a plusieurs bancs jusques dans la mer à plus de trente lieües.

La coste depuis Soffalle jusques a Mombase est dangereuse de bancs & de roches.

Depuis Dermouze jusques à Cambaye, la coste est fort dangereuse en quelques endroits.

Le détroit de Cambaye est aussi dangereux.

De la mer de Bengala jusques à Malaca, la coste est fort dangereuse de bancs, roches & isles.

TABLE DES LONGITVDES

& latitudes des principaux Ports, Isles & Caps de l'Europe, Asie, Affrique, & Amerique.

CHAPITRE IX.

		Longitude.		Latitude.	
		D.	M.	D.	M.
EVROPE. Mer glaciale.	L'emboucheure de la riviere d'Oby.	99		71	0
	Détroit de Veygats.	87		70	20
	L'Isle Colgoy.	76		69	10
	Le Cap Candenoes.	72		68	46
MOSCOV.	S. Michel Archange sur la Duvine.	67		64	50
Mer blanche.	S. Nicolas.	66		64	
	Cap de Catnoes.	63		65	45
	Ombay.	60		66	45
	Cap. Orlogoüas.	68		67	30
Lapponie.	Suvetenes.	66		68	35
	Kola.	59		69	45
	Cap Domesnes.	54		70	35
	Vardhuys.	53	10	70	40
	Nortkap.	49	45	71	30
Fimmurchie. Mer de Norvege.	Isle Maestron.	32	30	67	40
	Dronthem.	32	44	64	30
	Gryp.	28		64	
Norvege.	Stoppels.	27		63	28
	Stads.	26	15	63	5

TABLE DES LONGITUDES

		Longitude.		Latitude.	
	Berghen.	26	30	61	10
	Stafanger.	28	10	60	
	Cap de Lindesnes.	29	30	58	45
	Christiansant.				
	Mardou.	30	50	58	22
	Languesunt.	31	30	58	50
	Frideristatd.	32	40	59	58
	Maelstrand.	33	25	58	20
Gotie.	Bahus.	34	40	58	16
	Consbach.	34	40	57	54
	I. Malesond.	34	20	57	45
Mer Baltique.	Elsenor au détroit de Sund.	34	45	56	45
Zelande.	Helsimbourg au détroit de Sund.	34	50	56	50
SVEDE.	Stokolme Capitale.	41		59	12
DANEM.	Coppenhaguen Capitale.	34	46	56	25
Suede.	I. Mone.	34	45	55	35
	I. Bornholm.	37	30	55	10
Gotie.	Calmar.	39		57	
Suede.	I. Aland.	42		60	10
Finlande.	Abo.	44	40	61	
	Vibourg.	52	45	60	50
Livonie.	Narva.	52	45	59	
	Revel.	49	30	59	30
	Riga.	47	30	56	50
	Visby en l'isle de Gotland.	41	20	57	45
Curlande.	Memmel.	45	21	55	30
Prusse.	Konisberg.	44		55	
	Dantzic.	42	16	54	23
Pomeranie.	Colberg.	40		54	28
	Gripsuald.	38	30	54	16
	I. Rugen.	38	0	54	35
	Straslunt.	37	30	54	30
	Rostok.				

ET LATITUDES.

		Longitude.		Latitude.	
Mekelbourg.	Rostok.	34	50	54	10
DANEM.	Vismar.	33	50	54	20
Holstein.	Lubech.	33		54	20
	I. Femeren.	33		55	20
	Kiel.	32	15	54	30
	Ekelenfort.	32		54	40
	I. Laland.	33	15	55	30
	I. Langeland.	32	50	55	40
	I. Zelande.	33		56	
	I. Fionie.	32	50	56	
	Détroit de Belt.	32	40	56	
Iutland en	Flensbourg.	31	30	55	15
Danemark.	Arhusen.	31	30	57	
	Alborg.	31	10	57	35
Holsace ou	Hambourg.	31	30	53	55
basse Saxe.	Oldembourg.	29	30	54	23
	Heiligeland.	30	40	55	25
Mer d'Allemagne.	L'emboucheure de Veser.	29	32	54	
	Emden.	28	26	53	
Vvestphalie.	I. Scheling.	26	15	53	35
Frise.	Harlingen.	26	35	53	22
Hollande.	Staveren.	26	32	54	
Mer de Zuiderzée.	Campen.	27	7	52	42
	Amsterdam.	26		52	28
	Enchuisen.	26	24	52	49
	Le Texel.	26		53	15
	La Brille.	25	15	51	55
Zelande.	Mildebourg.	24	51	51	32
	Flessingue.	24	48	51	31
Flandres.	Anvers.	25	37	51	15
	Ostende.	24	7	51	20
	Nieuport.	23	54	51	13
	Dunkerque.	23	31	51	7

TABLE DES LONGITUDES

		Longi-tudes.		Lati-tude.	
	Gravelines.	23	17	51	4
ANGLE-	Douvres.	22	30	51	20
TERRE.	Londres Capitale.	21	30	51	32
	Yarmouth.	22	40	52	
	Flamburg.	20	50	54	15
	Scharenbourg.	20	34	54	12
	Barvich.	19		55	47
ECOSSE.	S. André.	18	10	56	40
	Aberdon.	19	20	57	20
	Boquenes.	19	48	57	50
	Dornok.	17	15	58	9
	Le bout Meridional de l'isle de Fero.	23	0	61	15
	Son bout Septentrional.	22	50	62	10
	Le bout Meridional de l'isle d'Hilland.	21	20	60	48
	Son bout Septentrional.	21		60	45
	I. Hebudes.	13		58	30
Mer d'Irlan-	I. Davides.	15	18	52	10
de. Angle-	Milford.	15	10	53	50
terre Occi-	Bristou.	18	10	51	30
dentale.	Dublin Capitale d'Irlande.	14	40	54	25
IRLANDE.					
	Vexfort.	14	40	53	25
	Vaterfort.	13	24	52	54
	Cork.	12	5	52	20
	Les Sorlingues.	11		50	40
Mer Britan-	Le Cap de Lezart.	14	30	50	25
nique.	Plymouth.	16	20	50	20
FRANCE.	I. Vvicht.	19		50	20
Picardie.	Calais.	23	1	51	1
	La Tour d'ordre.	22	46	50	48
	Bologne.	22	30	50	

ET LATITUDES.

		Longitude.		Latitude.	
Normandie.	Dieppe.	22	30	50	
	S. Valeri en Caux.	22	0	49	54
	Fecamp.	21	38	49	49
	Honfleur.	21	28	49	28
	Harfleur.	21	27	49	37
	Le Havre de Grace.	21	30	49	38
Angleterre.	Bevefier.	20	46	50	54
	Portlant.	18	36	50	24
Normandie.	Le Cap de Barfleu.	19	38	49	41
	Le Cap de Hogue.	18	58	49	42
	Ornay.	18	31	49	44
	Casquet.	18	18	49	42
	Garnezey.	18	20	49	24
	Jarsey.	18	46	49	15
Bretagne.	S. Malo.	18	10	48	40
	Brest.	15	19	48	
	Blavet.	16	44	47	12
	Le Four.	16		48	38
	Ouessant.	15	50	48	27
	Seims.	15	58	47	54
	Belle-Isle.	16		47	70
	L'Isle-Dieu.	18	55	46	42
Poictou.	Rochefort.				
	La Rochelle.	20	23	46	33
	L'Isle de Ré.	19	48	46	23
	Oleron.	20	18	46	6
	Le Broüage.	20	48	46	0
	La bouche de la Garone.	20		45	30
	La bouche de la riviere de Bayonne, dite Ladour.	18	38	43	40
ESPAGNE.	S. Jean de Lus.	18	18	43	40
	S. Sebastien.	18		43	50
Biscaye.	Le Cap Figuer.	17	50	43	30

G.g ij

TABLE DES LONGITUDES

		Longi-tude.	Lati-tude.
	Le Cap Machicao.	16 50	43 48
	Cap de Pinez.	12 22	43 54
	L'Isle saint Cyprien.	13 40	43 48
Asturie.	Le Cap Ortegal.	10 30	44 3
Galice.	Le Cap de Prior.	9 48	43 48
	Le Cap de Fine-terre.	8 28	43 12
	Le Cap Montegue.	8 26	39 34
	Le Cap Roux ou Roxent.	8 22	38 56
PORTUG.	Lisbonne Capitale.	9 0	39 2
ESPAGNE.	Le Cap S. Vincent.	8 51	37 6
Algarue.	Cadis.	12 0	36 41
Andalousie.	Le Cap Trasfalgar.	12 17	36 10
	Gibraltar.	12 37	36 7
	Le milieu du détroit.	12 10	35 53
Grenade.	Malaga.	15 30	36 48
	Cap de Gate.	17 36	36 45
Murcie.	Carthagene.	18 40	37 50
	Cap de Palos.	19	37 40
Valence.	Alicant.	19 20	38 48
	Cap Martin.	20	39 10
	Valence.	19 20	39 52
	I. Ivice.	21	38 30
	I. Majorque.	22 30	39 10
	I. Minorque.	23	39 30
Catalogne.	Tarragone.	21 20	41 18
	Barcelone.	22 35	41 30
	Cap de Creus.	23 50	41 50
FRANCE.	Collioure.	23 40	42 25
Roussillon.	Leucate.	23 35	42 35
Languedoc.	Narbonne.	24	42 58
	Agde.	24 10	42 55
	Cap de Cette.	24 35	42 48
	Bouche du Rhosne.	25 30	42 40

ET LATITUDES. 137

		Longitude.		Latitude.	
Provence.	Marseille.	26	42	43	20
	Toulon.	27		42	35
	Frejus.	28	30	42	50
ITALIE.	Nice.	29	3	43	20
Gennes.	Savonne.	29	25	43	48
	Gennes.	31		44	
	Porto-Venere.	32	20	43	40
Toscane.	Pise.	33		43	5
	Livorne.	33		42	56
	Piombino.	33	35	42	10
	Porto-Ercole.	34	38	41	50
Naples.	Gaiette.	37	30	41	25
	Naples.	38	15	40	48
	Amalphi.	38	35	40	40
	Cap de Palenuro.	39	15	40	45
Sicile.	Messine.	39	50	37	54
	Palerme.	36	52	37	20
	Cap de Gallo.	36	30	37	30
	Cap de Fer.	36	5	36	25
	Cap Passaro.	39	35	35	50
	Catane.	39	15	37	5
Naples.	Reggio.	40		37	50
	Cap della Colonne.	41	40	38	58
	Tarente.	41	30	40	38
	Sainte Marie.	42	36	39	50
Golfe de Venise.	Otrante.	42	45	40	12
	Barri.	41		41	12
Republique.	Venise.	3	55	45	22
Dalmatie.	Pola.	37	25	40	50
	Zara.	35	33	44	14
	Sebenico.	40	20	44	12
Republique.	Raguse.	42	50	42	58
	Cataro.	43	45	42	32

Gg iij

TABLE DES LONGITUDES

		Longi-tude.	Lati-tude.
	Durazzo.	44 20	41 25
	I. de Corfou.	44 30	39 20
	I. de Cefalonie.	46	37
	I. de Zante.	46 25	36 30
	L'Arcadia.	47 15	35 30
L'Archipel.	Modon.	48 34	38
ASIE.	Cap Metapan.	49 25	34 50
	Negrepont.	51	38 30
	Smyrne.	57 26	38 36
	Ephese.	57 30	37 30
	Halicarnasse.	57 48	36 10
EVROPE.	Constantinople Capitale.	56	44
Asie.	I. de Rhodes.	58	36
	Isle de Cypre.		
	Cap de la Gate.	58 40	34 50
	Salina.	59 30	35 32
Isle de Candie.	Famagouste.	60 5	35 50
Europe.	Candie.	53 30	34 40
	La Canée.	51 35	34 35
Asie.	Alexandrette.	68 56	37 10
Sourie.	Tripoli.	67	34 45
Palestine.	Tyr.	66 20	33 40
	Sebaste.	65 30	32 48
	Jope.	65 22	32 12
	Jaffa.	65	32
	Gaza.	64 40	31 55
Agypte.	Iamnes.	65 25	31 50
Affrique.	Damiette.	63 26	31 20
	Rossette.	61 40	31 10
	Alexandrie.	60 30	31
Barbarie.	Tripoli.	37	30
	Cap de Bone.	34 30	34
	Tunis.	33	33 10

ET LATITUDES. 239

	Longitude.		Latitude.	
Alger.	24	50	33	55
Ceuta.	14		35	30
L'Arache.	12	30	35	40
Salé.	12	30	34	
Le Cap Spartel.	12	10	35	38
Le Cap de Cantin.	9	20	32	31
L'Isle Mogodor.	8	55	31	7
Le Cap de Geer.	8	21	30	9
Le Cap de Subu.	6	50	27	33
Le Cap de Bajador.	3	53	26	3
Les Isles Canarie.	2	9	27	33
Madere.	0	52	32	15
Porto-santo.	2	28	33	0
Alegrance.	4	50	28	45
Lancerote.	4	40	28	30
Fort-avanture.	4	6	27	40
L'Isle Sauvage.	1	46	29	48
Teneriffe.	1	30	28	0
L'Isle Gomere.	0	50	27	51
L'Isle de Palme.	0	10	28	37
L'Isle de fer.	0	0	27	30
Le Cap blanc.	0	32	20	33
Barra de Senega.	2	10	15	4
Le Cap verd.	0	29	14	37
L'Isle de sel.	354	55	17	1
L'Isle Bonneveüe.	354	52	16	12
L'Isle de May.	354	34	15	20
L'Isle S. Iacqnes.	353	35	15	28
L'Isle de Feu.	353	11	14	44
L'Isle Brava.	352	50	14	35
L'Isl saint Nicolas.	353	17	16	37
L'Isle sainte Luce.	353	1	16	54
L'Isle S. Vincent.	352	0	16	42

Nigritie.

TABLE DES LONGITUDES

		Longitude.		Latitude.	
	L'Isle S. Antoine.	351	42	17	7
	Cap sainte Marie.	12	34	12	54
	Le Cap Vega.	5	8	9	18
	L'Isle sainte Anne.	6	32	6	50
Guinée.	Cap de Nom.				
	Cap de Monte.	8	0	6	6
	Cap de Palmes.	11	38	4	12
	Cap de trois pointes.	17	30	4	12
	Les Assores. Isle S. Michel.	352	50	37	54
	L'Isle sainte Marie.	353	2	37	0
	L'Isle Tercere.	351	28	38	56
	L'Isle S. George.	350	48	38	58
	L'Isle Gracieuse.	350	26	39	18
	L'Isle Pic.	350	18	38	36
	L'Isle Fayel.	349	35	38	45
	L'Isle Flores.	347	8	39	33
	L'Isle Coruo.	347	8	39	48
	L'Isle verte.	352	0	44	54
Amerique.	Le banc Jacquet.	339	8	46	36
	Le grand banc à l'Est.	333	44	45	24
	La pointe du Nord.	334	43	49	54
	La pointe du Sud.	330	0	41	32
	Le milieu du grand banc.	332	50	45	42
	La pointe du Ouest.	328	20	45	41
	Le banc à vent au milieu.	326	50	45	24
Isle de Terre neufve.	Cap de Ras en l'Isle Terre neufve.	330	0	46	34
	Cap de Raye en Terre neufve.	324	0	47	6
	Cap de Grat en Terre neufve.	326	50	50	59
	L'Isle aux Bacalaux.	329	25	48	12
Canada.	Le Banquerel.	324	50	44	36

L'Isle

ET LATITUDES.

		Longitude.	Latitude.
	L'isle de Sable.	324 20	43 35
	L'isle de l'Assomption au Sud.	322 12	48 54
	Le bout du Nord de l'Assomption.	321 12	50 12
	Gachpe.	320 11	49 0
	L'isle Bonaventure.	320 10	48 36
	L'isle percée.	320 6	48 48
	Les isles Magdeleines.	321 20	46 51
	L'isle S. Jean.	319 55	46 42
	Le Cap S. Laurens.	323 29	46 51
	Le Cap S. Loüis.	320 55	45 30
	Le Cap Sable.	315 45	43 27
	Le Cap fourchu.	315 55	44 6
	Le Cap Malbare.	309 50	40 51
Virginie.	Le Cap Charles.	302 28	37 11
	Le Cap Henry.	302 8	36 54
La Floride.	Le Cap Offaire.	300 7	32 29
	Le Cap de la Floride.	294 5	25 18
	L'isle Bahama.	295 40	27 18
Isles Lucayes.	L'Ouest de Lucayoneque.	297 50	27 30
	L'Est de Lucayoneque.	299 42	27 30
	L'Ouest de Cygatée.	300 25	27 9
	L'Est de Cygatée.	302 22	27 9
	L'isle Ganima.	303 12	25 54
	L'isle Yuma.	302 45	24 40
	L'isle Triangulo.	304 0	24 35
	L'isle Samana.	304 18	24 0
	L'isle Mayagana.	304 32	32 2
	L'isle Yumeto.	302 54	23 54
	Cap S. Antoine en l'isle de Cuba.	290 0	21 52

TABLE DES LONGITUDES

		Longitude.	Latitude.
	Le milieu de Cuba.	296 25	21 33
	Cap Maizo en l'iſle de Cuba	302 52	20 30
	La pointe de l'Oueſt de la Jamaique.	297 18	18 1
	Le bout de l'Eſt de la Jam.	300 18	18 10
	Le Cap Tiburon à S. Domingue.	301 36	18 10
	Le Cap S. Nicolas à ſaint Domingue.	303 15	20 19
	Le Cap François à S. Domingue.	308 10	20 15
	Le Cap Engamo à S. Dom.	309 44	18 40
	I. Saona, la pointe de l'Eſt.	309 42	17 50
Isles, Antilles	L'iſle Puertorico au Cap la Beca.	312 48	18 30
	L'iſle Antgada.	314 10	19 0
	La Sombrete.	315 33	19 28
	L'Anguille.	315 42	18 51
	S. Martin.	315 41	18 21
	La Barbade.	317 35	17 36
	S. Barthelemi.	316 14	17 29
	Sainte Croix.	313 20	17 40
	S. Chriſtophe.	315 29	17 5
	I. d'Aves ou des Oyſeaux.	315 54	15 50
	Montſerat.	316 3	16 16
	Lantigue.	317 0	16 40
	La Deſcade.	317 40	16 16
	La Gardeloupe.	316 40	15 54
Isles Caribes.	La Martinique.	317 52	14 29
	La Dominique.	316 30	14 42
	La Marigalante.	316 56	15 18
	La Barboude.	319 16	13 28
	Sainte Luce.	317 7	13 23

ET LATITUDES. 243

		Longitude.	Latitude.
	S. Vincent.	317 8	12 50
	Bekia, isle.	317 7	12 12
	La Grenade.	316 30	11 22
	Le Tabago.	318 26	11 0
Castille d'or.	La pointe de l'Est de la Trinité.	318 21	10 20
	La Marguerite.	314 0	10 50
	L'isle Blanco.	313 14	11 30
	Lorchille.	312 5	11 9
	L'isle d'Aves.	310 56	11 36
	Buenaire.	310 11	11 54
	Curaçao.	308 40	12 11
	Aruba.	307 49	12 17
	Isle saint André.	295 35	13 6
	Isle sainte Catherine.	295 26	14 4
	Le Cap Camaron.	290 31	16 0
	Le Cap gracios à Dieu.	293 38	14 12
	Le Cap Aguia.	302 53	11 40
	Le Cap la Vella.	305 50	12 34
	Le Cap Conquiboccoa.	307 0	12 30
	Le Cap Jean Branco.	311 34	9 18
	Le Cap d'Orange.	326 56	4 1
	Cap de Nord ou Caborace.	328 32	1 56
Floride.	S. Augustin.	292	29 50
Golfe Mexique.	Canal de Bahama.	292	24
	La riviere du S. Esprit.	291	30 30
	Panuco.	270	23 20
	Vera Crux.	275	19 10
	S. Jean d'Ulna.	275 50	19
Castille d'or.	Truxillo.	287 30	15 15
Mer du Nord.	Porto belo.	294	10
	Carthagene.	300	10 12
	Riviere de sainte Marthe.	302	11 15

Hh ij

TABLE DES LONGITUDES

		Longi-tude.	Lati-tude.
Amerique Meridionale. Bresil.	Bouche des Amazones.	328	0 Sud.
	Maragnan.	335	2 30
	Siara.	339 55	2 30
	I. Abroilho.	350 30	3 30
	Paraiba.	348 30	7 15
	I. Tamaraca.	349	7 40
	Calvo.	348 50	9 30
	Seregippe.	346 30	10 30
	Baya de todos los Santos.	345 30	12 40
	Porto Seguro.	345 30	16 38
	Spiritu Santo.	345	20
	Cap Frio.	344	23 30
	Riviere de Janeiro, ou de Ganabara.	343	22
	Baye de S. Vincent.	340	23 50
	Isle Quemadas.	339	25 10
	Riviere de S. François.	339	27
	Riviere grande.	335	31
	Isle de Castillos.	328	35
Costes Magel-laniques.	Riviere de la Plata.	325	36
	Cap S. Antoine.	326	36 40
	Baye de S. Julien.	309	49
	Détroit de Magellant vers l'Est.	305	51 30
	Détroit de le Maire vers l'Est.	310	54
	Cap de la Victoire.	295	52 30
Chily.	Port saint Domingo.	289 55	44 2
	Valdivia.	297	47
	Isle de Jean Fernando.	292 30	330 30
	Isle de saint Ambroise.	292 30	26 30
Le Perou.	Copayapo.	300 50	25 30
	Cap de Sangaland.	297 30	15

ET LATITUDES. 245

		Longitude.		Latitude.	
	Lima.	296	50	12	30
	Bermeio.	295	30	9	55
	Truxillo.	295		7	30
	Tangora.	293		5	30
	Cap de sainte Heleine.	292		1	30
La nouvelle	Porto-Veio.	292		0	55
Espagne.	Cap del Passao.	291	50	0	
	Cap de saint François.	292		1	
	Quemado.	295	40	5	20
	De Pinas.	296		6	58
	Panama.	295		8	40
	Isle de Cocos.	285		5	20
Nouvelle A-	Isl de sainte Marthe.	292		7	45
merique.	Golfe des Salins.	288		9	
	Port de Veles.	286		9	40
	Acaxulta.	281		13	
	S. Antoine.	261		19	
	Cap de saint Lucas.	257		23	
Mer Vermeio	Riviere del Norte.	254		29	50
	Santa Clara.	253	30	32	30
	Détroit d'Anian.	240		44	
	Cap Blanco.	232		42	
	S. Barthelemi.	247		29	40
En Affrique, Nigritie au Roy de Tombut	Riviere de Senega ou de Niger.	3		16	
	Riviere des huistres.	4	30	13	20
	Riviere grande.	5		11	
	Buguba.	6	10	11	30
	Riviere du Pot.	6	15	10	
Guinée. Mer de Guinée.	Isle des Idoles.			9	30
	Riviere des Pescadores.	6	30	9	20
	Riviere de Serra Liona.	9		8	25

Hh iij

TABLE DES LONGITUDES

		Longitude.		Latitude.	
	S. George de la Mine.	21	30	5	
Benin.	Cap Formoso.	29		4	
	Riviere de Calabari.	31		40	
	Riviere de Lestre.				
	Isle de Fernando Po.	33	30	3	30
	Riviere des Camarones.	33	20	4	
	Isle du Prince.	32	30	1	30
	Isle de saint Thomas.	30	30	0	30
Mer de Congo.	Cap de Lopo Gonçalves.	32		1	Sud
Aethiopie.	Cap de Caterina.	33		2	
	Rade de la Juifue.	35	10	5	
	Rivage de S. Dominique.	35	20	6	
	Riviere de Congo.	36	10	9	29
	Riviere d'Angola.	36	40	10	0
Angola.	Cap Ledo.	36	30	10	32
	Riviere de saint Lazare.	37		11	
	Cap des Loups.	38		12	20
	L'isle de l'Ascension.	10		8	28
	L'isle sainte Heleine.	17	20	16	
	L'isle de Toistan de Cunha	12		34	
Caffres.	Cap de bonne Esperance.	44		34	30
	Cap des Aiguilles.	45	30	35	
	Le Cap do Infante.				
	Le Cap de Vaquas.			34	30
	Cap de saint Bras.			34	15
	Cap Tailhado.			34	
	La pointe del Gada.			34	45
	Cap des Areciffes ou des rochers.			33	20
	Cap des Tranchées.	54	55	33	0
	Riviere de Natal.	55		31	0
	Ponta de Pequenia.	57		28	25
	Cap de Fumos.	61		27	20

ET LATITUDES. 247

		Longi-tude.	Lati-tude.
Monomatapa.	Cap des Courans.	65	25 30
	Riviere de Zambere.	64	21 40
	Isle de Bourbon.	82	22
	Riviere de Cefale.	94 30	20
	Isle de Diego Rodrigue.	87 40	19 55
	Riviere des bons signes.	68	17 45
	Le milieu Occidental de la riviere de Madagascar.	75	18 40
	Son bout au Nord, qui est le Cap de S. Sebastien.	80	19 50
	Son bout au Sud, appellé le Cap de sainte Marie.	72 30	25 30
	Isle de saint Brandon.	91 40	17 15
Zanguebar.	Isle de Jean de Nova.	10	16 30
	Mozambique.	68	14 45
	I. d'Angona.	67	16 40
	I. de Nangazia.		12
	I. de Comoro.	72 30	11 40
	Cap del Gado.	69 30	10 0
	Quiloa.	67 20	9
	I. de Monfia.	70	7 20
	I. des sept Irmanas.	90	3 50
	I. de l'Admirante.	85	3 50
	Mombaze.	69 30	4 25
	Melinde.	70	2 24
	Pata.	71 30	1
			NORD
Caien.	Bararboa.	73 30	0 55
	Brava.	75 20	2
	Magadoxo.	76 15	2 30
	Dap de Gadarfuy.	84	11 40
	L'isle de Zocotora.	87 30	12 55
Egypte.	Meta.	80	11

TABLE DES LONGITUDES

		Longitude.		Latitude.	
	Zeila.	76	15	11	30
	I. d'Alaca.	74		15	
	Isle de Souaquen.	69		18	15
Afr.	Gyda.	70	15	20	28
	Isle de Zeylan.	74		15	
	Isle de Camaran.	75		15	
Arabie.	Adem.	80		13	20
	Dolfar.	87	30	16	
	Isle de Curia Maria.	92	10	17	
	Isles Quemados.			16	
	Isle de Mazira.	94		20	
	Cap Raz Algate.	97		22	
	Mascate.	94		23	25
	Orsacan.	93		24	28
	Cap. Masandaon.	92	30	26	30
	I. d'Ormus.	92	24	27	
Golfe de Perse.	I. Baharem.	85		26	20
	I. Queximi.	84	30	28	
	Balsora au bout du golfe.	82	30	30	30
	Cap de Jasques.	95		25	30
Les Indes de deça le Gange.	La Bouche de l'Inde.	108		24	30
	Diu.	112		21	
Le grand Mogol.	Cambaye dans son golfe.	114		22	40
	Surate.	114		21	40
Decan.	Chaul.	113	50	18	50
	Dabul.	112	50	17	40
Malabar.	Goa.	113		15	35
	Calicut.	114		10	50
Coste de Coromandel.	Cochin.	115		20	10
	Cap de Comorin.	116		8	12
	Colombo en l'isle de Ceylan.	118		7	5
	Punta de Gallo.			6	4

Cap

ET LATITUDES. 149

		Longitude.	Latitude.
	Cap Negapatan.	118 25	10 50
	Meliapor ou S. Thomas.	118 35	13 30
Gelionde.	Musulipatan.	122 10	16 30
	Bouche de Ganges.	130	22
	Arracan.	137 30	20 5
	Martavan.	135	16 45
Indes de delà les Ganges.	Isle d'Andemaon.	130	13
	Tanasseri.	134 30	11
	Gunfalan.	134	8 30
	Queda.	135 20	6 30
	Isle Pulo Pera.	134	6 40
	Cap Rascado.		2 30
	Malaca.	137	1 20 Sud.
	Achem en l'isle de Sumatra.	131 15	4 20
	Cap de Sin Capura.	140	1 20 Sud.
	Ticou.		0 20
	Cap de Lusupara.	141 40	3 10
	Bantam en l'isle de Java.	141	6 4
	Détroit de la Sonde.	141	5 40 Nord
	L'Isle & ville de Borneo.	147 40	4
	I. Polubutum.		6 45
	I. Palon.	156	7 50
	I. Pulo-Pinao.		5 15
	I. de Nicubar.		7 30
	Celebes Isle & Ville.	160 30	
OCEAN Oriental.			10 42
	I. Gilolo.	168 40	Nord.
Isles Philippines.	I. Mindanao.	167	6 55
	I. de S. Miguel.	158	7 15

TABLE DES LONGITUDES

		Longitude.	Latitude.
	I. Manille.	162	14 30
	Luçon.	161 50	17 30
	C. Bojador.	161	19
Mer de la Chine.	I. Haynam.	156	18
	I. Pulo Condor.	150	2 25
	Siam.	137 40	14 30
	Patane.	140 40	7 30
	Camboia.	140 30	7 30
	I. Pulo Cesir.	153	10
	I. Pulo Caton.	152 30	15 40
	I. Pulo Campello.	152	16 20
	I. de Sanchoam.	157 30	21 30
	Macao.	157 50	22 30
	Canton.	157 40	24 30
	I. Formosa.	165 40	21 45
	I. Lamon.	166	23 15
	Kabaqueo.	166	23 30
	Chinquan.	163 40	24 30
	C. de Sumbor.	167	28 15
	Les 7 Sœurs.	173	29
	I. de Tachan.	158 30	29 15
Isles du Iapon.	Nanquin.	155	32
	I. Tanegoaima.	180	30
	Bango.	182	32 40
	Meaco.	187 75	34 40
	I. Niphon.	184	36 30
	Saçay.	186	34

ROVTE DES COURS ET
distances d'entre le Cap de Candenoes & la nouvelle Zemble.

CHAPITRE X.

DE Catsnoes aux isles de Soloky, le cours est Ouest & un peu au Sud, trente-huit lieuës.

De Catsnoes à Vvarsiga Nordouest & un peu à l'Ouest, 16 lieuës.

De Catsnoes à Polongi, Nordouest quart au Nord, vingt-huit lieuës.

Des isles de Solofki à Ombay en Laponie, N. trente quatre lieuës.

De Solofki à Vvarsiga E, N, E, 32 lieuës.

De Solofki à Polongi N $\frac{1}{4}$ E, cinquante & deux l.

De Candenoes à Costinsarch en la nouvelle Zemble, N E $\frac{1}{4}$ E 62 l.

Du bout Oriental de Calgoy au détroit de Veygats, E 60 l.

De Pitsora au bout Oriental de Colgoya, O N O, 44 l.

Route de Russie & Lapponie.

CHAPITRE XI.

DE Pitsora aux Veygats, N E $\frac{1}{4}$ E, 16 l.

De Pitsana à Pitsora, E $\frac{1}{4}$ N E, 16 l.

De Colcoua à Pitsana, E $\frac{1}{4}$ au N. 6 l.

D'Orlogenoes aux 3 Isles, S, quatre lieuës.

Des trois Isles à Ponoy, SO $\frac{1}{4}$ au S. trois l.

Des trois Isles aux Croix ou sous Novits, SO, vingt lieuës.

De la Pointe Grife à la riviere d'Archangel, S ¼ O 16 l.
Du Trou d'Archangel à l'Iſle du ſel S O, & un peu à l'Oueſt, 8 l.
De l'Iſle du ſel au Cap d'Onega, O ¼ NO, 20 l.
Du Cap d'Onega aux Iſles de Solofki, NO ¼ vingt l.
Des Iſles de Solofki à Somma, O ¼ S O 12 l.
De Candelex à Ombay S ¼ E, 16 l.
D'Ombay à Stuſland, S E, treize lieuës.
De Stuſland à Varſiga, E S E, 20 l.
De Pelitza à Souſnouits E N E, un peu au N, 16 lieuës.
D'Ombay à Varſiga, S ¼ E, 36 l.
De Varſiga à Coroa, E S E, 13 l.
De Coroa à Karſvich, E, 8 l.
De Karſvich à Polongi, E 8 l.
De Polongi à l'Iſle de Souſnouits, N E ¼ E, 10 l.
D'Orlogenoes au Cap Candenoes, N 47 l.
De Candenoes à l'iſle de Colgoy, E ¼ S, 28 l.
De Candenoes à Suuelgenoes, S E ¼ E, 30 l.
De Candenoes à l'Iſle de Morſonuits, S E, 16 l.
De Candenoes à Tuſſara, E S E, 30 l.
De Tuſſara à Colcova, E, 8 l.

Route des coſtes de Norvege, depuis Derneus iuſques à Bergen.

CHAPITRE XII.

DE Derneus à Fockſteen, environ le N O, 8 l.
De Fockſteen au bout merid. de Iedder, N O, 9 l.
De Derneus à Hitteroe, O N O, 7 l.
De Hitteroe à Eckeſon, N O, cinq l.
De Eckeſon à Sirouagh, N ¼ N, trois l.
De Sirouagh à Mids-Iedder NO quart N, 3 l.
De Mis-Iedder à Rut, N NO, cinq l.
De Rut à Veeſteen, N quart O, trois l.

LIVRE TROISIEME.

Du Vvesteen au Sybricksteen, N N O, cinq l.
De Veesteen à Schuytenes, N N O, 6 l.
De Derneus aux Vutsiers, NO, trente l.
De Schuytenes à Bommelshooft, N N O & un peu N, 8 l.
De Bommelshooft à Kruysoort, N N O, 12 l.
De Kruysoort à Harle, N N O, 12 l.
De Schuytenes aux Vutsiers, O quart NO, 5 l.
De Vutsiers à Ieltefoert, N quart O, 28 l.
De Schytenes à Vlie, S quart E, & un peu au S, 107 l.
De Schuytenes à Valcheren, environ S, 144 l.
De Schuytenes à Flamburgerhooft, S O quart S, 104 l.
De Schuytenes à Bockenes, O quart S, un peu au S, 72 l.
De Schuytenes à Hitland, O quart N, & O N O, 68 l.

Route des costes de Norvege, entre Maestrant & Derneus.

CHAPITRE XIII.

DE la pointe Occidentale de Patenostres à Harmenshooft, N quart O, 7 l.
De Harmenshooft à Zuyderuick, N N O, 6 l.
De Zuxderuick à Akersont, NO quart O, 7 l.
D'Akersondt aux Susters, O quart N, cinq l.
Des Susters à Bast, NO, 7 l.
De Bast à Coperuiick, N quart O, cinq l.
De Bast à Soenuuater, N N E, cinq l.
De Soenvater à Farder, S, 10 l.
De Farder à Langhesondt, O S O, 10 l.
D'Oostriisen à Mardou, S S O, trois l.
De Maerdou à Reperuiick, S O, 10 l.
De Maerdou à Blintsond, S O, cinq lieües.
De Blindsont à Vvolfsond, SO, trois l.
De Vvalfsont à Vleker, O S O & SO, ½ O, 3 l.
De Vleker à Scharesondt, O S O, trois l.

De Scaresondt à Derneus, O S O, trois l.
De Reperviick à Derneus, O S O, treize l.
De Derneus à Schagen, E, 34 l.
De Derneus à Boevenbergen, S quart S, 24 l.
De Derneus à Heylighelant, S quart E, & S SE, 66 l.
De Derneus au Texel, S quart O, 94 l.
De Derneus à Vvalkeren, S quart O, cent vingt-six l.
De Derneus au détroit de Calais, S S O, un peu O, 180 lieuës.
De Derneus à Hitland, NO quart O, 100 lieuës.

Route des costes de Suede.

CHAP. XIII.

DE Landtsoort ou du Trou de Stokolme jusques à l'écueil de Hartshals, O S O, trois l.
De Landsoort au Trou de Vilbuy, S O quart S, 18 l.
De Landsoort à Carelsoo, S & N, vingt l.
De Carelsoo à Visbuy, N E, 7 l.
De Carelsoo à Godtschesandt, N E & N E quart N. 20 l.
De Godtschesandt au Trou de Stokolme, O quart N. 35 lieuës.
Du bout Merid. de Gotland au bout Septentr. d'Oeland, O N O, douze lieuës.
Du bout Merid. de Gotland à Zuyder-Noorden, qui est le bout Merid. d'Oeland, S O, & nn peu à l'Ouest, 20 l.
Du bout Merid. d'Oeland à Derclippen, O S O, 10 l.
De Derclippen au bout Sept. de Bornhoolm, N N E, 20 l.
De Derclippen à Hanno, S O quart O, douze l.
D'Oostergaerde à Bornholm, S O, un peu au S, 80 l.
De Houborgh à Bornholm, S O, un peu au S, 62 l.
De Houborgh à Hontsoort, N E, 146 l.
De Houborgh à Luseroort, E quart N, un peu au N, 45 l.
De Houborgh à Dervinde, E 4 N, trente-huit l.
De Houborgh à Memel, E S E, quarante l.

De Houborgh à Connincbergen, S E quart S, 48 l.
De Godschefand à Dageroort, E quart N, trente l.
De Godschefand à Dervinde, S E quart E, 132 l.
D'Oostergaerde à Dageroort, N E & NE quart NE, 37 l.
D'Oostergaerde à Dervinde, E, quart S, trente l.
D'Oostergaerde à Ryghshooft, S quart O, 42 lieues.

Route des costes de Livonie, Russie, & Finlande.

CHAPITRE XIV.

DE Revel à l'Isle de Vuolf, N quart O, sept l.
De Vvolf à l'Isle de Vvranger, E quart S, mais tournant en dehors E quart N, 3 lieues.
De Vvranger à Erckholm, E quart S, 15 l.
De Vvranger à Hoogelandt, E N E, & un peu à l'Est, 24 l.
De Hoogeland à la rade de Narve. S E, 16 l.
De la rade de Narve aux Hoües de Russie, N & S, 7 l.
Des Hoües de Russie à Roodehel, N E, & NE quart N, 32 l.
D'Elsenvos à Eeckolm, S E, vingt lieues.
Du Trou d'Abbo à Nargen ou au Volf, E quart S, 40 l.
De la pointe d'Alant à Luseroort ou Dervinde, S S E, 60 l.
Depuis les écueils de Luys jusques au Trou d'Vutoy, O & E, vingt-quatre lieues.
Du Memel à Sevenberg, N N O, treize l.
De Sevenberg à Dervinde, N E, 116 lieues.
De Luseroort à Domesnes, N E quart E & E N E, quinze l.
De Demesnes à Ruynen, E quart N, 6 l.
De Ruynen à Duynemondt, S E, seize lieues.
De Ruynemont à Lemsael ou Sales, N N E, treize l.
De Ruynen au bout de N E d'Oesel, N, 16 l.
Du bout Merid. d'Oesel à Honsoort, N N O, ou & N O, 18 lieues.
De Dervinde à Dageroort, N quart O, & un peu à l'Ouest, quarante lieues.
De Dageroort à Sibrichsnes, E quart N, 8 l.

De Sybrisnes à Oetgensholm, E quart N, 8 l.
De Sevenberge à Ryghsooft, S O, trente-quatre l.
De Sevenberge à Zuydernoorden O, & un peu au N, 50 l.
De Dervinde à Houborg, O quart S, 348 l.
De Dervinde à Godscheland, NO quart O, 32 l.
De Luseroort à Houbourg, O quart S, & un peu au S, 40 l.
De Luseroort à la pointe d'Alant, N NO, 60 l.
De Dageroort à Oostergarde, S O quart O, 38 l.
De Dageroort à la pointe d'Alant, NO, vingt l.
De Dageroort au Trou d'Abbo ou Vutoy, N O quart N, vingt lieües.
De Sybrichnes au Trou d'Abbo, NO quart O, 20 l.

Routes des costes de Pomeranie & Prusse.

CHAPITRE XVI.

DU bout Septentr. de Bornholm à Vutstede, NO, huit lieües.
De Bornholm à Hanno, NO quart O, quinze l.
De Bornholm à Derclippen ou Vutclipen, N NE, 20 l.
Du bout Meridional de Bornholm à Colbergen, SE 20 l.
Du bout Merid. de Bornholm à Reefcol, 24 l.
De Reefcol à Ryghshooft, E NE, vingt l.
De Ryghshooft au canal de Connicberge, E quart S, 21 l.
De Rygshooft au Memel, N quart E, trente l.
De Rygshooft à Hanno, O quart N, quarante-huit l.
De Rygshooft au bout Merid. d'Oelant, N O, 34 l.
De Rygshooft à Houborg, qui est le bout Merid. de Gotland, N trente-quatre l.
Du Canal de Connincbergen à Houborg, N quart N, 48 l.
De Memel à Houbourg, O N O, 38 l.

DISTANCES

DISTANCES ET COURSES
des Costes maritimes de Holstein, Mekelenbourg, & des Isles Meridionales de Dannemarck, depuis le Belt jusques à l'Isle de Rugen.

CHAPITRE XVII.

E Col à Elseneur, le cours est SE, & SE ¼ S, quatre lieües.

De Lappesant à Vveentz, S S E, trois lieües.

De Elseneur au tonneau Septentrional dans les Drogen, SE quart E, sept lieües.

De Elseneur à Lantskroon, ESE, 4 l.

De Vven à Malmuyen, E quart Sudest, 7 l.

De Malmuyen à Reefeol, O, 5 l.

De Mal-muyen à Staden, SO, 8 l.

Du Tonneau sur la basse de Draecker à Kuych, S O, cinq lieües.

Du bout Meridional de Langelant à Femeren, SE quart E, huit lieües.

Du Poolsche Rif dans l'isle de Alst à Femeren, E S E, 14 l.

De Sleye à Kiel, S E, 4 l.

De Kiel à Femeren, E quart NE. 8 l.

De Femeren à la trave de Lubeck, SSO, 10 l.

De la trave de Lubeck au canal de Vvismar, NNE, quart E & E NE, 9 l.

De Rostock à Robbenes, NE, cinq lieües.

De Robbenes au Dornbosch, NE quart E, 7 l.

De Femeren à Rostoch, ESE, 9 l.

De Femeren au Gesterrif, E quart NE, 9 l.

De la trave de Lubeck au Gesterrif, N NE, 19 l.

Kk

De Roſtock au Geſterif, N, 8 l.
De Geſterrif à Doornsboch, 9 l.
De Geſter à Meun, NE, 7 l.
De Meun à Staden, NO quart O, 4 l.
De Meun à Valſterboen, NE quart E, 5 l.
De Meun au tonneau ſur la baſſe de Valſterboen, N, 5 l.

Diſtances & courſes des coſtes de Iutlant & le Belt.

CHAPITRE XVIII.

DE l'Eyder au Havre, N NO, 5 l.
Du Havre ou bout Meridional de Strand, au bout Meridional d'Ameren, N NO, 5 l.
Du bout Septentrional de Silt au bout Meridional de Rim ou Rem, NE, deux lieuës.
De Phanu à Doodenbergh, 4 l.
De Doodenberg ou de Horn au trou de Numen ou Rincopperdiep, N quart O, 5 l.
De Rincoppedier à Boevenbergen, N quart O, 11 l.
De Doodenbergh à Boevenbergen, N quart E & S quart E, dix-neuf lieuës.
De Boevenbergen à Holms, N NE, 9 l.
De Holms à Robbeknuyt, NE, 9 l.
De Robbeknuyt à Harts-hals, NE quart E, 8 l.
De Schagen à Leſou, S SE, 8 l.
De Schagen au petit Helmen, S quart O, 4 l.
De Schagen à Zeebuy, trois l.
De Helmen à Zeebuy, trois l.
De Zeebuy au canal dit Aelburgerdiep S, 7 l.
De Aelburgerdiep à Mariacker, SE $\frac{1}{4}$ E, 4 l.
De Aelburgerdiep à Stevens-hooft, SE, 9 l.
De Aelburgerdiep à Haeſelin, SE quart E, 20 l.
De Stevenshooft à Haeſelin, E SE treize l.
De Stevenhooft au grand Helm, S $\frac{1}{4}$ O, 7 l.
De Stevenshooft à la pointe de Abeltud, S SO, 7 l.

De Stevenshooft à Syro, SE quart S, 8 l.
Du grand Helm à Sampso, SO quart S, 4. l.
Du bout Meridional de Ebeltud à Aerhuyfen, O quart NO cinq lieuës.
De la rade de Sampso à Ebelo, S SO, cinq l.
Du bout Meridional de Sampso à l'ifle d'Ebelo SO quart S, quatre lieuës.
De Ebelo à Melverfondt, SO quart S, cinq l.
De Endelou à Melverfondt, SO quart O, 7 l.
De Sampso à Rofnes, SE quart E, cinq l.
De Syro à Rofnes, SO quart O, 4 l.
De l'Oueft de Syro à Roems, SO quart O, 10 l.
De Vvero à Bultfack, SO quart O, cinq l.
De Vvero à Romps, SE quart E, 8 l.
De Romps à Knuyts-hooft, SE quart E, cinq l.
De Knuyts-hooft à Langelant, SE quart S, 4 l.
De Knuyts-hooft à Taffing, SE quart E, 4 l.
Du bout du Sudeft de Fuynen à la pointe Orientale de Afkens, O & O quart NO, trois l.
De la pointe de Askens aux petites ifles de Toreu & Areu, O quart NO & O NO, trois l.
De Areu au Malverfondt, NO quart O, cinq l.
De la pointe de Rofnes à Spro, S & SO quart O, 9 l.
De Rofnes à Caffuer, SE quart S, 10 l.
De Spro à Langelandt, SE quart S, 4 l.
Du bout Meridional de Langelandt à l'ifle de Ar, NO, 4 l.
De l'ifle de Ar ou Coping à Roen, NO quart O, 6 l.
De Roen à la petite ifle d'Aren, O NO, trois l.
De Areu à Apenrade, SO quart O,
De la riviere d'Apenrade au détroit de Sonderborg, E, trois lieuës.
De Sonderborg à Slye, SE quart S, 4 l.
Du bout Meridional de Langelandt à Femeren, SS E, 8 l.
De Heyligelandt à l'Eyder, E quart N E & O quart SO, 7 l.
De Heyligelandt à Horn ou Doodenburg, N. & S, trente-deux lieuës.
De Knuyts-diep ou l'ifle de Phanu au Vlie, SO quart S, 50 l.

De l'isle de Silt au Vlie, NE & SO, 47 l.
De Rincoppe ou Numerdiep au Vlie, S SO, 60 l.
De Boevenbergen à Heyligelandt, SE quart E, 45 l.
De Boevenbergen à Vlie ou Bornif, S SE, 70 l.
De Boevenbergen au Voorland, SO quart S, 120 l.
De Boevenbergen aux Holmens devant Iarmout, SO, 94 l.
De Boevenbergen à Scharenburg, O SO, 100 l.
De Boevenbergen à Tinbuy, O quart SO, 108 l.
De Boevenbergen à Derneurs, NO quart N, 24 l.
De Holms à Derneus, NO, vingt l.
De Holms à Vlecker, NO quart N, 19 l.
De Holms à Mardou, N, vingt-quatre l.
De Holms à Langesondt, NE quart E, 36 l.
De Holms à Farders, N NE, 40 l.
De Schagen à Tinbuy, O SO, 136 l.
De Schagen à Vlecker, O quart NO, 18 l.
De Schagen à Repervvick, O NO, 24 l.
De Schagen à Mardou, NO quart O, 7 l.
De Schagen à Langesondt, NO quart N, 21 l.
De Schagen à Ortvom, NE quart E, 26 l.
De Schagen à Maestrandt, NE quart E, 12 l.
De Schagen à Nyding E quart SE, 16 l.
De Schagen à Vvaertsbergen, ESE, vingt l.
De Schagen à Trindel, SE, 8 l.
De Schagen à Lezou au bout Septentr. de la basse, SSE, 8 l.
De Heyligeland à l'Ems, SO quart O, vingt l.
De l'Ems à Boyenberg, NE $\frac{1}{2}$ E, 54 l.
De l'Ems à Flamborger-hooft, 78 l.
De la Basse de Borckum à Vvrangeroogh, ENE, 16 l.
De Vvrangeroogh au Nieuvevverck, ENE, 8 l.
De Bornif jusques à Vvrangeroogh, vingt-quatre l.

ROVTES LE LONG DES COSTES
d'Angleterre, & à la traverse.
CHAPITRE XVIII.

D'VLIE à Neucastel, Ouest Nord-Ouest, 90 l. quarante minutes.   *Notez que 60 minutes valent une lieuë.*
D'Vlie à Hitland, Nord-Ouest, quart au Nord, cent cinquante deux lieuës.
D'Vlie à Fayerhil, Nord-Ouest quart Nord, 147 lieuës vingt minutes.
Du Voorland de la Tamise au bout du Nord de Gœylind est quart au Sud, 1 l. vingt m.
Du Vvorland à Quinter-squenocq, Nord quart à l'Est, & Nord-Nord-est, 5 l. 0 min.
Et delà à Orfordnes, Nord, douze l.
Du Voorland au Galper, Nord-Est quart au Nord, neuf lieuës vingt minutes.
Du Galper à Olfernes, Nord Nord-Ouest, 10 l. 40 mi.
De Alburg à Caffi, Nord quart à l'Est, 5 l. vingt mi.
De Caffi à Leytstaf, Nord, deux l. 40 mi.
De Leytstaf à Jarmuy, Nord, trois l. 17 mi.
De Jarmuy à Ouinterduyn, Nord Nord-Ouest, deux l. 40 minutes.
De Ouinterduyn à Hasberg-oort, Nord-Ouest, deux lieuës quarante minutes.
De Haesborg à Cramer, Nord-Ouest quart à Ouest & O NO, trois l. 45 mi.
De Cramer à Blacquey, ONO, trois l. 40 mi.
De Blacquey à Bornum par dedans les bancs, Ouest, six l. quinze minutes.
De Bornum à Capelle, OSO, deux l. 40 min.
De Capelle à Ellequenoc ou pointe du Nord de Baston, NO quart au Nord, cinq l. vingt mi.

K k iij

De là à la pointe du Nord de Crammer, N & N quart à l'Oueſt, ſix l. 40 mi.
De la pointe du Hommer à Flamborgerhoft, N N O, dix lieuës vingt minutes.
De Flamborgerhooft à Filey, NO, deux l. 40 m.
De Filey Scharenborg, NE, deux l. 40 mi.
De Scharenborgh à Oüitby, NO quart O, cinq l. vingt minutes.
De Oüitby à la Teeze, d'abord NO, & enſuite quart au N, ſix l. 40 mi.
De Teeze à Tinbuy, N NO, 8 l. 45 min.
De Oüit-buy à Tinbuy, la route eſt NO & SE, 16 l.
De Tinbuy à l'iſle de Coggen, N NO, 8 l. 40 m.
De Tinbuy à Schaſſen, N quart O, 16 l.
De Schaſſen à Barvvick, O N O, deux l. 40 min.
De Barvvick à S. Abenhooft, NNO, cinq l. vingt mi.
De Schaſſen à ſaint Abenhooft, NO, 8 l. 40 min.
De ſaint Abenhooft à l'iſle de Bas, Oueſt, deux l. 40 min.
De Bas à Heynquieſt, O & O, quart au Nord, 5 l. vingt-ſix minutes.
De ſaint Abenhooft à l'Iſle May, N, deux l. 40 mi.
De Abenhooft à Fiſnes, NO quart au Nord, 4 l.
De Fiſnes à Dondé, N NO, cinq l. vingt min.
De Rouhoft à Monros, SO quart au S, 4 l.
De Monros à Stenbay, NE quart au N, 5 l.
De Steenbay à Bouquenes, NNE un peu N, 16 l.
De Aberdin à Boupuenes, NNE, douze l.
De Bouquenes à Philoort, NNO, deux l. 40 m.
De Philoort à la pointe de Elgiin, O, 10 l. 40 min.
De la pointe de Elgiin au Havre de Roſſe ou Louverues, O quart au S un peu S, 6 l. 40 mi.
Du Cap Terbate à Catenes, NE quart au N, 16 l.
De Catenes à Ilhoy, O NO, cinq l. vingt m.
De Bouquenes à Catenes, NO, vingt & une l. vingt m.
De la pointe du Nord-Eſt d'Orquanes à Fayerhil, NE, 10 l. 40 min.
De Fayerhil au bout du Sud de Hitland, NNE, & N quart à l'Eſt, 8 l.

Routes à la traverse.

DU Vvoorland ou pointe de la riviere de Londres aux Vvielingues, est un peu Nord, 26 l. 40 min.
Du Voorland à la Meuse, ENE, un peu Este, trente-trois l. vingt minutes.
Du Voorland au Texel, NE, 45 l. vingt min.
De Harvvits à la Meuse, Est, 29 l. 30 min.
De Orfodnes au Texel, ENE, 37 l. vingt min.
De Jarmay au Vvielingue, SE & SE quart au Sud, 37 lie. vingt min. ou 40 lieües.
De la pointe de Cramer au Texel, Est, 40 l.
De la pointe du Nord de Hommer au Texel, Est quart au Sud, & ESE, 60 l.
De Tibuy à Schuytenes, NE, 104 l. o mi.
De Tinbuy au Derneus, NE, quart à l'Est, un peu Est, 96 l.
De Tinbuy à Schagen, ENE, 136 l. o. m.
De Tinbuy à Heyligland, Est quart au Sud, un peu Est, 106 l. 40 min.
De Visnes à Steenbay, Nord quart à l'Est, 16 l.
De Bouquenes à Hanglip au bout du Sud d'Hitland, Nord quart à l'Est, 53 l. 20 min.
De Bouquenes à Schuytenes Est quart au Nord, 69 lieües vingt minutes.
De Bouquenes au Derneus Est un peu Sud, 89 l. 20 m.
De Bouquenes à Bovenbergen Est quart au Sud, 104 l.
De Bouquenes à Heyligland, Sud-Est quart à l'Est, un peu Est, 122 l. 40 min.
De Bouquenes au Texel, SE un peu Sud, 125 l. 20 min.
De Bouquenes au Holm devant Jarmuy, S SE un peu à l'Est, 98 l. 40 min.
De Aberdin au Holm devant Jarmuy, Sud-Est quart au S, 93 l. vingt min.
Du bout du Sud de Hitland au bout du Sud de Fero, O & O quart au Nord, 58 l. 40 min.

De Hitland à la pointe de l'Est de Ysland, NO quart à Ouest, 133 l. vingt min.
De la pointe du Nord de Hitland à Gryp, NE quart à l'Est, 125 l. 30 min.
De Hitland à Stad, ENE, 69 l. vingt min.
De Fero à Rona, Sud quart à l'Est, 45 l. 30 m.
Du bout du Sud de Fero à Rocol, SO un peu Ouest, 85 l. 20 min.
De Rona à de Leeus, Sud-Ouest, 16 l. 20 min.
Du bout du Nord Leeus à S. Quida, Sud-Ouest, 16 l.
Du bout du Sud de Leeus à la pointe du NO d'Yrlande, SO, environ vingt-six l. 40 min.
De saint Quida au bout du Nord d'Hitland, NE quart à l'Est, 93 l. vingt min.

Routes le long des Costes.

DE Texel à la Meuse, SSO, vingt-quatre l.
De Vlissingue à Blanquenberg, OSO, 9 l. vingt min.
De Blancquenberg à Ostende, Sud-Ouest quart à Ouest, 1 l. 50 min.
De Ostende à Nieuport, OSO, 3 l.
De Nieuport à Dunquerque, OSO, cinq l. vingt min.
De Dunquerque à Graveline, OSO, 4 l.
De Calais au chef de Calais, Sud-Ouest quart à Ouest, 1 l.

Routes à la traverse.

DE Texel au Pas de Calais, SO, un peu Ouest, 53 lieuës.
De Texel au chef de Calais, Ouest quart au Sud, 52 l.
De Texel au Voorland, SO, 45 l. vingt m.
De Texel à Olfernes, OSO 37 l. vingt min.
De Texel à Jarmuye, O & O quart au Sud, 33 l. 20 m.
De Texel au Schilt ou Cramer, Ouest, 40 l.
De Texel à Flamborger hooft Ouest Nord-Ouest, 61 l. vingt minutes.

De

De Texel à Liet, Nord-Ouest quart à Ouest un peu Nord, 100 lieuës.
De Texel à Nieucastel, ONO, un peu Nord, 82 l. 40 m.
De Texel à Bouquenesse Nord-Ouest & Nord-Ouest quart au Nord, 117 l. vingt minutes.
De Texel à Alberdin, NO un peu Nord, 113 l. vingt m.
De Texel au Liet de Bergue en Noorovegue Nord, 117 l. vingt minutes.
De Texel au bout du Nord de Hitland, NNO, & l'on vient environ à cinq lieuës à l'Est de la terre.
De Texel au Derneuze, Nord quart à l'Est, 93 l. 20 m.
De la Meuze ou Goerce à Douvre, SO quart à Ouest, un peu Ouest, 34 l. 40 min.
De la Meuze au Vvorland, OSO, un peu Ouest, 32 l.
De la Meuze au Naes, Ouest, 30 l. vingt min.
De la Meuze à Hitland, NNO, 181 l. vingt min.
De Vlissingue au Voorlandt Ouest un peu Sud, 25 l. 40 m.
Des Vvielingue à Douvre, OSO, 26 l. 40 m.
Des Vvielingue à Jarmuye, NO & NO quart à Ouest, 38 lieuës 40 minutes.
Du Pas de Calais au Rif de Jutland, NNE, 120 l.
Du Chef de Calais au Derneus en Noroverge, Nord-Est quart à l'Est, 153 l. 20 min.

ROVTES DES COSTES DE FRANCE, du Pas de Calais à Oüessant, le long des Costes.

CHAPITRE XIX.

DV chef de Calais à Griznay, SO, 1 l. 20. min.
De Griznez à la Tour d'Orde, Sud, 1 l. 30 min.
De Griznez à la riviere de Somme, S, 13 l. 20 m.
De Somme à Tresport, SSO, 6 l. 40 min.
De Tresport à Dieppe, SO, 4 lieuës.
De Dieppe à Fecamp, OSO, 10 l. 40 min.

De Fecamp à Strusard SO, quart à O, 2 l. 40 min.
De Strusard au Cap de Seine SSO, 2 l. 40 m.
Du Cap de Seine à la Fosse de Caën, SSO, quart au Sud, 6 lieuës 40 minutes.
De Griznez à Dieppe SSO & Sud-Ouest quart au Sud, 22 l. 40 min.
De Griznez au Cap de Caux, Sud-Ouest, quart au Sud, 29 l. 20 min.
De Caën à la pointe de Barfleur NO, 16 l.
De Barfleur au Cap de Hague, O quart au Nord, 8 l.
Du Cap de Hague au Cap de Vorha, Sud quart à l'Est, 6 l. 40 min.
Du Cap de Vorha à Grandville, SSE, 9 l. 20 min.
De Grandville au Mont S. Michel, SSE, 5 l. 20 m.
De Grandville à la pointe de Cancalle, SO, 5 l. 20 m.
De la pointe de Cancalle à la passe de l'Est de S. Malo, O & O quart au Sud, 5 l. 20 min.
De l'Isle de Sisembre devant S. Malo au Cap Farel, Ouest quatre lieuës.
Du Cap Farel à l'Isle de Briac, O quart au N, 9 l.
De l'Isle de Briac aux Piquels, O quart au S, 2 l. 40 m.
Des 7. Isles au Driaquelpot, OSO, 4 l.
Des Driaquelpot à l'Isle de Bas, OSO, 9 l. 20 min.
Du Cap de Hague au bout de Jarzé, en passant entre Sarc & Jarzé, SSO, 10 l. 40 min.
De l'Isle de Bas à Oüessant, OSO, 16 l.
Des Casquets au bout du Ouest de Garnzé, SO quart au Sud, 6 l.
De Garnzée à Jarzé, SE quart à l'Est, 6 l. 40 min.
De Garnzée à S. Malo, SSE, 16 l.
Du bout du Sud de Jarzé à saint Malo, SSE, 10 l.
De Rochedures au Manquiers est quart au Sud, 10 l.
De Rochedures au Cap Farel, SO, 10 l. 40 min.
De Rochedures aux Rochers de Camine, Sud & Sud quart à Ouest, 4 l.
De Rochedure à l'Isle Briac, Sud quart à Ouest, 5 l. 20 m.
De Garnzée aux 7 Isles, SO, 15 l. 20 min.

LIVRE TROISIEME.

Des Casquets à saint Paul de Lion, Sud-Ouest un peu O, 16 l. 30 min.
Des Casquets au Four ou Oüessant, Sud-Ouest quart à Ouest, 45 l. 20 min.

Routes à la traverse.

DE Grisnez aux Casquests, OSO, 53 l. 20 min.
De Griznez à l'Isle de Vvicht, O un peu Sud, 37 li. 28 min.
De Griznez à Bevesier, O, 17 l. 20 min.
De Dieppe à l'Isle de Vvicht, ONO, 37 l. 20 min.
De Dieppe à Bevesier, NO quart au N. 25 l. 20 min.
De Dieppe à Douvres, Nord, 26 l. 40 min.
Du Cap de Seine à la pointe de Chedebourg, Ouest quart au Nord, 16 l. 40 min.
Du Cap de Seine à Portland, NO quart à O, 38 l.
De Strusard au bout de l'Est de l'Isle de Vvicht, NO un peu Nord, 29 l. 20 min.
De Strusard à Bevezier, Nord, 26 l.
De Strusard à Fierley, Nord quart à l'Est, un peu Nord, 29 l. vingt min.
De Strusard à la pointe de Douvres, NNE, 34 l. 40 min.
Du Cap de Hague aux Casquets exterieurs, O quart au Nord, 9 l. 20 min.
Des Casquets à Bevesier, NE quart à l'Est, 36 l.
Des Casquets à l'Isle de Vvicht, NE quart au Nord, 20 l.
Des Casquets à Portland, Nord quart à Ouest, 13 l. 10 m.
Des Casquets à Gouftard, ONO, vingt l.
Des Casquets à Sorlingues, O un peu Nord, 53 l. 20 m.
Des Casquets au Lezard, O & O quart au N, 37 l. 20 min.
Des Garnzée au Lezard, O quart au N. 37 l. 20 m.
Des sept Isles au Lezard, Nord-Ouest quart à Ouest, 29 l. vingt minutes.
Des 7 Isles à Goutstart, Nord quart à Ouest, un peu Ouest, vingt-quatre lieuës.
Des 7 Isles à Portland, N quart à l'Est, 33 l. 20 min.

De saint Paul de Lion au Lezard, NO quart au N. 28 l.
De saint Paul de Lion à Goutstard, N quart à l'Est, 28 l.
De saint Paul de Lion à Portland, NE quart au Nord, 38 l. 40 minutes.

ROVTES DE LA COSTE d'Angleterre, de Douvres jusques à Sorlingues, & delà à la pointe de saint David, le long de la Coste.

CHAPITRE XX.

E Douvres aux Singles, Sud-Ouest quart à Ouest, 9 l. vingt min.
Des Singles à Fierley, OSO, deux l. 40 min.
De Fierley à Bevezier, O, quart au Sud, 5 l. 20 m.
De Bevezier à Ouenbrug, Ouest quart au S, 13 l. 20 m.
De devant Ouenbrug pour les 12 brasses à Ouelthorn, qui est la pointe du Sud de Vvicht, OSO, 5 l. 20 m.
De ladite pointe Vvicht aux Eguilles de Vvicht, O quart au N, & ONO, 4 l.
Des Eguiles de Vvicht à la pointe de la terre S. André, O 4 l.
Des Esguilles de Vvicht à Portland, O quart au Sud, & OSO 10 l. 40 m.
De Portland à Exmud, ONO, 13 l. 20 min.
De Exmud à Torbaye, Sud, 5 l. 20 min.
De Torbay à Dortmuy, SO, deux l. 50 m.
De Dortmuy à Goutstart, SO, deux l. 40 m.
De Portlant à Torbaye, O un peu Sud, 15 l. 40 m.
De Portlant à Dortmuye, O quart au Sud, 16 l.
De Porlant à Goutstart, OSO un peu à Ouest, 18 l. 40 m.
De Goutstart à Ramshooft, ONO, 8 l.
De Ramshooft à L'Isle Lou, OSO, 5 l. 20 m.
De l'Isle Lou à Favvinck, O, 2 l. 40 min.

LIVRE TROISIEME. 269

De Favvick à Dodmanshoof SO, 4 l.

De Dodmanshooft à Valmuye, O quart à Sud, & Ouest Sud-Ouest, 4 l.

De Valmuye au Lezard, Sud quart à O, 4 l.

De Goutstart au Ideston, O un peu Nord, 8 l.

De Ideston au Ramshooft Nord, 2 l. 40 min,

De Ramshooft à Dodemanshooft, OSO, 8 l.

De Dodmanshooft au Lezart, SO, 6 l. 40 m.

De Goustart au Lezart, O quart au Sud, 2 l. 20 m.

Du Lezart au bout d'Angleterre, ONO, 10 l. 40 m.

Du bout d'Angleterre à Sorlingue, OSO, 8 l.

Du Lezart au Ouolf, O quart au Nord, 10 l. 40 m.

Du bout d'Angleterre au Ouolf, SSO, deux l. 40 m.

Du Ouolf à Sorlingues, Ouest, 5 l. 20 min.

De Sorlingues au Cap de Cornoüaille, NE, 9 l. 20 m.

Du Cap de Cornoüaille à saint Yves, Est quart au Nord, 6 l. 40 min.

De saint Yves à la pointe de Stoupert, Nord-Est quart à l'Est, 9 l. vingt min.

De Stoupert à Hartlant point, Nord-Est quart au Nord, 9 l. vingt min.

De saint Yves à Harlant point, Nord-Est, 18 l. 40 m.

De Harlant point à L'Isle Londay, N, 4 l.

Du bout du Ouest de Londay à Bedifort, Est Sud-Est, 5 l. vingt minutes.

De Bedifort à Ilfercombe, ENE, 4 l.

De Londay au Holme, ENE, vingt l.

De Stepholm à la Riviere de Bristoc, Nord-Est quart à l'Est, douze l.

De Stepholm au Naes, ONO, 6 l. 40 min.

Du Naes à saint Goyvens point, Ouest un peu Nord, 17 l. vingt min.

De saint Goyvens point, à Milford, Havre, Nord-Ouest, quart au Nord, 4 l.

De l'Isle Scalie à Ramsey, NNO, deux l. 40 min.

Routes à la traverse.

DE Bevezier à Griznes, Eſt, 17 l. 20 m.
De Bevezier à Struſard, Sud, 26 l. 40 m.
De Bevezier aux Caſquets, SO quart au Sud, 36 l.
De l'Iſle de Vvicht à Dieppe, ESE, 37 l. 20 m.
Du bout de l'Eſt de Vvicht à Struſard, Sud-Eſt un peu S., vingt-neuf l. vingt min.
De Vvicht aux Caſquets, SO quart au Sud, 20 l.
De Portland au Chef de Seine, SE quart à l'Eſt, 38 l. 40 m.
De Portland aux Caſquets, Sud quart à l'Eſt, 13 l. 20 m.
De Portland à ſaint Paul de Lion, Sud-Oueſt quart au Sud, 38 l. 40 min.
De Portland à Oueſſant, Sud-oueſt, 53 l. vingt m.
De Goutſtart aux Caſquets, ESE, vingt l.
De Goutſtart aux 7 Iſles, Sud quart à l'Eſt un peu Eſt, vingt-quatre lieuës.
De Goutſtart à ſaint Paul de Lion, Sud quart à Oueſt, 28 l.
De Goutſtart à Oueſſant SO quart au Sud, 38 l. 40 m.
Du Lezart à Garnzée, Eſt quart au Sud, 37 l. 20 min.
Du Lezart aux 7 Iſles, SE quart à l'Eſt, 29 l. 20 min.
Du Lezart à Oueſſant, Sud, 29 l. vingt min.
Du Lezart au Cap de Finiſterre, SO, 153 l. vingt m. & telles Routes faiſant, paſſerez à 5 l. du Cap.
Du Lezart à Tenerif, SSO, 466 l. 40 min.
Du Lezart à la Tercere, SO quart à O, 386 l. 40 m.
De Sorlingues aux Caſquets eſt un peu Sud, 53 l. 20 m.
De Sorlingues à Oueſſant, SE quart au S, 34 l. 40 m.
De Sorlingues au Cap de Finiſterre, Sud quart à Oueſt un peu Oueſt, 150 l. 40. min.
De Sorlingues au Cap de Claro en Irlande, NO quart au Nord, 45 l. 20 min.
De Sorlingues à Vvaterfort, N un peu O, 45 l. vingt m.
Du Cap de Cornoüal à Londay, Nord-Eſt quart au Nord, vingt-cinq l. vingt min.
De Cornoüal à Mildorf, NNE, 32 l.

De Sorlingues à Milford, NNE un peu à l'Eſt, 40 l.
Du Cap de Cornoual au Rocher de Tuſcar, Nord quart à Oueſt, 37 l. 20 m.
Du Cap de Cornoüal à Vvaterfort, NNO, mais de Sorlingues à Vvaterfort, Nord quart à Oueſt, un peu N, 40 l.
De Sorlingues au Cap de Clere, Nord-Oueſt quart au Oueſt, 45 l. 20 min.
De Londey à Milfort, Nord quart à Oueſt, & NNO, 12 l.
De Milfort au Cap Cornoüal, SSO, 34 l. 40 m.
De Milfort à Sorlingues, Sud Sud-Oueſt, & Sud-Oueſt quart au Sud, 40 l.

ROVTES D'IRLANDE, le long de la Coſte.

CHAPITRE XXI.

E Vvaterfort à l'Iſle de Saltes, Eſt, mais la doublant au SE SE, deux l. 40 m.
Du bout des Saltes à Blacrock, Nord-Eſt quart à l'Eſt, deux l. 40 m.
De Blacrock à Canaroort, NE, 1 l. vingt min.
Et à Grenoort, deux l. 40 min.
De Saltes à Tuſcar, ENE; mais de dehors les Rochers au Sud de Saltes, NE & NE, quart à l'Eſt, 5 l. vingt m.
De Blacrock à Tuſcar, ENE, deux l. 40 m.
De Tuſcar à Greenoort, NO quart à Oueſt, & ONO, 1 l. vingt minutes.
De Greenort à Grenebay, d'abord NO quart au Nord, & en ſuite ONO.
De Grenebay à la Barre Ouesford, N & N, quart à Oueſt, 1 l. vingt min.
De la Barre juſques devant Ouesfort, il y a deux l.

De la pointe de Glafcaric à la pointe d'Arqueloo, Nord quart à l'Eft, 4 l.
De Arqueloo à Mezenhead, Nord quart à l'Eft, un peu Eft, deux l. 40 min.
De Mezenhead à la pointe de Vviquelo, N quart à l'Eft un peu Nord, deux lieuës.
De Vviquelo à la pointe Vnie pres Nieucaftel, Nord, deux lieuës 40 minutes.
De Nieucaftel à la pointe de Brahed, Nord & Nord, quart à Oueft, 1 l. 20 min.
De Vviquelo à Brahed, NN quart à O, 5 l. 20 min.
De Brahel à l'Ifle de Dalque, N quart à O, 1 l. 20 m.
De Dalque à la Barre de Dublin, NNO, 2 l. 40 m.
Du Sond de Dalque à la pointe de Hout, NNE, 2 l. 40 m.
De la Barre jufques à la ville de Dublin, Oueft Sud-Oueft, deux l. 40 min.
De Lambey à Dordagh, NO quart au N, 5 l. vingt m.
De Lambey à Carlingfort, N quart à O, 13 l. vingt m.
De Carlingfort à la pointe de faint Jean, Nord-Eft un peu Eft, 6 l. 40 min.
De la pointe de S. Jean à Stranfoort, Nord-Eft quart au N, 5 l. vingt min.
De Lambey au Sudrock, NNE, 21 l. vingt m.
De Nordrock & Sudrock au Copland ou Ifles des Marchands, NNO, 6 l. 40 min.
De Copland à la pointe du Nord de la Baye de Quenocfergus, NO un peu Nord, 4 l. 40 m. une lieüe vingt min. au Nord, de là eft le Havre d'Oldflied.
De Olfliedt à Raghleens paffant en terre des Vierges, N NO, 7 l. vingt min.
De Raghleens au Skeres Portrufch, O SO, 6 l. 40 min.
De Longfoil aux Ifles d'Enefterhul, NO, 5 l. vingt m.
D'Enefterhul à Longfuille, SO, 5 l. vingt min.
De Longfville à Scheaphave, O SO, un peu Oueft, cinq l. vingt minutes.
Du Cap Cornes à l'Ifle Tore, ONO, deux l. 40 m.
De l'Ifle Tore à l'Ifle de Aran, SO quart au Sud, 8 l.

Des

LIVRE TROISIÉME.

Des Isles Aran à Telinghead, SSO, 10 l.
De Telinghead à Quilbeg, ESE, 4 l.
De Telinghead aux Staques de Brodhave, SO, 11 l. 40 m.
De la pointe de Brodhave à Blacrok, SSO, 6 l. 20 m.
De Blacrock à Aquelhid, SE, 1 l. 20 m.
D'Aquelhid à Sleynehead ou 12 deniers, S, quart à l'Est, 13 l. 20 min.
De Sleynehead à la Baye de Galouay, SE, 9 l. 20 m.
De la Baye de Galouay à Lupishead, la pointe du Nord du Havre de Lemericq, SSO, 12 l. 40 min.
De Lupishead à Smeric, SO, 7 l. 20 m.
De Smeric aux Blasques, OSO, 4 l.
De Sleynehead à Brandonhil, Sud quart à Ouest, vingt l. 40 minutes.
De la Baye de Gallouay aux Blasques, SO quart au S, 22 l.
Du Sond de Blasques au Cap Dorsey, Sud, 6 l. 40 min.
De Dingle-Have aux Squillings, SO quart au Sud, 8 l.
De Squilings au Cap Dorsey, SE, 7 l. 20 m.
De Cap Dorsey à Mezenhead, ESE, 8 l.
De Mezenhead à Scheephead Nord, 2 l. 40 m.
De Scheephead à Bierhave, Nord quart à Ouest, un peu Ouest, 2 l. 40 min.
De Mezenhead à Bierhave, Nord quart à O, 5 l. 20 m.
De Bierhave à l'Isle de Vviddy, Est Nord-Est, & Nord-Est quart à l'Est, 7 l. 20 m.
De Meyenhead au Cap de Clere, Est quart au Sud, six l. 40 minutes.
Du Cap de Clere à Crockave, NE, 5 l. 20 min.
Du Cap de Clere au Cap Velo, Est quart au Nord, treize lieües 20 min.
Du Cap Velo au Havre de Quinsael, Nord quart à l'Est, une l. 20 min.
De Cap Velo à Corck, NE quart à l'Est, 5 l. 20 m.
De Corck à Vvatreford, la Coste s'estend presque toute Est Nord-Est.

Routes à la traverse.

DE Vvatrefort à Gresholm, Est quart au Sud, vingt & une lieüe vingt min.

De Tuscar aux Rochers de Mascus, Est quart au Sud, 8 l.

Du Tuscar aux Smeales, SE quart au Sud, 10 l. 40. m.

Du Tuscar au bout d'Angleterre, Sud quart à l'Est, 40 l.

De Vvatrefort au bout d'Angleterre, SSE, mais à Sorlingues Sud quart à l'Est, un peu Sud, 40 l.

De la Barre de Dublin à Holhihil dans l'Isle d'Anglezei, Est quart au Sud, 18 l. 40 min.

De Blacrock à Rocol, Nord quart à Ouest, 60 l.

Du Cap Dorsey à Sorlingues, SE quart à l'Est, 56 l.

Du Cap Dorsey au Cap de Finisterre, Sud quart à l'Est & Sud, 173 l. 20 min.

Du Cap de Clare au bout d'Angleterre, SE quart a l'Est, 53 l. 20 m.

Du Cap de Clare a Sorlingues, SE, 46 l. 40 m.

Du Cap de Clare au Cap de Finisterre, Sud, 173 lieües 20 minutes.

Du Cap de Velo au bout d'Angleterre, SE, 45 l. 20 m.

ROVTES DE LA COSTE DE FRANCE, de Oüessant à Bayonne le long des costes.

CHAPITRE XXII.

DU Four à la pointe de saint Mathieu, S SE, & SE quart au Sud, 4 l.

De la pointe de S. Mathieu à Crodun, Est Sud-Est, 2 l. 40 min.

De la pointe de saint Mathieu au Ras de Fontenay, Sud quart à l'Est, 5 l. 20 min.

Des Ouespleimarque à Glenant, ESE, 6 l. 40 m.

De Glenant à Groye, E quart NE, 9 l. 20 min.

Du bout de l'Est de Groye au bout du O de Belle-Isle, Sud

Est quart à l'Est, 12 l.
De Glenant à Belle-Isle, SE quart à l'Est, 12 l.
Du bout du NO de Belle-Isle jusques au bout du SE, Sud quart à l'Est, 2 l. 40 min.
De Oues pleimarq à Belle-Isle, ESE, 21 l. 20 m
Du bout de l'Est de Belle-Isle au bout de l'Est du Cardinal, Est quart au Nord, 4 l.
De la pointe de l'Est du Cardinal à l'emboucheure de Morbeam, N NO, 4 l.
De la pointe de l'Est du Cardinal au Croisy, Est Nord-Est, 6 l. 20 min.
De la pointe du Croisy à Pierre percée, ESE, 4 l.
Du Cardinal à Oudun, ENE, 6 l. 40 min.
De la pointe du Nord de la riviere de Nantes aux Piliers, SSO, 6 l. 40 min.
De Pierre-mon à Armontiers, OSO, 2 l. 40 m.
Des Piliers au bout du Ouest de l'Isle-Dieu, Sud quart à l'Est, & SSE, 6 l. 40 min.
Du bout de l'Est de Belle-Isle à l'Isle-Dieu, Sud-Est un peu Est, 16 l.
De l'Isle Dieu aux Barges d'Ollonne, Sud-Est quart à l'Est, 7 l. 40 min.
De l'Isle Dieu aux Pertuis Bretons ou Isle de Ré, Est Sud-Est, 13 l. 20 min.
De l'Isle Dieu au Pertuis d'Antioche, SE quart au S, 16 l.
De Cordan à Arcasson, Sud, 20 l.
D'Arcasson à Bayonne, Sud, 17 l. 20 min.

Routes à la traverse.

DE Oüessant à Portlandt NE, 53 l. 20 m.
De Oüessant à Goutstart, NE quart à l'Est, 40 l.
De Oüessant au Lezard, Nord, 29 l. 20 m.
De Oüessant à Sorlingues, NO quart au Nord, 37 l. 20 m.
De Oüessant au Cap de Clere, NO, 84 l.
De Oüessant à l'Isle de S. Michel, Sud-Ouest quart à O, 360 lieuës.

De Oueſſant au Cap de Finiſterre, SSO, un peu Oueſt, 122 l. 40 min.
De Oueſſant à Siſargue, SSO, 112 l.
De Oueſſant au Cap Prior, SSO, 106 l. 40 m.
De Oueſſant au Cap Pinas, Sud, 97 l. 20 min.
De Oueſſant à Laredo, SE, 113 l. 20 min.
Lors que l'on part de Oueſſant faiſant le Sud, quart à l'Eſt, l'on évite les Seims.
Du Ras de Fontenay au Oueſt Pleymarq, SE, 9 l. 20 m.
De Fontenay à Audierne, ESE, 5 l. 20 m.
De Audierne au Peimarque, SE quart au Sud, 13 l. 20 m.
Du bout du Oueſt des Seims au pertuis d'Antioche, SE quart à l'Eſt, 71 l. 20 min.
Des Seims à Bayonne, SE, 102 l. 20 m.
Des Seims à ſaint Sebaſtien, SE quart au S, 102 l. 40 m.
Des Seims à Bilbao, SSE un peu Eſt, 101 l. 20 m.
Des Seims à ſaint Andere, SSE, 96 l.
Des Seims au Cap Pinas, Sud, 88 l.
Des Seims à Rive Dieu, Sud quart à Oueſt, 93 l. 20 m.
Des Seims au Cap d'Ortiguere, SSO un peu Sud, 90 lieuës 40 minutes.
Des Seims au Cap de Finiſterre, SSO quart au Sud un peu Sud, 112 l.
Des Seims à Sorlingues, NNO, 45 l. 20 m.
De Peimarque à Vivere, SSO, 88 l.
De Peimarque à Ciſargue, SO quart au Sud, 104 l.
De Groy à Vivere, SO quart au Sud, 93 l. 20 m.
De Belle-Iſle à la riviere de Bordeaux, SE, 50 l. 40 m.
De Belle-Iſle à S. Sebaſtien, SSE, un peu S, 80 l.
De Belle-Iſle à ſaint Andere, S, 73 l. 20 m.
De Belle-Iſle au Cap Pinas, SSO, 80 l.
De Belle-Iſle au Cap d'Ortiguiere, SO, 90 l. 40 m.
De Belle-Iſle au Cap Finiſterre, SO, 122 l. 20 min.
De l'Iſle-Dieu au Cap Pinas, SO quart à Oueſt, 74 l. 40 m.
De l'Iſle-Dieu au Cap d'Ortiguiere, SO quart à Oueſt, 93 l. 20 min.
De l'Iſle de Ré à la riviere de Bordeaux, SSE, 16 l.

LIVRE TROISIÈME.

D'Antioche à la Tour de Cordan, SSE & SE, 13 l. 20 m.
De l'Isle de Ré au Cap Pinas, OSO, un peu Sud, 80 l.
De l'Isle de Ré au Cap d'Ortiguiere, Ouest Sud-Ouest un peu Sud, 98 l. 40 m.
De la Tour de Cordan au Cap Pinas, OSO, un peu Sud, 74 l. 40 min.
De Bayonne au Seins, NO, 112 l.

ROVTES DE LA COSTE de Biscaye & de Galice, de Bayonne au Cap de Finisterre, le long de la Coste.

CHAPITRE XXIII.

DE Bayonne à saint Jean de Luz, Sud quart à Ouest, 4 l.
De saint Jean de Luz aux Pignons de sainte Anne, Sud & O quart à O, 2 l. 40 m.
De saint Jean de Luz à saint Sebastien, O, 8 l.
De saint Sebastien à Gatarie, O quart au Nord, & NO, 8 l.
Du Cap de Massichao à Bilbao, SO & O quart au Sud, 6 l. 40 min.
De Plaisance à Bilbao, OSO, & O quart au S, 2 l. 40 m.
De la Pointe de Bilbao à Castres, O, 5 l. 20 m.
De Bilbao au Mont de saint Antoine, O quart au Nord, dix lieuës.
De Castre à Laredo, O, 5 l. 20 m.
Du Mont saint Antoine au Cap Resgo, O & O quart au S, 2. l. 40 min.
Du Cap Resgo au Havre de S. Andere, OSO, 2 l. 40 m.
Du Cap Resgo à la Pointe du Ouest de saint Andere, O & O quart au Nord, 4 l.
De saint Antoine à la pointe du Ouest de saint Andere, O, 5 l. 40 min.

Mm iij

De saint'Andere au Cap Pinas, O un peu Nord, 38 l.
De saint Andere à saint Martin ou Setteville, O, 4 l.
De saint Andere à saint Vincent, O, 5 l. 20 m.
De saint Vincent à Lianes, O, 3. l. 20 m.
De Lianes à Rio de Sella, O, 6 l.
De Rio de Sella à Villa Viciosa, O, 9 l. 20 m.
De Villa Viciosa à Sanson, O, 6 l. 40 m.
De Sanson au Cap Pinas, O quart au Nord, & O NO, 7 l. vingt minutes.
Du Cap Pinas à Avilles, SSO, 2 l. 40 m.
De Luarca à Rive Dieu, OSO, 6 l. 40 min.
De Rive Dieu au Cap Brillo, NO, 8 l.
Du Cap Pinas à Rive Dieu, SO quart à Ouest, 14 l.
Du Cap de Pinas à Ortiguiere, O quart au Nord, un peu O, 30 l. 40 min.
Du Cap Ortiguiere à Sivere, SO, 5 l. 20 m.
De Sivere au Cap Prior, SO, 5 l. 20 m.
Du Cap Prior à Ferol, S quart à l'Est, 2 l. 40 min.
De Ferol au Cap de la Corogne, Sud & Sud quart à Ouest, 4 lieuë.
De la Corogne à Cisargue, O, 8 l.
De Cisargue à Queres, Sud quart à Ouest, & S SO, deux lieuës 40 minutes.
De Cisargue au Cap Bellin ou Pointe de l'Est de Monsy, SO quart à O & O SO, 12 l. 40 m.
Du Cap Bellin au Cap Coriane, SO, 2 l. 40 m.
Du Cap Coriane au Cap Finisterre, Sud, 2 l. 40 m.
Du Cap d'Ortiguiere au Cap Prior, SO, 10 l. 40 m.
Du Cap d'Ortiguiere à Cisargue, SO & SO quart à Ouest, 18 l. 40 m.
Du Cap Prior à Cisargue, Sud-Ouest quart à Ouest, huit lieues.
De Ferol à Cisargue, OE quart au Sud, 8 l.
Du Cap d'Ortiguiere au cap Coriane, SO quart à Ouest, 33 l. 20 min.

Routes à la traverse.

DE saint Sebastien à Belle-Isle, NNO un peu Nord, 74 l. 40 min.

De saint Sebastien aux Seims, NO quart au Nord, 102 l. 20 minutes.

Du Cap de Machaque à Arcasson, NE un peu Est, 28 l.

Du Cap de Machaque à l'Isle-Dieu, N un peu Est, 60 l.

De saint Andrere aux Seims, NNO, 96 l.

Du Cap Pinas à la Tour de Cordan, ENE & NE quart à l'Est, 113 l. 20 min.

Du Cap Pinas aux Pertuis Bretons ou Isle de Ré, NE un peu Est, 80 l.

Du Cap Pinas à Belle-Isle, NNE, 80 l.

Du Cap Pinas aux Seims, Nord, 88 l.

Du Cap Pinas au Cap de Vieille en Irlande, N quart à O un peu O, 170 l. 40 m.

Du Cap d'Ortiguieres à Vvatreford, N, 168 l.

De Cisargues au Cap Velo, Nord, 160 l.

De Cisargue à Sorlingues, N quart à l'Est, 137 l. 20 m.

ROVTES DE GALICE
& de Portugal, le long des Costes.

CHAPITRE XXIV.

DU Cap Finisterre à More ou Monte Laure, SE, 5 l. 20 min.

De Rio Roxe à Ponte Vedre, SSE, 4 l.

De Ponte Vedre ou Blidonos aux Isles de Bayonne, SSE, 5 l. 20 m.

De Bayonne Camine, Sud quart à l'Est, 4 l.

Du Cap de Finisterre aux Isles de Bayonne, SE quart au S, 18 l. 40 min.

Du Cap de Finisterre à Port à Port, SE, 44 l.
Du Cap Finisterre à Avere, S quart à l'Est, 53 l. 20 m.
Du Cap Finisterre aux Barlingues, 66 l. 40 m.
De Camine à Viane, SSE, 6 l. 40 min.
De Viane à Ville de Condé, Sud quart à l'Est, 5 l. 20 m.
De Ville de Condé à Port à Port, S quart à l'Est, 5 l. 20 m.
De Port à Port à Avere, Sud, 10 l. 40 m.
De Avere au Cap de Montegue, SSO, 6 l. 40 m.
Du Cap de Montegue à Peniche, Sud-Ouest quart au Sud, 10 l. 40 min.
Du Cap de Montegue aux Barlingues, Sud-Ouest, 13 l. vingt minutes.
Du Cap Peniche ou nouvelle Lisbone à Roxent, S, 15 l. 20 m.
Des Barlingues à Roxent, Sud quart à l'Est, & SSE, 16 l.
De Roxent au Cap Spichel ou pointe de saint Vual, SE, quart au Sud, 10 l. 40 min.
Du Cap Spichel au Cap saint Vincent, S & S quart à l'Est, 29 l. vingt min.
De Roxent au Cap saint Vincent, Sud quart à l'Est, 37 l. vingt minutes.

Routes à la traverse.

DU Cap Finisterre au grand Canarie, SO un peu Sud, 300 l. 40 min.
Du Cap Finisterre aux Salvages, SSO, 273 l. 20 m.
Du Cap Finisterre à l'Isle de Madere, SO quart à O, un peu Sud, 197 l. 20 min.
Du Cap Finisterre à l'Isle saint Michel, Ouest Sud-Ouest, 246 l. 20 min.
Du Cap Finisterre à l'Isle de la Tercere, OSO, & O quart au Sud, 385 l. 20 min.
Du Cap Finisterre à la pointe du SO d'Irlande, Nord quart à Ouest & Nord, 173 l. 20 m.
Du Cap Finisterre au Cap de Clere, N, 173 l. 20 m.
Du Cap Finisterre à Vvatrefort, 185 l. 20 m.
Du Cap Finisterre au Lezart, NNE, 153 l. 20 m.
Du Cap Finisterre aux Seims, NE quart au Nord un peu Nord, 112 l.

LIVRE TROISIEME 281

Du Cap Finisterre à Belle-Isle, NE & un peu plus à l'Est, 122 l. 40 m.

De Avere aux Barlingues, SO, 20 l.

De Bayonne aux Barlingues, Sud quart à Ouest, 49 l. 20 m.

De Port à Port aux Barlingues, SSO & SO quart au Sud, 29 l. vingt m.

Des Barlingues au Cap saint Vincent, Sud quart à l'Est, 55 l. vingt minutes.

Des Barlingues au grand Canarie, SSO, 248 l.

Des Barlingues à l'Isle de la Palme, SO quart au S, 256 l.

De Roxent ou Riviere de Lisbonne au grand Canarie, SSO un peu O, 240 l.

De la Riviere de Lisbonne aux Salvages, SO quart au S, 213 l. vingt min.

De la Riviere de Lisbonne à Porte Sante, SO, 160 l.

De la Riviere de Lisbonne à l'Isle de Madere, SO, 178 l. 40 min.

De la Riviere de Lisbonne à l'Isle de la Terciere, O, 266 l. 40 min.

ROVTES DE LA COSTE D'ESPAGNE, du Cap S. Vincent au Cap de Gale, dans la Mer Mediterranée, le long des Costes.

CHAPITRE XXV.

DV Cap S. Vincent à Lagos, Est q. au N, 6 l. 20 m.

De Lagos à Ville-Nove, Est, 4 l.

De Ville-Nove au Cap Marie ou Faro, Est quart au Sud, 9 l. vingt m.

Du Cap Faro à Tavila, NE quart à l'Est, 5 l. vingt m.

De Tavila à Aimonte, ENE, 5 l. vingt m.

Du Cap S. Vincent au Cap sainte Marie, Est, 18 l. 40 m.

Du Cap sainte Marie à Lepe ou S. Michel, ENE, 17 l. 20 m.

Du Cap sainte Marie aux Saltées, ENE, 24 l.

De Aymonte à Lepe, Eſt quart au Nord, 6 l. 40 m.
De Lepe aux Saltées ou Palos, E & E quart au S, 6 l. 40 m.
Des Saltées à la Riviere de S. Luques, SE & SE, quart à Eſt, 8 l. 40 min.
De la pointe de Sipion à la pointe de Caliz, SE, 9 l. 20 m.
De Caliz à la pointe du Détroit, SSE, 10 l. 40 m.
Du Cap Trafalger à Tarif, SE, 4 l.
De Tarif à la pointe de Gibraltar, E q. au N, 5 l. 20 m.
De la pointe de Gibraltar à Maribelle, NE quart au N, 12 l.
De Maribelle à Fanguerole, ENE, 5 l. vingt m.
De Fanguerole à la pointe du O de Malgue, ENE, 2 l. 40 m.
De la pointe du Oüeſt de Malgue à la ville de Malgue, NE & NE quart au Nord, 4 l.
De la pointe de Gibraltar à Malgue, NE, vingt-trois l.
De Malgue à Velez Malgue, E & E quart au N, 6 l. 40 m.
De Velez Malgue à Almunecar, E, 15 l. 20 m.
De Almunecar à Salobrena, Eſt, 4 l.
De Salobrena à Modril, Eſt quart au N, 2 l. 40 m.
De Modril au Cap de Sacraſtif, ESE, 1 l. vingt m.
Du Cap Sacraſtif au Chaſteau de Fierro, Eſt q. au N, 4 l.
De Caſtel Fierro à Adere, Eſt, 8 l.
De Adere à Almeria, NE, 5 l. vingt m.
De Almeria au Cap de Guate, SE q. à l'Eſt, 6 l. 40 m.
De la pointe de Gibraltar au Cap de Gate, E q. au N, 69 l. 40 m.
Du Cap de Spartel en Barbarie au Mont Squeminquel, E NE, 8 l.
Du Mont Squeminquel à la pointe de Ceuta, SE q. à l'Eſt, 2 l. 40 min.
De la pointe de Ceuta à la Rade de Tetuan, S 6 l.

Routes à la traverſe.

DU cap ſaint Vincent au cap Cantin, Sud, 89 l. 20 m.
Du cap S. Vincent au cap de Geer, Sud un peu Oueſt, 138 l. 40 minutes.
Du cap ſaint Vincent à l'Iſle Lancerote, SSO, 138 l. 40 m.
Du cap S. Vincent au grand Canarie, SO q. au S, 210 l. 40 m.
Du cap ſaint Vincent à l'Iſle de la Palme, SO, 224 l.
Du cap S. Vincent à Porte Sante, SO q. a O, 144 l.

Du Cap S. Vincent à Madere, SSO, quart à O, 158 l. 40 m.
Du Cap saint Vincent à l'Isle sainte Marie, O, 156 l.
Du Cap sainte Marie à Sipiona, Est, 29 l. 20 m.
Du cap sainte Marie au Détroit, ESE & q. à l'Est, 42 l. 40 m.
Du Cap sainte Marie au Cap Cantin, Sud quart à Oüest, 90 l. 40 min.
Du Cap sainte Marie au grand Canarie, SO & SO, quart au Sud, 220 l.
Du Cap sainte Marie à Madere, SO q. à O, 174 l. 40 m.
De Caliz au grand Ganarie, SO, 240 l.
De Caliz à Madere, OSO, 200 l.

ROVTES LE LONG DE LA COSTE de Barbarie, du Détroit jusques au Cap de Geer, comme aussi des Isles de Canaries & Madere.

CHAPITRE XXVI.

DU Cap Spartel à Arzil, Sud quart à Oüest, 6 l. 20 min.
D'Arzil à la Rache, Sud quart à Oüest, 8 l.
De la Rache au vieil Mamore, Sud quart à O, & SSO, 8 l.
Du vieil Mamore à Mamore, Sud q. à O, & SSO, 6 l. 20 m.
De Mamore à Salée, SO quart au S, & SO, 6 l. 20 m.
De Salée à l'Isle de Fedalle, SO quart au S, 9 ou 10 l.
De Fedalle à Anafée, SO quart au S, & SO, 3 l. 10 m.
De Anafée à Azamor, SO quart à O, un peu O, 18 l. 40 m.
De Azamor à Masagan, OSO, 2 l. 40 m.
De Masagan au Cap Blanc, O SO un peu O, 2 l. 40 m.
Du cap Blanc au cap Cantin, O SO & SO quart à Oüest, 9 l. 20 min.
Du cap Cantin à la pointe du Nord de Saffie, Sud un peu Oüest, 6 l.

De la pointe de Saffie à l'Isle de Mogodor, SSO, 19 l. 20 m.
De Mogodor au cap de Geer, SSO, 22 l. 40 min.
Du cap de Geer à sainte Croix, SE & SE q. à l'Est, 5 l. 20 m.

Isles de Canaries & Madere.

DE la pointe du Ouest de Fort avanture à l'Isle de grand Canarie, O, 19 l. 20 m.
De la pointe du Nord de Canarie à la pointe Nago, qui est la pointe du NE de Tenerif, ONO, 21 l. 20 m.
De la pointe de Nago à Garachique, OSO & SO quart à Oüest, 8 l. 40 m.
De Tenerif à l'Isle de Palme, ONO, 20 l.
Du bout du Ouest de Tenerif à Gomere, O, 5 l. 20 m.
De l'Isle de Palme à Fero, S quart à O, 13 l. 20 m.
De grand Canarie au Salvages, NNO, 40 l.
De Garrachique au Salvages, NNE, 30 l.
De grand Canarie au bout de l'Est de Madere, Nord quart à Oüest, 85 l. 20 min.
De Tenerif à l'Isle de Madere, N, 72 l.
De la Palme à Madere, N quart à l'Est, 53 l. 20 m.
Des Salvages au Serrere de Madere, N, 40 l.
le Serrere exterieur est distant de Madere 4 l.
De S. Michel à la Tercere, NO quart à O, 34 l. 40 m.
De la Tercere au bout de l'Est de S. George, OSO, 10 l. 40 m.
De la pointe de l'Est de S. George à Fayal, ONO, 16 l.

Routes à la traverse.

DU cap Spartel au cap Cantin, SO un peu O, 85 l. 20 m.
Du cap Spartel à Madere, O q. au S, & O S O, 200 l.
Du cap Cantin à Madere, O, 130 l. 40 m.
Du cap Cantin au cap S. Vincent, N un peu O, 89 l. 20 m.
Du cap Cantin à Tenerif, SO quart à Oüest, 147 l. 20 m.
Du cap Cantin au cap de Geer, SSO, 50 l.
Du cap de Geer au cap de Non, SSO, & S q. à O, 26 l. 40 m.
Du cap de Non à Ofin, Sud, 13 l. 20. m.
Du cap de Non à cap Bajador, SO un peu O, 69 l. 20 m.
Du cap de Ger au cap Bajador, SO un peu O, 110 l. 40 m.
De Saffie à Madere, O, 130 l. 40 m.
Du cap de Geer à Madere, ONO, 133 l. 20 m.

De Madere à S. Michel, NO, 140 l.
Du bout du Oüeft de Fortaventure au cap de Bajador, S SO, 20 l.
De Lancerote au cap S. Vincent, NNE, 165 l. 20 m.
De grand Canarie à Caliz, NE, 240 l.
De grand Canarie au cap S. Vincent, NE quart au Nord, 246 l. 40 m.
De grand Canarie à Roxent, NNE un peu Eft, 240 l.
De grand Canarie au cap de Finifterre, NE un peu Nord, 306 l. 40 m.
De Tenerif au Lezard, NNE, 466 l. 40 m.
De la Palme au cap S. Vincent, NE, 224 l.
De Madere au cap de Geer, ESE, 133 l. 20 m.
De Madere à Saffie, Eft, 130 l. 40. m.
De Madere à Caliz, ENE, 200 l.
De Madere a Roxent, NE, 173 l. 20 m.
De Madere au cap de Finifterre, NE quart au Nord, un peu Nord, 245 l. 20 m.
De faint Michel au cap de Finifterre, ENE, 246 l. 40 m.
De la Tercere a Roxent ou la Riviere de Lisbone, E, 267 l.
De la Tercere au cap Finifterre, ENE, quart au N, 280 l.
De la Tercere au Lezard, NE q. a l'Eft, 386 l. 40 m.
De la Rochelle au grand Banc de Terre neuve, a l'Oüeft, 571 l. 6 m.
Et lors vous ferez a la fonde de l'Eft du mefme Banc.

Fin de l'Architecture Navale.

TABLE
DE L'ARCHITECTVRE NAVALE.

LIVRE PREMIER.

Contenant la construction des Vaisseaux, & tout ce qui en dépend.

Chapitre I. Elemens de Geometrie seruans à la constru-
&ction des Navires. Definitions, page 1
Chap. II. Geometrie Pratique, page 3
Chap. III. Termes usitez de la Marine, page 7
Chap. IV. Definition de plusieurs especes de Vaisseaux, 8
Chap. V. Definition des parties qui seruent à la construction d'un Vaisseau, 10
Chap. VI. Proportion qu'on doit obseruer pour la construction des Vaisseaux, 15
Chap. VII. Proportion du logement du corps du Vaisseau, 24
Chap. VIII. Proportion qu'on doit obseruer pour la nature des Vaisseaux de Guerre, 31
Chap. IX. Proportion des Vergues, 33
Chap. X. Pour funer & garder un Nauire de Guerre de tous ses agrets, 36
Chap. XI. De la construction & fabrique des principaux agrets des Vaisseaux de Guerre, 51
Chap. XII. Estat du nombre des poulies necessaires pour agréer & garnir un Vaisseau, 55
Chap. * XII. Proportion de toutes sortes de bastimens de Mer, qu'on obserue en quelques Ports, 65
Chap. XIII. Proportion d'une Galliotte de 40 pieds de quille, faite pour S. Germain en Laye, 71
Chap. XIV. Construction d'un Nauire de 115 pieds de quille, 73
Chap. XV. Inuentaire d'vn Vaisseau du premier rang, 86
Chap. XVI. Estat de dépence d'vn Nauire de 106. pieds de quille, &c. fait à Toulon, 95

Chap. XVII. *Liste des Admiraux de France,* 101
Chap. XVIII. *Liste generale des Officiers de Marine, suiuant l'ancienneté, reglée par les Commissions du Roy, l'an 1673.* 102
Chap. XIX. *Officiers necessaires pour la conduite & la deffence d'vn Vaisseau,* 109
Chap. XX. *Estat des Vaisseaux du Roy en l'année 1671.* 110
Chap. XXI. *Noms des Vaisseaux bastis depuis l'an 1671.* 113

LIVRE SECOND.

Contenant la construction des Galeres & Chaloupes.

Explication des termes seruans à la description d'vne Galere & de son équipage, 115
Description de la construction d'vne Galere, 121
Explication des figures seruāt pour la constructiō d'une Galere, 131
Construction de la Chaloupe, 133
Inuentaire de tout ce qui est necessaire pour armer vne Galere & la mettre en estat de naviger, 135
Estat des victuailles necessaires pour vne Galere, 165
Estat des rations qui doiuent estre distribuées par jour sur les Galeres du Roy seruans en Mer, 166
Dépense d'vne Galere dans le Port, 169
Dépense extraordinaire d'vne Galere en Mer, 171
Estat de ce qui reste dans vne Galere desarmée dans le Port, 175
Fonctions des Officiers d'vne Galere, 176
Noms des Capitaines, Lieutenans, & Sous-Lieutenans des Galeres de sa Majesté, 180
Reglement du Roy pour les Vaisseaux & Galere, pour les honneurs & saluts qu'ils doiuent obseruer en Mer, 181
Autre Reglement du Roy pour les saluts des Villes & Places maritimes, 187
Ordonnance du Roy pour la subsistance des Officiers, Mariniers, & Soldats estropiez, 189
Articles & conditions accordées par le Roy à Maistre Nicolas Villette, pour les victuailles des Vaisseaux de sa Majesté, 191

LIVRE TROISIEME.

Traitant des Marées en general, des anchrages, de la scituation des lieux maritimes, & des routes.

Chap. I. *Des Marées en general,* 201
Chap. II. *Des Marées particulieres,* 205

Chap. III. *Table des Marées,* 209
Chap. IV. *Courses des Marées,* 118
Chap. V. *Observation des dangers & écueils depuis le Cap de Lezard en Angleterre, jusqu'à la Mer Baltique,* 223
Chap. VI. *Des dangers & écueils de la Mer Mediterranée,* 225
Chap. VII. *Declaration des principaux écueils, bancs & rochers depuis la coste de France jusqu'à la ligne Septentrionale,* 226
Chap. VIII. *Observation des dangers en la Mer des Indes Occidentales ou Orientales,* 228
Chap. IX. *Table des longitudes & latitudes des principaux Ports, Isles & Caps d'Asie, Affrique, Europe & Amerique,* 231
Chap. X. *Route des cours & distances d'entre le Cap de Candenoes & la nouvelle Zemble,* 251
Chap. XI. *Routes de Russie & Lapponie,* ibid.
Chap. XII. *Routes des costes de Nordvege, depuis Derneus jusques à Bergon,* 252
Chap. XIII. *Routes des Costes de Nordvege,* 253
Chap. XIV. *Routes des Costes de Suede,* 254
Chap. XV. *Routes de Livonie, Russie & Finlande,* 255
Chap. XVI. *Routes des Costes de Pomeranie & Prusse,* 256
Chap. XVII. *Distances & courses maritimes de Holstein, Mekelembourg, & Isles Meridionales de Dannemark,* 257
Chap. XVIII. *Routes d'Angleterre, le long des Costes & à la traverse,* 261
Chap. XIX. *Routes de France, du Pas de Calais à Oüessant, le long des Costes & à la traverse,* 265
Chap. XX. *Routes d'Angleterre, de Douures jusqu'à Sorlingues, & de là à la pointe de S. Dauid le long de la Coste,* 268
Ch. XXI. *Routes d'Irlande le lōg de la Coste & à la traverse,* 271
Chap. XXII *Routes de France, de Oüessant à Bayonne le long de la Coste & à la traverse,* 274
Chap. XXIII. *Routes de Biscaye & de Galice, de Bayone au Cap de Finisterre, le long des Costes & à la traverse,* 277
Chap. XXIV. *Routes de Galisse & de Portugal, &c.* 279
Chap. XXV. *Route d'Espagne, du Cap de S. Vincent au Cap de Gaze dans la mer Mediterranée, le long des costes, &c.* 281
Chap. XXVI. *Routes de la Coste de Barbarie, du Detroit jusqu'au Cap de Geer, des Isles de Canaries, de Madere, &c.* 283

FIN.

www.ingramcontent.com/pod-product-compliance
Lightning Source LLC
Chambersburg PA
CBHW071125160426
43196CB00011B/1808